"十二五"普通高等教育本科国家级规划教材  iCourse · 教材

微生物学实验

（第5版）

主编 沈 萍 陈向东

编者 （按姓氏笔画排序）

方呈祥 安志东 沈 萍 陈向东

郑从义 黄玉屏 唐 兵 唐晓峰

谢志雄 曹军卫 彭 方 彭珍荣

高等教育出版社·北京

内容提要

《微生物学实验》第5版仍遵循第3版和第4版的编写指导思想和基本要求，并按照第4版的编排模式将其分成"微生物学基本实验技术"和"微生物学综合型、研究型实验"两大部分，但对其内容和形式均进行了更新和修订。第一部分包括：无菌概念和无菌操作，消毒灭菌，分离纯化，显微观察，涂片染色，培养基及微生物培养，生理生化反应，快速微量检测，基因突变，基因转移，基因文库构建，PCR 技术及其在鉴定细菌中的应用，免疫学的基本技术等。第二部分包括：高产蛋白酶（或其他代谢产物）菌株的筛选及其基因的克隆和表达，杀虫微生物的分离，微生物产沼气，水和食品的微生物检测，酸乳、啤酒和泡菜的制作，人体表面正常菌群的分离鉴定，用互联网和计算机辅助基因分析鉴定古菌和细菌，细菌系统发育树的构建，发现和鉴定细菌新种，用来分离严格厌氧菌的"滚管实验"等。其内容涉及微生物在工业、农业、环境、食品、医学等领域的应用。

本版在编写形式上仍突出了以学生为本的思想，在每一个实验中除让学生明确其目的、原理和基本操作外，还在相应位置以 Box 形式告知学生"本实验为什么用这种（或这些）菌株？""安全警示""本实验成功的关键"等。

与本书配套的数字课程附有实验技术相关视频、附录和参考书目，供读者查阅和参考以及后续内容拓展与更新。

本书适合理、工、农、林、医各类高等综合院校和师范院校生命科学方向本科生学习使用，也可供其他生物科技人员查阅参考。

图书在版编目（CIP）数据

微生物学实验／沈萍，陈向东主编 . --5 版 . -- 北京：
高等教育出版社，2018.3（2024.5重印）
ISBN 978-7-04-049022-0

Ⅰ. ①微… Ⅱ. ①沈… ②陈… Ⅲ. ①微生物学 – 实验 –
高等学校 – 教材 Ⅳ. ① Q93-33

中国版本图书馆 CIP 数据核字（2018）第 030053 号

Weishengwuxue Shiyan

策划编辑 李光跃　　责任编辑 田　红　　封面设计 张　楠　　责任印制 刁　毅

出版发行	高等教育出版社	网　址	http://www.hep.edu.cn
社　址	北京市西城区德外大街4号		http://www.hep.com.cn
邮政编码	100120	网上订购	http://www.hepmall.com.cn
印　刷	三河市华润印刷有限公司		http://www.hepmall.com
开　本	787mm×1092mm　1/16		http://www.hepmall.cn
印　张	17.75	版　次	1981 年 3 月第 1 版
字　数	440 千字		2018 年 3 月第 5 版
购书热线	010-58581118	印　次	2024 年 5 月第 12 次印刷
咨询电话	400-810-0598	定　价	32.00 元

数字课程（基础版）

微生物学实验

（第5版）

主编 沈 萍 陈向东

登录方法：

1. 电脑访问 http://abook.hep.com.cn/49022，或手机扫描下方二维码、下载并安装 Abook 应用。
2. 注册并登录，进入"我的课程"。
3. 输入封底数字课程账号（20 位密码，刮开涂层可见），或通过 Abook 应用扫描封底数字课程账号二维码，完成课程绑定。
4. 点击"进入学习"，开始本数字课程的学习。

课程绑定后一年为数字课程使用有效期。如有使用问题，请发邮件至：
lifescience@pub.hep.cn

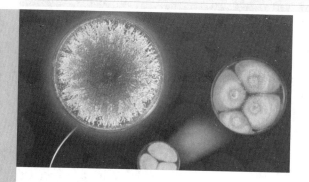

微生物学实验（第5版）

　　微生物学实验数字课程和纸质教材一体化设计，为学生提供自主学习的空间。数字课程内容包括：实验技术相关视频、附录和主要参考书目等。

| 用户名： | 密码： | 验证码： | 5360 忘记密码？ | 登录 | 注册 |

http://abook.hep.com.cn/49022

扫描二维码，下载Abook应用

数字课程资源目录

第 5 版前言

《微生物学实验》第 5 版的编写在总体指导思想上仍遵循第 3、4 版的原则，即：正确处理该教材的基础性、可操作性和先进性的关系；强调教材的启发性、开拓性和应用性。在总结前几版的基础上，充分吸收了广大教师和学生的意见和建议，本版在内容和编排上吸收和整合了前两个版本的长处，即：第 3 版内容的编排、归纳更方便教师的教学；第 4 版的内容和形式比较新颖、具体实用，有利于学生学习和思考，更方便学生取得实验的成功。

本版仍按照第 4 版分成"微生物学基本实验技术"和"微生物学综合型、研究型实验"二大部分。

对第一部分的修订：在强调基础性和实用性的基础上，根据教学实践，本版对实验内容和顺序进行了适当增加和调整，并将各个实验归并入 12 个模块。除了对原有实验进行修正外，还增补了一些新的实验：在显微镜技术实验中，对光学显微镜和电子显微镜的原理进行了补充和完善；在细菌染色实验中，增加了"用 KOH 区分革兰氏阴性和阳性细菌"；在免疫印迹实验的最后显色一步增加了更适合学生实验的 OPD 显色。为了进一步完善本版的内容，这一部分还增加了：$TCID_{50}$ 病毒定量法、紫外线对微生物生长的影响、λ 噬菌体的局限性转导。

对第二部分的修订：根据学科进展和实际应用的需要，对实验 XVI "水中细菌总数和总大肠菌群的测定"按照国家新的《生活饮用水卫生标准》进行了更新；在相应的实验中还增加了米酒和泡菜的制作；对实验 XX "利用互联网和计算机辅助基因分析鉴定古菌和细菌"中，对生物信息学相关数据和软件应用进行了更新，并按当前的 NCBI 网络实际运行界面，对操作步骤进行了调整，还增加了操作截图，使学生更直观地了解相关操作。其他各实验，包括思考题和插图，也都进行了不同程度地的更新和调整。此外，根据实际需要，在本部分还增加了一个用来分离严格厌氧菌的"滚管实验"和一个实用性很强的综合型实验："利用多相分类学方法对细菌进行初步鉴定"。

本版每一个实验均补加了实验用菌株的学名；将"目的要求"和"实验原理"移到"实验器材"之前，以增强学生对实验的理解。

本版将"实验技术相关视频""附录"和"主要参考书目"等放在与本书配套的数字课程上（http://abook.hep.com.cn/49022）。读者可以登录网站查阅和参考相关内容。

因为实验用菌种（株）是顺利开展微生物学实验的关键，因此，编者联合"国家微生物资源平台 – 教学实验子平台"的"中国典型培养物保藏中心（CCTCC）"，承诺为开设本书所列实验的学校以优惠价提供经教学实验检验过的优质菌种（株），具体信息见附录。

在《微生物学实验》第 5 版即将问世之际，我们对曾在前四版编写中做出重要贡献的老师，特别是范秀容先生和李广武先生致以衷心的感谢和敬意！对多年来一直信任和支持我们的同行、广大师生和读者致以衷心的感谢！对为本书的出版付出辛勤劳动的高等教育出版社生命科学分社的李光跃、田红等同志表示诚挚的谢意！

由于编者水平和能力有限，本书仍然会有不当或错漏之处，敬请广大师生、同行和读者多批评指正。谢谢！

编　者

2016 年 7 月

第 4 版前言　　第 3 版前言　　第 2 版前言　　第 1 版前言

目 录

第二部分 | 微生物学综合型、研究型实验

微生物学实验规则与安全

普通微生物学实验课的目的是：训练学生掌握微生物学最基本的操作技能，了解微生物学的基本知识，加深理解课堂讲授的某些微生物学理论。同时，通过实验，培养学生观察、思考、提出问题、分析问题和解决问题的能力，实事求是、严肃认真的科学态度以及敢于创新的开拓精神；树立勤俭节约、爱护公物的良好作风。

微生物学实验室是一个严肃的实验场所。虽然普通微生物学实验所用的微生物材料一般为非致病菌或条件致病菌，但许多微生物是否具有致病性不是绝对的，与其数量、条件、感染途径等有关，所以在实验操作中，必须将所有的微生物培养物都看成是具有潜在致病性的。

为了上好微生物学实验课，并保证安全，特制定如下规则和安全措施：

1. 每次实验前必须对实验内容进行充分预习，以了解实验的目的、原理和方法，做到心中有数，思路清楚。

2. 在整个实验过程中必须穿上实验服，留长发者，必须将长发挽在背后。实验台上除了记录本和笔（记录笔和记号笔）以外，不准堆放任何个人物品。

3. 认真及时做好实验记录，对于当时不能得到结果而需要连续观察的实验，则需记下每次观察的现象和结果，以便分析。

4. 实验室内应保持整洁，勿高声谈话和随便走动，关闭手机保持室内安静。

5. 实验时小心仔细，全部操作应严格按操作规程进行，禁止用嘴吸取菌液或试剂，万一遇有盛菌试管或瓶不慎打破、皮肤破伤等意外情况发生时，应立即报告指导教师，及时处理，切勿隐瞒。

6. 实验过程中，切勿使乙醇（酒精）、乙醚、丙酮等易燃药品接近火焰。如遇火险，应先关掉火源，再用湿布或沙土掩盖灭火。必要时用灭火器。

7. 使用显微镜或其他贵重仪器时，要求细心操作，特别爱护。显微镜的目镜在使用前后必须用浸有乙醇的透镜纸擦净。对消耗材料要力求节约，对药品和其他持续公用品用毕后，仍放回原处，严禁将药匙交叉使用。

8. 每次实验完毕后，必须把所用仪器抹净放妥，将实验室收拾整齐，擦净桌面，如有菌液污染桌面或其他地方时，可用 3% 来苏尔（即煤酚皂溶液）或 50 g/L 石炭酸（即苯酚）覆盖半小时后擦去，如系芽孢杆菌，应适当延长消毒时间。凡带菌之工具（如吸管、玻璃刮棒等）在洗涤前须浸泡在 3% 来苏尔中进行消毒。

9. 每次实验需进行培养的材料，应标明自己的组别或姓名及处理方法，放于教师指定的地点进行培养。实验室中的菌种和物品等，未经教师许可，不得携出室外。

10. 每次实验的结果（包括负结果），应以实事求是的科学态度填入报告表格中，力求简明准确，认真回答思考题，并及时汇交教师批阅。

11. 离开实验室前将手洗净，注意关闭门窗、灯、火、煤气等。

（沈　萍）

第一部分 | 微生物学基本实验技术

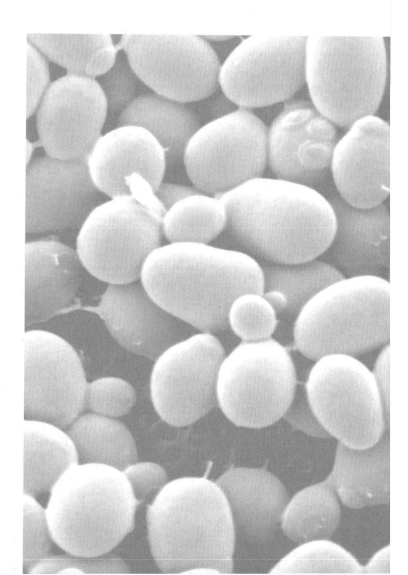

I | 无菌概念和无菌操作技术

微生物多种多样且无处不在。它们就存在于我们周围和我们身体的许多部位，但我们却看不见它们。当我们进行微生物操作时，它们随时可能在我们完全不知晓的情况下，潜入目的培养物，造成严重的污染，使实验失败，对生产造成巨大的损失。因为在科学研究和生产实践中使用的微生物必须是单一的纯种或菌株*，杂菌（非目的菌）是其大敌，因此建立"无菌概念"和掌握一套过硬的"无菌操作技术"是每一名初学微生物学者必须经受的最基本的训练。这里所指的"无菌概念"（aseptic idea）是一种习惯用语，实际上就是"有菌概念"，也就是在我们头脑中树立"处处有菌"的思想，使目的微生物"无（杂）菌"污染，也使我们进一步体会到环境卫生的重要性。所谓"无菌操作"（aseptic technique）是指在微生物操作过程中，除了使用的容器、用具（试管、三角烧瓶、平皿和吸管等）和培养基必须进行严格的灭菌处理外（见实验Ⅴ），还要通过一定的技术来保证目的微生物在转移过程中不被环境中的微生物污染，这些技术包括用接种环（针）、吸管、涂棒等工具进行接种、稀释、涂片、计数和划线分离等。因此，本部分将安排两个实验进行"无菌概念"和"无菌操作"的训练。

实验 1 实验室环境和人体表面的微生物检查

一、目的要求

1. 证实实验室环境与人体表面存在微生物。
2. 体会无菌操作的重要性。

---

* 在科学研究和生产实践中，有时需要几种不同的微生物进行混合培养，但其中的每一种微生物也必须是纯种（株）。

3. 观察不同类群微生物的菌落形态特征。

二、基本原理

如何知道我们周围存在看不见的微生物呢？也就是说如何使"看不见"变得"看得见"呢？第Ⅱ部分介绍的显微镜技术是其中一种方法，这是通过放大微生物个体，使我们能够看到它们；另一种方法是通过"放大"成子细胞群体（菌落），使我们看到它们的存在，即通过培养的方法使肉眼看不见的单个菌体在固体培养基上，经过生长繁殖形成几百万个菌聚集在一起的肉眼可见的菌落（colony）。本实验将采取后一种方法检查实验室环境和人体表面的微生物，从而使学生牢固树立"无菌概念"。

三、实验器材

1. 培养基

肉膏蛋白胨琼脂平板培养基。

2. 溶液和试剂

无菌水。

3. 仪器和其他用品

试管，灭菌湿棉签（装在试管内），试管架，煤气灯或酒精灯，记号笔和废物缸等。

四、操作步骤

1. 标记

分别在 2 套平板的底部划分出 4 个小区，并在其边缘写上自己的名字和日期，在 4 个小区内分别标明待接种的样品名，为了不影响观察，可用符号或数字代表（图Ⅰ-1）。在另外 2 套平板的底部，用记号笔写上姓名、日期以及"空气 1"和"空气 2"。

注意：不能在皿盖上作标记，因为在微生物学实验中，经常需要同时观察很多平板，很容易错盖皿盖。

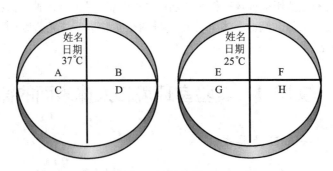

图Ⅰ-1 平板底部标记

A. 洗前手指 B. 洗后手指 C. 头发 D. 鼻腔 E. 实验台 F. 门旋钮 G. 灰尘 H. 无菌水

2. 人体表面微生物的检查

（1）手指表面：在火焰旁，半开皿盖，用洗前的手指在平板的 A 区轻轻按一下，迅速盖上皿盖。然后用肥皂清洗手2次，自然干燥后，在B区轻轻按一下，迅速盖上皿盖。

（2）头发：将你的1~2根头发轻轻放在平板的C区，迅速盖上皿盖。

（3）鼻腔：按图Ⅰ-2的操作，取出灭菌的湿棉签在自己的鼻腔内滚动数次后，立即在平板的D区轻轻摩擦2~3次，盖上皿盖，并按图Ⅰ-2的操作将用过的棉签放回试管中。

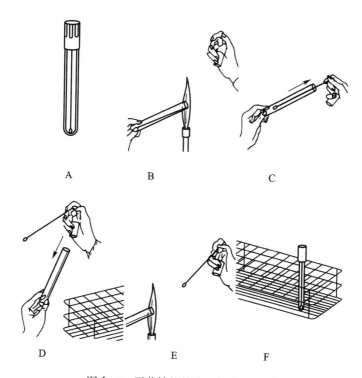

图Ⅰ-2　灭菌棉签的取出与放入试管

A. 盛灭菌棉签的灭菌试管　B. 取出管帽并灼烧管口　C. 取出棉签　D. 放回管帽

E. 棉签接种后放回试管前，拔出管帽灼烧管口　F. 用过的棉签插入试管后，放回至试管架

3. 实验室环境的检查

（1）将标有"空气1"的平板在实验室打开皿盖，使琼脂培养基表面完全暴露在空气中；将另一标有"空气2"的平板放在已灭菌的无菌操作箱（室）内，打开皿盖，1 h后盖上2个皿盖。

注意： 在记录本上记下"空气1"和"空气2"分别代表的含义。

（2）按图Ⅰ-2的操作方法取出灭菌湿棉签，在实验台面擦拭约2 cm²的范围，然后将棉签从平板的开启处伸进平板表面，在图Ⅰ-1标示的E区滚动一下，立即闭合皿盖，放回棉签。用同样的方法将擦拭了门旋钮的棉签在图Ⅰ-1标示的F区进行滚动接种，将沾有灰尘的棉签在G区接种。将灭菌湿棉签在H区接种。

4. 培养

将所有的琼脂平板翻转，使皿底朝上，置37℃培养1~2 d。

本实验为什么用肉膏蛋白胨琼脂培养基和37℃温度？

首先需要记住的是：没有一种条件或培养基能使所有的微生物生长。本实验中所用的培养基是一种丰富培养基，可以支持大量不同的微生物生长，因此可以满足本实验的要求。生物最理想的生长温度通常是它们赖以生存的自然环境的温度，很多微生物，特别是来自动物或人体的微生物在37℃生长良好，该温度也能支持很多最适自然温度为28~30℃的生物生长，符合本实验的需要。

五、实验报告

1. 结果

将平板培养结果记录于表Ⅰ-1中，并作简要说明。

表Ⅰ-1 结果记录表

	A	B	C	D	E	F	G	H	空气1	空气2
菌落数量*										
菌落类型（大小、形状、透明程度、颜色等）										
简要说明										

* 菌落数量可用 + 和 – 符号表示，从多到少依次为：++++，+++，++，+，–。

2. 思考题

（1）列举2~3类微生物，说明它们在本实验条件下（肉膏蛋白胨琼脂平板，37℃）不能生长。

（2）比较各种来源的样品，哪一种菌落数和菌落类型最多？为什么？

（3）比较洗手前后菌落数的变化，谈谈你的体会。洗手后仍有少量细菌生长，你认为是什么原因？

（4）完成本实验后，你是否已体会到我们生活在微生物的包围中？你如何体会"微生物既是我们的朋友又是我们的敌人"？

（沈 萍）

实验 2　无菌操作技术

一、目的要求

1. 熟练掌握从固体培养物和液体培养物中转接微生物的无菌操作技术。
2. 体会无菌操作的重要性。

二、基本原理

高温对微生物具有致死效应，因此在微生物的转接过程中，一般在火焰旁进行，并用火焰直接灼烧接种环（针、铲），以达到灭菌的目的，**但一定要保证其冷却后方可进行转接，以免烫死微生物**。如果是转接液体培养物，则用预先已灭菌的玻璃吸管或吸嘴；如果只取少量而且无须定量也可用接种环，视实验目的而定。

三、实验器材

1. 菌种
大肠杆菌（*Escherichia coli*）营养琼脂斜面和液体培养物。
2. 培养基
肉汤营养琼脂斜面培养基，肉汤营养液体培养基（试管和三角烧瓶中）。
3. 溶液和试剂
无菌水。
4. 仪器和其他用品
接种环，酒精灯或煤气灯，试管架，记号笔，无菌玻璃吸管和吸气器等。

本实验为什么用大肠杆菌？

大肠杆菌是实验室常用的一种 G^- 细菌，生长繁殖快，易培养、易观察，并且一般无毒性。因此，利用该菌的斜面培养物和液体培养物进行无菌操作训练，可获得明确的结果，符合本实验的要求。

四、操作步骤

安 全 警 示

（1）无菌操作需要在火焰旁进行，因此，在操作时要小心，不要将手烫伤。
（2）禁止用嘴吸取菌液。

---

1. 用接种环转接菌种

（1）标记：用记号笔分别标记 3 支肉汤营养琼脂斜面为 A（接菌）、B（接无菌水）、C（非无菌操作）和 3 支液体培养基为 D（接菌）、E（接无菌水）和 F（不接种）。

（2）左手持大肠杆菌斜面培养物，右手持接种环，按图Ⅰ-3 和图Ⅰ-4A 的方法将接种环进行火焰灼烧灭菌（烧至发红），然后在火焰旁打开斜面培养物的试管帽（**注意：管帽不能放在桌上**），并将管口在火焰上烧一下（图Ⅰ-4B）。

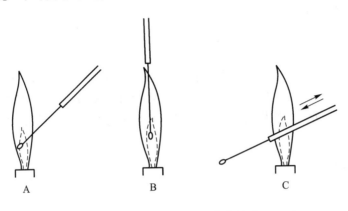

图Ⅰ-3　接种环（针）的火焰灭菌步骤（A→C）

（3）在火焰旁，将接种环轻轻插入斜面培养物试管的上半部（此时不要接触斜面培养物），**至少冷却 5 s 后**，挑起少许培养物（菌苔）后，再烧一下管口，盖上管帽并将其放回试管架中（图Ⅰ-4C，D，E）。

（4）用左手迅速从试管架上取出 A 管，在火焰旁取下管帽，管口在火焰上烧一下，将沾有少量菌苔的接种环迅速放进 A 管斜面的底部（**注意：接种环不要碰到试管口边**）并从下到上划一直线，然后再从其底部开始向上作蛇形划线接种（图Ⅰ-4F）。完毕后，同样烧一下试管口，盖上管帽（图Ⅰ-4G），将接种环在火焰上灼烧后放回原处（图Ⅰ-4H）。如果是向盛有液体培养基的试管和三角烧瓶中接种，则应将挑有菌苔的接种环首先在液体表面的管内壁上轻轻摩擦，使菌体分散从环上脱开，进入液体培养基中。

（5）按上述方法从盛无菌水的试管中取一环无菌水于 B 管中，同样划线接种。

（6）以非无菌操作为对照：在无酒精灯或煤气灯的条件下，用未经灭菌的接种环从另一盛无菌水的试管中取一环水划线接种到 C 管中。

上述无菌操作技术也可按图Ⅰ-5 的方式，将待接和被接的 2 支试管同时拿在左手上进行。

2. 用吸管转接菌液

（1）轻轻摇动盛菌液的试管（图Ⅰ-6，**注意：不要溅到管口或管帽上**），暂放回试管架上。

（2）从已灭菌的吸管筒中取出一支吸管（图Ⅰ-7A），将其插入吸气器下端（图Ⅰ-7B），然后按无菌操作要求，将吸管插入已摇匀的菌液中，吸取 0.5 mL 菌液并迅速转移至 D 管中。

（3）取下吸气器，将用过的吸管放入废物筒中（图Ⅰ-7C）。**筒底必须垫有泡沫塑料等软垫，以防吸管嘴破损。**

（4）换另一支无菌吸管，按上述同样方法从盛无菌水的试管中吸取 0.5 mL 无菌水转移至 E 管中。

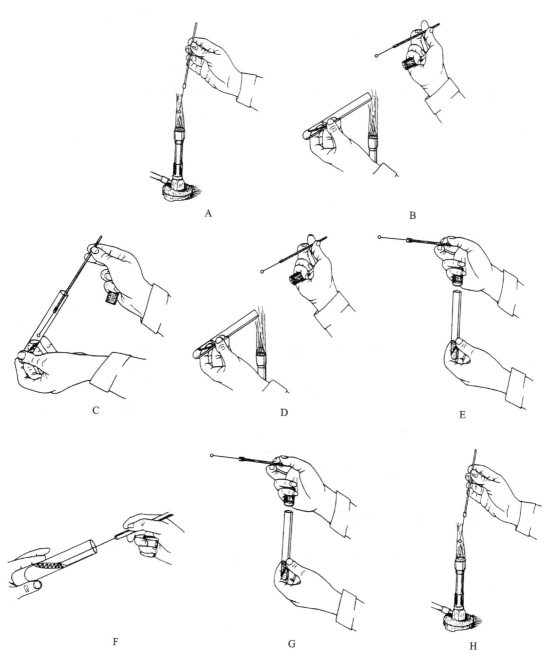

图Ⅰ-4 用接种环转接菌种的操作程序

A. 在火焰上灼烧接种环　B. 取下斜面培养物的试管帽，烧一下试管口　C. 将已灼烧灭菌的接种环插入
斜面试管中，冷却5～6 s后挑取少量菌苔　D. 烧一下斜面试管口　E. 盖上管帽并放回试管架

F. 迅速将沾有少量菌苔的接种环插入A管斜面的底部划线接种

G. 盖上试管帽，放回试管架　H. 灼烧接种环，放回原处

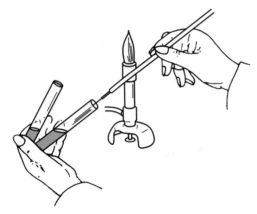

图 I-5 手持 2 支试管的接种方式

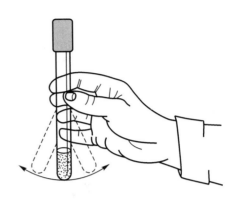

图 I-6 轻摇试管

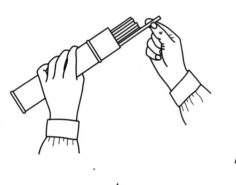

A

B

C

图 I-7 手持吸管技术

A. 取出一支吸管 B. 将吸管插入吸气器下端 C. 用过的吸管放入废物筒中

在使用吸管操作过程中，手指不要接触其下端！

3. 培养

将标有 A、B、C 的 3 支试管置 37℃静置培养，将标有 D、E、F 的试管置 37℃振荡培养。经过夜培养后，观察各管生长情况。

本实验成功的关键

牢固树立无菌概念，认真、细心体会无菌操作的细节和要领。

五、实验报告

1. 结果

将观察结果填入表 I-2 中。

表Ⅰ-2 结果记录表

试管	A	B	C	D	E	F
生长状况						
简要说明						

2. 思考题

（1）说明本实验中除了 A 管和 D 管接菌以外，其他各管起什么作用。你从中又体会到什么？

（2）从理论上分析，A、B、C、D、E、F 各管经培养后，其正确结果应该是怎样的？你的实验结果与此相符吗？请作相应的解释。

（3）为什么接种完毕后，接种环还必须灼烧后再放回原处，吸管也必须放进废物筒中？

（沈　萍）

实验技术相关视频

使用接种环取菌

II | 显微镜的构造、性能和使用方法

微生物的最显著特征就是个体微小，一般必须借助显微镜才能观察到它们的个体形态和细胞结构。熟悉显微镜和掌握其操作技术是研究微生物不可缺少的手段。本部分将对目前微生物学研究中最常用的几种光学显微镜和电子显微镜的原理、结构及其样品制备、观察技术进行介绍，目的在于使同学们通过实验，对不同类型的显微镜能有比较全面的了解，能根据所要观察微生物的情况选择适当的光学显微镜观察技术，并重点掌握明视野普通光学显微镜中油镜的工作原理和使用方法。对于电子显微镜则侧重了解其基本原理，掌握电子显微镜生物标本的制作特点和基本技术。

实验 3 普通光学显微镜的使用

一、目的要求

1. 复习普通光学显微镜的结构、各部分的功能和使用方法。
2. 学习并掌握油镜的工作原理和使用方法。
3. 掌握利用显微镜观察不同微生物的基本技能，了解球菌、杆菌、放线菌、酵母、真菌在光学显微镜下的基本形态特征。

二、基本原理

现代普通光学显微镜利用目镜和物镜两组透镜系统来放大成像，故又常被称为复式显微镜。它们由机械装置和光学系统两大部分组成（图 II-1）。

显微镜设计中应用的光学理论是德国物理学家 Ernst Abbe 在 19 世纪 70 年代建立的。在 Abbe 理论中，两物体之间的最小可分辨距离（d）被称为分辨率（图 II-2）。对任何显微镜来说，分辨率是决定其观察效果的最重要指标。这是因为分辨率越高，最小可分辨距离就越小，放大后的图像才越清晰。相反，如

果分辨率不够，图像即使被放大也是模糊的。

进行显微观察时，分辨率（d）取决于所用光源的波长（λ）和数值孔径值（$n\sin\theta$，也可表示为 NA）。

$$d = \frac{0.5\lambda}{n\sin\theta}$$

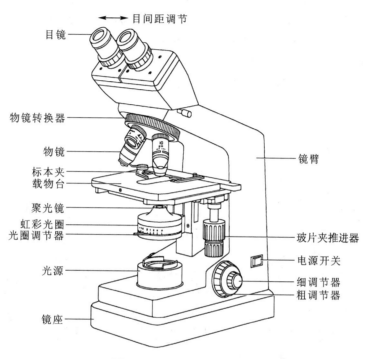

图Ⅱ-1　显微镜构造示意图

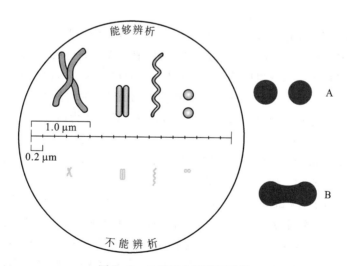

图Ⅱ-2　显微镜分辨率示意图

A. 两个点可以清晰地被分开，有足够的分辨率清楚地辨析物像

B. 两个点被看成一个模糊的斑点，分辨率不够，无法看清物像

从上述公式可见，波长越短所能提供的分辨率越高（最小可分辨距离越小），这是因为用于形成物像的光波须穿过标本，波长越小的光能穿越的间隙也越小，形成的物像也越清晰。相反，两个物像点的间距如果小于波长将无法被光波穿过，成像后只能形成一个模糊的点，即无法被辨析。在可见光范围内，蓝光（波长 450～500 nm）波长最短，所提供的分辨率最高。

数值孔径值取决于物镜的镜口角和玻片与物镜间介质的折射率，其中的 θ 是进入物镜的光锥角度的一半。经由聚光器投射到样品上的光束是锥形的，如果形成的光锥的角度较小，其经过载片后就无法充分伸展并使形成的物像中紧密靠近的细节分开，分辨率就低。相反，如果光锥的角度较宽，被观察对象的细节就可以分得更开并被看清。因此，在显微镜的光学系统中，物镜的性能最为关键，直接影响着显微镜的观察效果。物镜的放大倍数越高，工作距离（焦距）越短，θ 越大，分辨率越高（d 值越小）（图 II-3）。

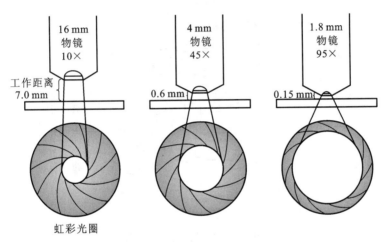

图 II-3 物镜的焦距、工作距离和虹彩光圈的关系

n 为玻片与物镜间介质的折射率。空气的折射率是 1.00，因此以空气为工作介质的透镜的数值孔径值都不可能超过 1.00，因为 $\sin\theta$ 是永远小于 1 的（θ 最大只能是 90°，$\sin 90°$ 等于 1.00）。将数值孔径值提高到 1.00 以上从而获得更高分辨率的唯一可行的方法是增加载玻片和物镜镜头之间的介质折射率，这也是使用油镜时需要在载玻片和镜头之间加滴镜油的首要原因。香柏油是使用最为广泛的油镜镜油，其折射率（1.515）高于空气。因此以香柏油作为镜头与玻片之间介质的油镜所能达到的数值孔径值（NA 一般在 1.2～1.4）要高于低倍镜、高倍镜等干镜（NA 都低于 1.0）。若以可见光的平均波长 0.55 μm 来计算，NA 值通常在 0.65 左右的高倍镜只能分辨出距离不小于 0.4 μm 的物体，而油镜的分辨率却可达到 0.2 μm 左右。

使用油镜时需要滴加香柏油的另一个原因是为了提高照明亮度。油镜的放大倍数可达 100×，放大倍数这样大的镜头，焦距很短，直径很小，但所需要的光照强度却最大（图 II-3）。而从显微镜的结构看（图 II-4），从承载标本的玻片透过来的光线，因介质密度不同（从玻片进入空气，再进入镜头），有些光线会因折射或全反射，不能进入镜头，致使在使用油镜时会射入的光线较少，物像显现不清。而香柏油具有与玻璃相似的介质折射率（玻璃的介质折射率为 1.52），在载玻片和物镜镜头之间滴加香柏油可以有效减少通过的光线因反射或折射而造成的损失，提高视野的照明亮度。

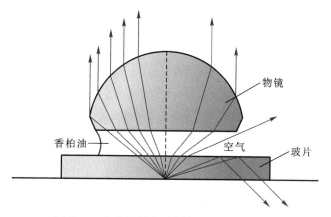

图Ⅱ-4 介质折射率对物镜照明光路的影响

三、实验器材

1. 菌种

金黄色葡萄球菌（*Staphylococcus aureus*）、枯草芽孢杆菌（*Bacillus subtilis*）和迂回螺菌
（*Spirillum volutans*）的染色玻片标本，酿酒酵母（*Saccharomyces cerevisiae*）、链霉菌（*Streptomyces*
sp.）及青霉（*Penicillium* sp.）的水封片。

2. 溶液和试剂

香柏油，二甲苯等。

3. 仪器和其他用品

普通光学显微镜，擦镜纸和绸布等。

本实验为什么使用上述微生物菌株？

本实验的目的除了使学生在复习以往所学显微镜相关知识的基础上重点掌握油镜的原理和
使用方法外，还要求学生能通过显微镜观察对各种微生物细胞的基本形态特征有一个直接的感
性认识。实验选用的微生物标本片代表了典型的微生物基本形态，即一般应采用高倍镜和油镜进
行观察的球状、杆状、螺旋状的细菌，不使用油镜也能看清楚的菌丝状的放线菌，以及个体更大，
可采用低倍镜进行观察的单细胞真菌和丝状真菌。因此，选用上述微生物标本片符合本实验的
要求。

四、操作步骤

安 全 警 示

（1）显微镜属于精密仪器，在取、放时应一手握住镜臂，一手托住底座，使显微镜保持直立、
平稳，切忌单手拎提。

（2）不论使用单筒显微镜或双筒显微镜均应双眼同时睁开观察，以减少眼睛疲劳，也便于边观察边绘图或记录。

（3）显微镜具有聚焦校正功能，因此观察时一般可以摘下近视或远视眼镜。确需配戴眼镜进行观察时则应注意不要使眼镜镜片与目镜镜头相接触，以免在眼镜或镜头镜片上造成划痕。

（4）载玻片、盖玻片很薄，在操作中应特别注意不要用力过猛使易碎的玻璃划伤自己。另外，取放玻片时不要触摸到加有样品的部位，以免影响对结果的观察。

1. 观察前的准备

（1）显微镜的安置：置显微镜于平整的实验台上，镜座距实验台边缘约 10 cm。镜检时姿势要端正。

（2）光源调节：将聚光器上升到最高位置，同时通过调节安装在镜座内的光源灯的电压获得适当的照明亮度。而使用反光镜采集自然光或灯光作为照明光源时，应根据光源的强度及所用物镜的放大倍数选用凹面或凸面反光镜并调节其角度，使视野内的光线均匀，亮度适宜。

适当调节聚光器的高度也可改变视野的照明亮度，但一般情况下聚光器在使用中都是调到最高位置。

（3）根据使用者的个人情况，调节双筒显微镜的目镜：双筒显微镜的目镜间距可以适当调节，而左目镜上一般还配有屈光度调节环，可以适应眼距不同或双眼视力有差异的观察者。

（4）聚光器数值孔径值的调节：调节聚光器虹彩光圈值与物镜的数值孔径值相符或略低。有些显微镜的聚光器只标有最大数值孔径值，而没有具体的光圈数刻度。使用这种显微镜时可在样品聚焦后取下一目镜，从镜筒中一边看着视野，一边缩放光圈，调整光圈的边缘与物镜边缘黑圈相切或略小于其边缘。因为各物镜的数值孔径值不同，所以每转换一次物镜都应进行这种调节。

在聚光器的数值孔径值确定后，若需改变光照度，可通过升降聚光器或改变光源的亮度来实现，原则上不应再对虹彩光圈进行调节。当然，有关虹彩光圈、聚光器高度及照明光源强度的使用原则也不是固定不变的，只要能获得良好的观察效果，有时也可根据具体情况灵活运用，不一定拘泥不变。

2. 显微观察

在目镜保持不变的情况下，使用不同放大倍数的物镜所能达到的分辨率及放大率都是不同的，在显微观察时应根据所观察微生物的大小选用不同的物镜。例如，观察酵母、放线菌、真菌等个体较大的微生物形态时，可选择低倍镜或高倍镜，而观察个体相对较小的细菌或微生物的细胞结构时，则应选用油镜。

一般情况下，进行显微观察时应遵守从低倍镜到高倍镜再到油镜的观察程序，因为低倍数物镜视野相对大，易发现目标及确定检查的位置。

（1）低倍镜观察：将要观察的标本玻片置于载物台上，用标本夹夹住，移动推进器使观察对象处在物镜的正下方。下降 10× 物镜，使其接近标本，用粗调节器慢慢升起镜筒，使标本在视野中初步聚焦，再使用细调节器调节至图像清晰。通过玻片夹推进器慢慢移动玻片，认真观察标本各部位，找到合适的目的物，仔细观察并记录所观察到的结果。

在任何时候使用粗调节器聚焦物像时，都应该从侧面注视小心调节物镜靠近标本，然后用目镜观察，慢慢调节物镜离开标本。以防因一时的误操作而损坏镜头及玻片。

（2）高倍镜观察：在低倍镜下找到合适的观察目标并将其移至视野中心后，轻轻转动物镜转换器将高倍镜移至工作位置。对聚光器光圈及视野亮度进行适当调节后微调细调节器使物像清晰，利用推进器移动标本仔细观察并记录所观察到的结果。

在一般情况下，当物像在一种物镜视野中已清晰聚焦后，转动物镜转换器将其他物镜转到工作位置进行观察时物像将保持基本准焦的状态，这种现象称为物镜的同焦（parfocal）。利用这种同焦现象，可以保证在使用高倍镜或油镜等放大倍数高、工作距离短的物镜时仅用细调节器即可对物像清晰聚焦，从而避免由于使用粗调节器时可能的误操作而损害镜头或载玻片。

（3）油镜观察：在高倍镜下找到合适的观察目标并将其移至视野中心，将高倍镜转离工作位置，在待观察的样品区域滴上一滴香柏油，将油镜转到工作位置，油镜镜头此时应正好浸泡在镜油中。将聚光器升至最高位置并开足光圈，若所用聚光器的数值孔径值（NA）超过 1.0，还应在聚光镜与载玻片之间也加滴香柏油，保证其达到最大的效能。调节照明使视野的亮度合适，微调细调节器使物像清晰，利用推进器移动标本仔细观察并记录所观察到的结果。

注意：切不可将高倍镜转动经过加有镜油的区域。

另一种常用的油镜观察方法是在低倍镜下找到要观察的样品区域后，用粗调节器将镜筒升高，将油镜转到工作位置，然后在待观察的样品区域滴加香柏油。从侧面注视，用粗调节器将镜筒小心地降下，使油镜浸在镜油中并几乎与标本相接，调节聚光器的数值孔径值及视野的照明强度后，用粗调节器将镜筒徐徐上升，直至视野中出现物像并用细调节器使其清晰对焦为止。

有时按上述操作还找不到目的物，则可能是由于油镜头下降还未到位，或因油镜上升太快，以至眼睛捕捉不到一闪而过的物像。遇此情况，应重新操作。另外，应特别注意不要因在下降镜头时用力过猛或调焦时误将粗调节器向反方向转动而损坏镜头及载玻片。

3. 显微镜用毕后的处理

（1）上升镜筒，取下载玻片。

（2）用擦镜纸拭去镜头上的镜油，然后用擦镜纸蘸少许二甲苯（香柏油溶于二甲苯）擦去镜头上残留的油迹，最后再用干净的擦镜纸擦去残留的二甲苯。

注意：二甲苯等清洁剂会对镜头造成损伤，不要使用过量的清洁剂或让其在镜头上停留时间过长或有残留。此外，切忌用手或其他纸张擦拭镜头，以免使镜头沾上汗渍、油物或产生划痕，影响观察。

（3）用擦镜纸清洁其他物镜及目镜，用绸布清洁显微镜的金属部件。

（4）将各部分还原，将光源灯亮度调至最低后关闭，或将反光镜垂直于镜座，将最低放大倍数的物镜转到工作位置，同时将载物台降到最低位置，并降下聚光器。

本实验成功的关键

（1）在任何情况下都应先用低倍数物镜（10× 或 4×）搜寻、聚焦样品，确定待观察目标的大致位置后再转换到高倍镜或油镜。若有些初学者即使使用低倍镜仍难以找到样品的准焦位置，则可以用记号笔在载玻片正面空白处画一道线，通过粗、细调节器使该线条聚焦清晰后再移动到加有样品的部位进行观察。

（2）有些使用时间较长的显微镜镜头上的霉点等污物在调焦时也会被聚焦造成观察到样品的假象，此时只需稍稍移动载玻片，根据目镜中的物像是否会随着载玻片进行相应移动来判断聚焦的物像是否为待观察的样品。一般来说，由于焦平面不同，物镜上的少量污物不会影响对样品的观察。

（3）对虹彩光圈和视野照明亮度进行调节可以获得反差合适的观察物像，初学者可以在使用不同物镜观察到物像后边观察边改变虹彩光圈、增强或降低光源亮度及升降聚光器的位置，实际体会上述变化对观察效果的影响。

五、实验报告

1. 结果

分别绘出你所观察到的球菌、杆菌、螺菌、放线菌、酵母菌和真菌的形态。

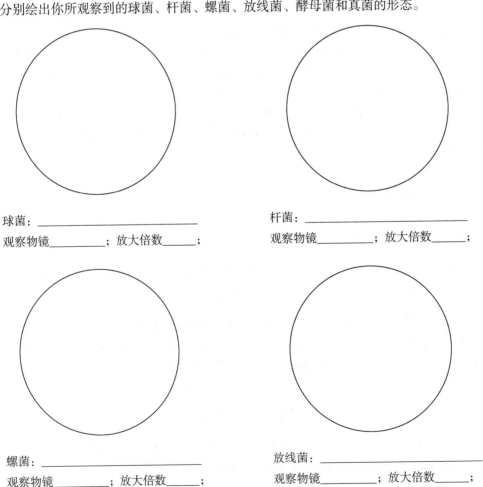

球菌：_____
观察物镜_____；放大倍数_____；

杆菌：_____
观察物镜_____；放大倍数_____；

螺菌：_____
观察物镜_____；放大倍数_____；

放线菌：_____
观察物镜_____；放大倍数_____；

酵母菌：_____

观察物镜_____；放大倍数_____；

真菌：_____

观察物镜_____；放大倍数_____。

2. 思考题

（1）用油镜观察时应注意哪些问题？在载玻片和镜头之间滴加香柏油有什么作用？

（2）香柏油成本较高，而二甲苯有一定的毒性，是否有可能找到香柏油或者二甲苯的替代品？请查阅文献了解相关进展。

（3）试列表比较低倍镜、高倍镜及油镜各方面的差异。为什么在使用高倍镜及油镜时应特别注意避免粗调节器的误操作？

（4）什么是物镜的同焦现象？它在显微镜观察中有什么意义？

（5）影响显微镜分辨率的因素有哪些？

（6）根据你的实验体会，谈谈应如何根据所观察微生物的大小选择不同的物镜进行有效的观察。

（陈向东）

实验 4　电子显微镜样品的制备

一、目的要求

1. 了解电子显微镜的工作原理。

2. 学习并掌握制备微生物电镜样品的基本方法。

二、基本原理

显微镜的分辨率取决于所用光的波长，1933 年开始出现的电子显微镜正是由于使用了波长比可见光短得多的电子束作为光源，使其所能达到的分辨率较光学显微镜大大提高。而光源的不同，也决定了电子显微镜与光学显微镜的一系列差异。主要表现在：①电子在运行中如遇到游离的气体分子会因碰撞而发生偏转，导致物像散乱不清，因此电镜镜筒中要求高真空。②电子是带电荷的粒子，因此电镜是用电磁圈来使"光线"汇聚、聚焦。③电子像人肉眼看不到，需用荧光屏来显示或感光胶片作记录。

根据电子束作用于样品方式的不同及成像原理的差异，现代电子显微镜已发展形成了许多种类型，目前最常用的是透射电子显微镜（transmission electron microscope）和扫描电子显微镜（scanning electron microscope），前者总放大倍数可在 1 000 ~ 1 000 000 倍范围内变化，后者总放大倍数可在 20 ~ 3 000 000 倍之间变化。本实验主要介绍这两种显微镜样品的制备。

透射电子显微镜的工作原理与普通光学显微镜类似，穿过样品时被散射的电子束再被磁透镜所聚焦，并在荧光屏上形成一个放大了的、肉眼可见的样品像。样品上密度较高的区域形成较暗的物像，因为它能使较多的电子发生散射，而最终到达荧光屏相应区域的电子减少。相反，对电子透明的区域会形成较亮的物像。因此，透射电子显微镜的样品必须很薄，且放置在覆盖有支持膜的载网上，否则电子束无法穿过。透射电镜样品的制备方法很多，如超薄切片法、复型法、冰冻蚀刻法、滴液法等。其中滴液法，或在滴液法基础上发展出来的其他类似方法，如直接贴印法、喷雾法等，主要被用于观察病毒粒子、细菌的形态及生物大分子等。而由于生物样品主要由碳、氢、氧、氮等元素组成，散射电子的能力很低，在电镜下反差小，所以在进行电镜的生物样品制备时通常还须采用重金属盐负染色或金属投影等方法来增加样品的反差，提高观察效果。负染色法用电子密度高、本身不显示结构且与样品几乎不反应的物质（如磷钨酸钠或磷钨酸钾）来对样品进行"染色"。由于这些重金属盐不被样品成分所吸附而是沉积到样品四周，如果样品具有表面结构，这种物质还能穿透进表面上凹陷的部分，因而在样品四周有染液沉积的地方，散射电子的能力强，表现为暗区，而在有样品的地方散射电子的能力弱，表现为亮区。这样便能把样品的外形与表面结构清楚地衬托出来。而金属投影法是将铂或其他重金属的蒸气以 45° 投射到样品上，则覆盖有重金属的区域能散射电子而在照片中显得亮，而样品没有重金属覆盖的一侧及阴影区则显得暗，看起来就像是有光线照射在样品上并形成一个投影一样。

对于核酸等生物大分子，多采用蛋白质单分子膜技术结合负染色法来进行样品制备。其原理是：很多球状蛋白均能在水溶液或盐溶液的表面形成不溶的变性薄膜，在适当的条件下这一薄膜可以成为单分子层，由伸展的肽链构成为一个分子网。当核酸分子与该蛋白质单分子膜作用时，会由于蛋白质的氨基酸碱性侧链基团的作用，使得核酸从三维空间结构的溶液构型吸附于肽链网而转化为二维空间的构型，并从形态到结构均能保持一定程度的完整性。最后将吸附有核酸分子的蛋白质单分子膜转移到载膜上，再用负染等方法增加样品的反差后置电镜观察。可用展开法、扩散法、一步稀释法等使核酸吸附到蛋白质单分子膜上。

扫描电子显微镜是由电子束轰击样品表面所激发的二次电子形成图像，因此对样品的厚度没有特殊要求，可以使用盖玻片作样品支架。电子束在样品表面扫描激发产生的二次电子的数量与样品表面的特征直接相关，当电子束扫描到一个凸出的区域，探测器能采集到较多数量的二次电子；相反，对于凹陷的区域，探测器仅能采集到较少数量的二次电子。这样，在荧光屏上凸出的区域表现为亮区，而凹陷的区域则较暗，从而形成一幅景深长、具有真实感的立体图像。用于扫描电子显微镜观察的样品一般须经固定、脱水和干燥处理，以保护样品表面结构和防止在高真空下细胞的变形。在进行观察前，干燥后的样品还须镀上一层薄金，以防止观察时电子在样品表面的堆积。此外，由于金相较于碳、氢、氧、氮等原子可以被激发产生更多的二次电子，因此进行镀金处理还可增大反差，改善观察效果。

三、实验器材

1. 实验材料

大肠杆菌（大肠埃希氏菌，*Escherichia coli*）培养斜面，质粒 pBR322。

2. 溶液和试剂

醋酸戊酯，浓硫酸，无水乙醇，无菌水，20 g/L 磷钨酸钠（pH6.5～8.0）水溶液，3 g/L 聚乙烯醇缩甲醛（溶于三氯甲烷）溶液，细胞色素 c，醋酸铵等。

3. 仪器和其他用品

普通光学显微镜，铜网，瓷漏斗，烧杯，平皿，无菌滴管，无菌镊子，大头针，载玻片，细菌计数板，真空镀膜机和临界点干燥仪等。

本实验为什么使用这些实验材料？

电子显微镜可以提供远高于各种型号光学显微镜的分辨率，可用于对细胞、病毒、生物大分子等样品进行观察，是微生物学研究的有力工具。虽然电子显微镜需要受过训练的人员操作，不属于常规仪器，但掌握电子显微镜观察样品制备的基本技能对于提高观察效果、保证实验的成功具有重要意义。本实验使用的大肠杆菌和质粒 DNA pBR322 都是微生物学研究最常用的实验材料，有助于学生尽快掌握电镜制样和观察的基本技术，达到本实验设定的目的与要求。

四、操作步骤

安 全 警 示

电子显微镜属于大型精密仪器，需要专人操作。学生到电镜室参观时应注意保持环境的整洁，未经允许不要随便触动电子显微镜上的各种旋钮、开关。

（一）透射电子显微镜样品的制备及观察

1. 载网的处理

光学显微镜的样品是放置在载玻片上进行观察。而在透射电子显微镜中，由于电子不能穿透玻璃，只能采用网状材料作为载物，通常称为载网。载网因材料及形状的不同可分为多种不同的规格，其中最常用的是 200～400 目（孔数）的铜网。网在使用前要处理，除去其上的污物，否则会影响支持膜的质量及标本照片的清晰度。本实验选用的是 400 目的铜网，可用如下方法进行处理：首先用醋酸戊酯浸漂几小时，再用蒸馏水冲洗数次，然后再将铜网浸漂在无水乙醇中进行脱水。如果铜网经以上方法处理仍不干净时，可用稀释一倍的浓硫酸浸 1～2 min，或在 10 g/L NaOH 溶液中煮沸数分钟，用蒸馏水冲洗数次后，放入无水乙醇中脱水，待用。

2. 支持膜的制备

在进行样品观察时，在载网上还应覆盖一层无结构、均匀的薄膜，否则细小的样品会从载网的孔中漏出去，这层薄膜通常称为支持膜或载膜。支持膜应对电子透明，其厚度一般应低于 20 nm；

在电子束的冲击下，该膜还应有一定的机械强度，能保持结构的稳定，并拥有良好的导热性；此外，支持膜在电镜下应无可见的结构，且不与承载的样品发生化学反应，不干扰对样品的观察。支持膜可用塑料膜（如火棉胶膜、聚乙烯甲醛膜等），也可以用碳膜或者金属膜（如铍膜等）。常规工作条件下，用塑料膜就可以达到要求，而塑料膜中火棉胶膜的制备相对容易，但强度不如聚乙烯甲醛膜。

（1）火棉胶膜的制备：在一干净容器（烧杯、平皿或下带止水夹的瓷漏斗）中放入一定量的无菌水，用无菌滴管吸 20 g/L 火棉胶醋酸戊酯溶液，滴一滴于水面中央，勿振动，待醋酸戊酯蒸发，火棉胶则由于水的张力随即在水面上形成一层薄膜。用镊子将它除掉，再重复一次此操作，主要是为了清除水面上的杂质。然后适量滴一滴火棉胶液于水面，火棉胶液滴加量的多少与形成膜的厚薄有关，待膜形成后，检查膜是否有皱褶，如有则除去，一直待膜制好。

所用溶液中不能有水分及杂质，否则形成的膜的质量较差。待膜成型后，可从侧面对光检查所形成的膜是否平整及是否有杂质。

（2）聚乙烯醇缩甲醛膜（Formvar 膜）的制备

① 洗干净的玻璃板插入 3 g/L Formvar 溶液中静置片刻（时间视所要求的膜的厚度而定），然后取出稍稍晾干便会在玻璃板上形成一层薄膜。

② 用锋利的刀片或针头将膜刻一矩形。

③ 将玻璃板轻轻斜插进盛满无菌水的容器中，借助水的表面张力作用使膜与玻片分离并漂浮在水面上。

所使用的玻片一定要干净，否则膜难以从上面脱落；漂浮膜时，动作要轻，手不能发抖，否则膜将发皱；同时，操作时应注意防风避尘，环境要干燥，所用溶剂也必须有足够的纯度，否则都将对膜的质量产生不良影响。

3. 转移支持膜到载网上

转移支持膜到载网上，可有多种方法，常用的有如下两种：

（1）将洗净的网放入瓷漏斗中，漏斗下套上乳胶管，用止水夹控制水流，缓缓向漏斗内加入无菌水，其量约高 1 cm；用无菌镊子尖轻轻排除铜网上的气泡，并将其均匀地摆在漏斗中心区域；按 2 所述方法在水面上制备支持膜，然后松开水夹，使膜缓缓下沉，紧紧贴在铜网上；将一清洁的滤纸覆盖在漏斗上防尘，自然干燥或红外线灯下烤干。干燥后的膜，用大头针尖在铜网周围划一下，用无菌镊子小心将铜网膜移到载玻片上，置光学显微镜下用低倍镜挑选完整无缺、厚薄均匀的铜网膜备用。

（2）按 2 所述方法在平皿或烧杯里制备支持膜，成膜后将几片铜网放在膜上，再在上面放一张滤纸，浸透后用镊子将滤纸反转提出水面。将有膜及铜网的一面朝上放在干净平皿中，置 40℃烘箱使干燥。

4. 制片

本实验采用滴液法结合负染色技术观察细菌及核酸分子的形态。

（1）细菌的电镜样品制备

① 将适量无菌水加入生长良好的细菌斜面内，用吸管轻轻拨动菌体制成菌悬液。用无菌滤纸过滤，并调整滤液中的细胞浓度为每毫升 $10^8 \sim 10^9$ 个。

② 取等量的上述菌悬液与等量的 20 g/L 的磷钨酸钠水溶液混合，制成混合菌悬液。

③ 用无菌毛细吸管吸取混合菌悬液滴在铜网膜上。

④ 经 3～5 min 后，用滤纸吸去余水，待样品干燥后，置低倍光学显微镜下检查，挑选膜完整、菌体分布均匀的铜网。

有时为了保持菌体的原有形状，也可用戊二醛、甲醛、锇酸蒸气等试剂小心固定后再进行染色。其方法是将用无菌水制备好的菌悬液经过滤，然后向滤液中加几滴固定液（如 pH7.2，0.15% 的戊二醛磷酸缓冲液），经这样预先稍加固定后，离心，收集菌体，制成菌悬液，再加几滴新鲜的戊二醛，在室温或 4℃冰箱内固定过夜。次日离心，收集菌体，再用无菌水制成菌悬液，并调整细胞浓度为每毫升 10^8～10^9 个。然后按上述方法染色。

（2）核酸分子的电镜样品制备

核酸分子链一般较长，采用普通的滴液法或喷雾法易使其结构受到破坏，因此目前多采用蛋白质单分子膜技术来进行核酸分子样品的制备。本实验采用展开法将核酸样品吸附到蛋白质单分子膜上（图 II-5）。

① 将质粒 pBR322 与一碱性球状蛋白溶液（一般为细胞色素 c）混合，使质量浓度分别达到 0.5～2 mg/mL 和 0.1 mg/mL，并加入终浓度为 0.5～1 mol/L 的醋酸铵和 1 mmol/L 的乙二胺四乙酸二钠，成为展开溶液，pH 为 7.5。

② 在一干净的平皿中注入一定下相溶液（蒸馏水或 0.1～0.5 mol/L 的醋酸铵溶液），并在液面上加入少量滑石粉。将一干净载玻片斜放于平皿中，用微量注射器或移液枪吸取 50 μL 的展开溶液，在离下相溶液表面约 1 cm 的载玻片上前后摆动，滴于载玻片的表面，此时可看到滑石粉层后退，说明蛋白质单分子膜逐渐形成，整个过程需 2～3 min。载玻片倾斜的角度决定了展开液下滑至下相溶液的速度，并对单分子膜的形成质量有影响，经验证明以倾斜度 15° 左右为宜。在蛋白形成单分子膜时，溶液中的核酸分子也同时分布于蛋白质基膜中间，并略受蛋白质肽链的包裹。理论计算及实验证明，当 1 mg 的蛋白质展开成良好的单分子膜时，其面积约为 1 m^2，因而可根据最后形成的单分子膜面积的大小估计其好坏程度。如果面积过小，说明形成的膜并非单分子层，因而核酸就有局部或全部被膜包裹的危险，使整个核酸分子消失或反差变坏。

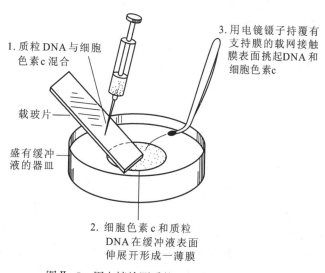

图 II-5 用电镜检测质粒 DNA 的方法示意图

在单分子膜形成时整个装置最好用玻璃罩等物盖住，以防操作人员的呼吸和旁人走动等引起的气流影响以及灰尘等脏物的污染。另外，在展开溶液中可适量加入一些与核酸量相差不大的指示标本，如烟草花叶病毒等，以利于鉴定单分子膜的展开及后面转移操作的好坏。

③ 单分子膜形成后，用电镜镊子取一覆有支持膜的载网，使支持膜朝下，放置于离单分子膜前沿 1 cm 或距离载玻片 0.5 cm 的膜表面上，并用镊子即刻捞起，单分子膜即吸附于支持膜上。多余的液体可用小片滤纸吸去，也可将载网直接漂浮于无水乙醇中 10 ~ 30 s。

④ 将载有单分子膜的载网置于 10^{-5} ~ 10^{-3} mol/L 的醋酸铀乙醇溶液中染色约 30 s（此步可在用乙醇脱水时同时进行），或用旋转投影的方法将金属喷镀于核酸样品的表面。也可将两种方法结合起来，在染色后再进行投影，其效果有时比单独使用一种方法更好一些。

5. 观察

将载有样品的铜网置于透射电镜中进行观察。

（二）扫描电子显微镜样品的制备及观察

扫描电子显微镜观察时要求样品必须干燥，并且表面能够导电。因此，在进行扫描电镜生物样品制备时一般都需采用固定、脱水、干燥及表面镀金等处理步骤。

1. 固定及脱水

生物样品的精细结构易遭破坏，因此在进行制样处理和进行电镜观察前必须进行固定，以使其能最大限度地保持其生活时的形态。而采用水溶性、低表面张力的有机溶液如乙醇等对样品进行梯度脱水，也是为了在对样品进行干燥处理时尽量减少由表面张力引起的其自然形态的变化。

将处理好的、干净的盖玻片，用镊子、剪刀等硬物切割成 4 ~ 6 mm² 的小块，将待检而较浓的大肠杆菌悬浮液滴加其上，或将菌苔直接涂上，也可用盖玻片小块粘贴于菌落表面，自然干燥后置光学显微镜下镜检，以菌体较密，但又不堆在一起为宜。标记盖玻片小块有样品的一面；将上述样品置于 1% ~ 2% 戊二醛磷酸缓冲液（pH7.2 左右）中，于 4℃冰箱中固定过夜。次日以 0.15% 的同一缓冲溶液冲洗，用 40%、70%、90% 和 100% 的乙醇分别依次脱水，每次 15 min。脱水后，用醋酸戊酯置换乙醇。

为确保经过固定和脱水操作后加有样品的一面不会被弄错，可用记号笔划线进行标记，也可以通过记录盖玻片碎块的形状来帮助辨认。

另一种与之类似的样品制备方法是采用离心洗涤的手段将菌体依次固定及脱水，最后涂布到玻片上。其优点是：①在固定及脱水过程中可完全避免菌体与空气接触，从而可最大限度地减少因自然干燥而引起的菌体变形。②可保证最后制成的样品中有足够的菌体浓度，因为涂在玻片上的菌体在固定及干燥过程中有时会从玻片上脱落。③确保玻片上有样品的一面不会弄错。

2. 干燥

将上述制备的样品置于临界点干燥仪中，浸泡于液态二氧化碳中，加热到临界点温度（31.4℃，7 376.46 kPa，即 72.8 个大气压）以上，使之汽化进行干燥。

样品经脱水后，有机溶剂排挤了水分，侵占了原来水的位置。水是脱掉了，但样品还是浸润在溶剂中，还必须在表面张力尽可能小的情况下将这些溶剂"请"出去，使样品真正得到干燥。目前采用最多、效果最好的方法是临界点干燥法。其原理是在一装有溶液的密闭容器中，随着温度的升高，蒸发速率加快，气相密度增加，液相密度下降。当温度增加到某一定值时，气、液二相密度相等，界面消失，表面张力也就不存在了。此时的温度及压力即称为临界点。将生物样品用临界点较低的物质置换出内部的脱水剂进行干燥，可以完全消除表面张力对样品结构的破坏。目前用得最多的置换剂是二氧化碳。由于二氧化碳与乙醇的互溶性不好，因此样品经乙醇分级脱水后还需用与这两种物质都能互溶的"媒介液"醋酸戊酯置换乙醇。

3. 喷镀及观察

将样品放在真空镀膜机内，把金喷镀到样品表面后，取出样品在扫描电镜中进行观察。

本实验成功的关键

（1）制样前应对所用菌株进行活化，并使用新鲜的培养物作为材料，例如培养 6~7 h 的液体培养液或培养 12 h 左右长出的菌苔，保证电镜观察时细胞形态的均一。

（2）进行重金属负染操作时，应让滤纸轻轻接触铜网的侧下方（而非从铜网的上方直接吸掉液体），保证在多余的液体被吸掉的同时样品能更好地铺到支持膜上。

（3）用小盖玻片制备扫描电镜样品时，可将盖玻片用小镊子破碎成不规则的小块，加样后先画下加有样品一面的玻片形状后再进行后面的固定、脱水、干燥等操作，保证在观察时不会将加有样品的一面弄错。

五、实验报告

1. 结果

绘图描述你所制备的大肠杆菌和 pBR322 质粒 DNA 电镜制片在电子显微镜下观察到的形态特点。

2. 思考题

（1）利用透射电子显微镜来观察的样品为什么要放在以金属网作为支架的火棉胶膜（或其他膜）上，而扫描电子显微镜则可以将样品固定在盖玻片上观察？

（2）用负染法制片时，磷钨酸钠或磷钨酸钾起什么作用？

（3）你还知道哪些电子显微镜样品制备技术？你认为可以用透射电镜观察样品内部结构而用扫描电镜观察样品表面结构吗？

（陈向东）

实验 5　相差、暗视野和荧光显微镜的示范观察

一、目的要求

1. 了解相差、暗视野及荧光显微镜的工作原理。
2. 学习并掌握使用上述 3 种显微镜观察微生物样品的基本方法。

二、基本原理

使用普通明视野显微镜进行微生物样品的观察时通常需要对样品进行染色处理,以提高反差。这是因为明视野显微镜的照明光线直接进入视野,属透射照明,透明的活菌在明视野中会由于和明亮的背景间反差过小而不易看清细节。本实验介绍的相差、暗视野及荧光显微镜,都是通过在成像原理上的改进,提高了显微观察时样品的反差,可以实现对微生物活细胞的直接观察。

(一)相差显微镜

在明视野下看起来透明的样品如活细菌细胞,其不同部分的密度和折射率实际上是有差异的。光线通过这些样品时,光波的相位因此发生变化。但这种相位变化不表现为明暗和颜色上的差异,不能为人眼所感知。相差显微镜则能通过分别安装在聚光器和物镜上的环状光阑和相板,将光的相位差转变为人眼可以察觉的振幅差(明暗差)。如果产生的干涉为相长干涉,则振幅的同相量相加而变大(图Ⅱ-6A),该部分样品的亮度加大;如果所产生的干涉为相消干涉(图Ⅱ-6B),则振幅的异相量相消而变小,这部分就变得较暗。这样变相位差为振幅差的结果,使原来透明的样品会由于其内部不同组分间光干涉现象的差异表现为明显的明暗差异,对比度增加,能更加清晰地观察到在普通光学显微镜中看不到或看不清的活细胞及细胞内的某些细微结构。

相差显微镜与普通光学显微镜在构造上主要有3点不同:①用带相板的相差物镜代替普通物镜,镜头上一般标有 PC 或 PH 字样。②具有环形开孔的光阑位于聚光器的前焦面上,大小不同的环状光阑与聚光镜一起形成转盘聚光器。聚光器转盘前端有标示孔,表示位于聚光镜下面的光阑种类,不同的光阑应与各自不同放大率的物镜配套使用。例如,标示孔的符号为"10"时,表示应与

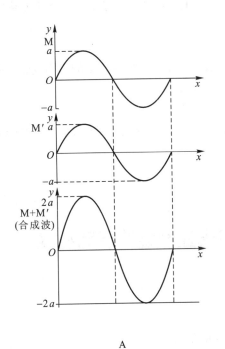
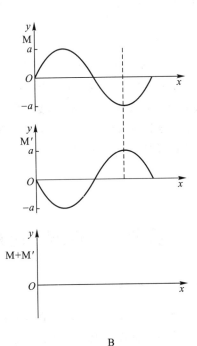

图Ⅱ-6 光的干涉(M+M′为干涉光束的合成波)

A. 相长干涉 B. 相消干涉

10× 物镜匹配；符号为"0"时，为明视野非相差的通光孔（图Ⅱ–7A）。③每次使用前应使用合轴调节望远镜（图Ⅱ–7B）对每个环状光阑的光环和相应相差物镜中的相位环进行合轴调中，保证两环的环孔相互吻合，光轴完全一致。

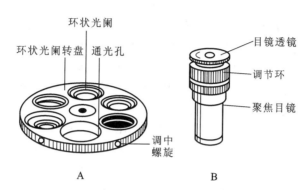

图Ⅱ–7 用于相差显微镜的环状光阑（A）和合轴调节望远镜（B）

此外，进行相差显微镜观察时一般都使用绿色滤光片。这是因为相差物镜多属消色差物镜，这种物镜只纠正了黄、绿光的球差而未纠正红、蓝光的球差，在使用时采用绿色滤光片效果最好。另外，绿色滤光片有吸热作用（吸收红色光和蓝色光），进行活体观察时比较有利。

（二）暗视野显微镜

暗视野显微镜与明视野显微镜构造上的差别主要在于聚光器。前者聚光器底部中央有一块遮光板，使来自光源的光线由聚光器的周缘部位斜射到标本上。这样，只有经过样品反射和折射的光线才能进入物镜形成物像，而其他未经反射或折射的光线不能进入物镜，形成亮样品暗背景的观察效果。正如我们在白天看不到的星辰却可在黑暗的夜空中清楚地显现一样，在暗视野显微镜中由于样品与背景之间的反差增大，可以清晰地观察到在明视野显微镜中不易看清的活菌体等透明的微小颗粒。也正由于这种显微镜的视野背景是黑暗的，因此称其为暗视野显微镜。一般的显微镜都可以通过更换聚光器而实现暗视野工作状态。

暗视野法主要用于观察生活细菌及细菌的运动性。由于在暗视野中即使所观察微粒的尺寸小于显微镜的分辨率，依然可以通过它们散射的光而发现其存在，所以暗视野法对于观察菌体细微的梅毒密螺旋体（*Treponema pallidum*）等微生物以及细菌鞭毛的运动特别有用。另外，有些活细胞其外表比死细胞明亮，也可用暗视野来区分死、活细胞，目前这方面最常用的是对各种酵母细胞的死、活鉴别。暗视野法的不足之处在于难以分辨所观察物体的内部结构。

（三）荧光显微镜

前面介绍的明视野、暗视野、相差显微镜都是用发自光源的可见光对样品进行照明和成像，因此观察到的是标本直接的本色。而荧光显微镜观察的物像是由样品被激发后发出的荧光形成的，光源的作用仅仅是作为样品荧光的激发光，不进入目镜用于物像的生成。

某些物质可以吸收辐射能而被激发，并在稍后以波长较长的光能形式将所吸收的大部分能量释放出来，这种波长长于激发光的可见光就是荧光。微生物细胞和细胞内的某些物质在紫外线或蓝紫光的激发下会自发地产生荧光，可直接使用荧光显微镜进行观察。对那些自身不产生荧光的标本，则需经荧光染料（荧光素）染色后再进行观察。由于不同荧光素被激发后的荧光波长范围会有差异，因此同一样品在需要的时候可以用两种以上的荧光素标记，从而在荧光显微镜下经过一定波长的光激发后显示不同的颜色，方便对样品特定部位或成分的定位、定量观察和分析。

按照激发光光源光路与观察标本相对位置的不同，荧光显微镜可分为透射式和落射式两种。透射式荧光显微镜的光源光线是通过聚光器穿过标本材料来激发荧光，因此低倍镜时荧光强，而随放大倍数增加其荧光减弱，所以对观察较大的标本材料较好。此外，由于它的激发光束必须穿过载物玻片，为了减少激发光线的损失，观察时需使用价格昂贵的石英玻璃载玻片，也不能用于观察非透明的被检物体。与之相比，落射荧光显微镜的激发光路不经过载玻片而直接照射在标本上，激发光的损失小，荧光效应高，还能对非透明的标本进行观察。目前透射式荧光显微镜已经越来越少，大多数荧光显微镜都采用落射式进行荧光激发。

图Ⅱ-8展示的是正置落射荧光显微镜的基本光路图。其特点是光源通过物镜落射于样品，激发产生的荧光再通过物镜进入目镜，因此放大倍数愈大荧光愈强，视野照明均匀，成像清晰。光路中激发滤镜的作用是滤掉来自高压汞灯的杂光，仅让特定波长的激发光透过。光路中的二分色镜由镀膜的光学玻璃制成，兼有透射长波光线和反射短波光线的功能，其镜面方位与激发光和荧光的光轴交角均呈45°，可将短波长的激发光向下反射，通过物镜投射向载玻片上的标本，激发释放出的荧光通过物镜，穿过二分色镜和目镜即可进行观察。目镜下方安置的阻断滤镜只允许特定波长的荧光通过，以保护观察者的眼睛并降低视野亮度。由于每种荧光物质都有一个产生最强荧光的激发光波长，被激发产生的荧光也具有专一性，因此在实际使用时阻断滤镜应根据需要和激发滤镜配合使用。换用不同的激发滤镜/阻断滤镜的组合插块，可满足不同荧光反应产物的需要。

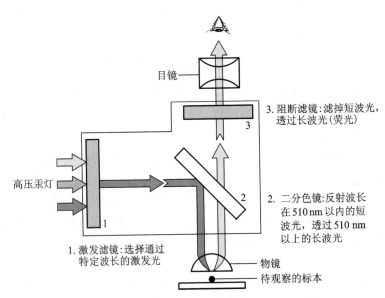

目镜

3. 阻断滤镜：滤掉短波光，
透过长波光（荧光）

高压汞灯

2. 二分色镜：反射波长
在510 nm以内的短
波光，透过510 nm
以上的长波光

1. 激发滤镜：选择通过
特定波长的激发光

物镜

待观察的标本

图Ⅱ-8　普通正置落射荧光显微镜的基本光路图

荧光显微镜的特点是灵敏度高，在黑暗视野中低浓度荧光染色即可显示出标本内样品的存在，其对比度约为可见光显微镜的100倍。20世纪30年代荧光染色即已用于细菌、霉菌等微生物及细胞、纤维等的形态观察和研究。如用抗酸菌荧光染色法可帮助在痰中找到结核杆菌。40年代又创造了荧光染料标记蛋白质的技术，这种技术现已广泛应用于免疫荧光抗体染色的常规技术中，可检查和定位病毒、细菌、霉菌、原虫、寄生虫及动物和人的组织抗原与抗体，可用以探讨病因及发病机制，如肾小球疾病的分类及诊断、乳头瘤病毒与子宫颈癌的关系等，在医学实验研究及疾病诊断方面的用途日益广泛。90 年代，来自水母的绿色荧光蛋白（green fluorescent protein，GFP）在大肠杆菌中被成功表达。这类生物发光蛋白不需染色即可在荧光显微镜下观察到明显的荧光，使荧光观察技术得到进一步的发展。目前，以 GFP 为代表的各种生物荧光蛋白基因标签技术已成为分子生物学中的常用研究手段。

三、实验器材

1. 菌种

大肠杆菌（*Escherichia coli*）和酿酒酵母（*Saccharomyces cerevisiae*）的培养斜面。

2. 溶液和试剂

无菌水，香柏油，二甲苯，吖啶橙和蒸馏水等。

3. 仪器和其他用品

相差显微镜，暗视野聚光器，荧光显微镜，合轴调节望远镜，滤光片，载玻片和盖玻片等。

本实验为什么使用上述菌株?

    相差、暗视野和荧光显微镜均是对各种微生物进行活体观察的有用工具，是微生物学研究的常用设备。本实验推荐的大肠杆菌和酿酒酵母是最常用的原核和真核微生物研究材料，容易获取和培养。大肠杆菌能通过鞭毛进行运动，个体较小，常需用油镜观察。而酿酒酵母不具有运动能力，其个体用低倍镜就很容易看到，使用高倍镜或油镜还有可能观察到其细胞内部结构。用它们作为实验材料，能使学生通过对比观察很快掌握上述 3 种显微镜的基本特点和操作原理，达到本实验设定的目的要求。

四、操作步骤

安 全 警 示

    紫外线会伤害眼睛，使用荧光显微镜时切勿直视激发光。

（一）相差显微镜

1. 将显微镜的聚光器和接物镜换成相差聚光器和相差物镜，在光路上加绿色滤光片。

2. 聚光器转盘刻度置"0"，调节光源使视野亮度均匀。

3. 将酿酒酵母和大肠杆菌的培养物制备水浸片置于载物台上，用低倍物镜（10×）在明视野下调节亮度并聚焦样品。

    相差显微镜镜检对载玻片、盖玻片的要求很高。载玻片厚度应在 1.0 mm 左右，若过厚，环状光阑的亮环变大，过薄则亮环变小；载玻片厚薄不均，凹凸不平，或有划痕、尘埃等也都会影响图像质量。而盖玻片的标准厚度通常为 0.16~0.17 mm，过薄或过厚都会使像差、色差增加，影响观察效果。

4. 将聚光器转盘刻度置 "10"（与所用 10× 物镜相匹配）。注意由明视野转为环状光阑时，因进光量减少，要把聚光器的光圈开足，以增加视野亮度。

5. 取下目镜，换上合轴调节望远镜。用左手指固定望远镜外筒，一边观察，一边用右手转动其内筒，使其升降，对焦使聚光器中的亮环和物镜中的暗环清晰；当双环分离时，说明不合轴，可用聚光器的调中螺旋移动亮环，直至双环完全重合（图Ⅱ-9）。

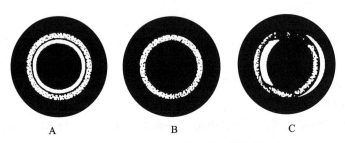

图Ⅱ-9　相差显微镜照明合轴调整

A. 环状光阑形成的亮环小于相板上暗环　B. 正确照明，亮环和暗环重合

C. 环状光阑中心不合轴

6. 按上法依次对其他放大倍数的物镜和相应的环状光阑进行合轴调节。

精确的合轴调节是取得良好观察效果的关键。若环状光阑的光环和相差物镜中的相位环不能精确吻合会造成光路紊乱，应被吸收的光不能吸收，该推迟相位的光波不能推迟，失去相差显微镜的效果。

7. 取下望远镜，换回目镜，选用适当放大倍数的物镜进行观察。

（二）暗视野显微镜

1. 将显微镜的聚光器换成暗视野聚光器。

2. 选用适当厚薄的载玻片（通常 0.7~1.2 mm）及盖玻片（通常 0.17 mm）。在载玻片上滴上酿酒酵母或大肠杆菌悬液后加盖玻片，制成水浸片。

由于暗视野聚光器的数值孔径值都较大（NA=1.2~1.4），焦点较浅，因此，所选用的载玻片、盖玻片不宜太厚，否则被检物体无法调在聚光器焦点处。

3. 在聚光镜上放一大滴香柏油，并将制片放在镜台上，升起聚光器，使香柏油与载玻片接触。

在进行暗视野观察时，聚光器与载玻片之间滴加的香柏油要充满，不能有气泡，否则照明光线于聚光镜上面进行全面反射，达不到被检物体，从而不能得到暗视野照明。

4. 用低倍物镜（10×）调节亮度并聚焦样品，将光源光圈关小，在黑暗视野中观察到一亮环（图Ⅱ-10）。

5. 通过调节聚光器对中螺旋使亮环位于视野的中心，使聚光器与物镜的光轴一致。

6. 微调聚光器高度使亮环变成一亮斑，光斑越小越好，此时聚光器的焦点与标本一致，观察效果最好。逐步扩大光源光圈，使光斑扩大，并略大于视野。

7. 选用合适放大倍数的物镜，调节亮度并调焦进行观察。

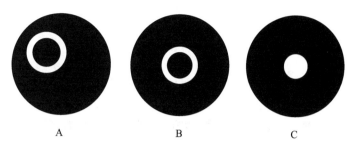

图Ⅱ-10 暗视野聚光器的中心调节及调焦

A. 聚光器光轴与显微镜光轴不一致时的情况

B. 虽然经过中心调节，但聚光器焦点仍与被检标本不一致时的情况

C. 聚光器升降焦点与被检标本一致时的情况

8. 观察完毕，擦去聚光器上的香柏油，并参照普通光学显微镜的要求，妥善清洁镜头及其他部件。

（三）荧光显微镜

1. 将一滴新配制的 0.01% 吖啶橙溶液滴加到干净的载玻片上，用接种环刮少量酿酒酵母或大肠杆菌菌苔与之混匀，制成菌悬液，然后加盖玻片。

用蒸馏水配制的吖啶橙溶液可在 4℃ 冰箱避光保存 2 周。

2. 接通电源，打开显微镜高压电源开关，按下激发按钮（IGNITION）数秒，点燃汞灯，待灯室发光后，释放按钮。预热 15 min。

3. 关闭紫外线光阑，将制备的水浸片放置于载物台上，用玻片夹固定。

4. 打开显微镜底座上方的普通照明电源开关，根据使用者的眼距调节目镜间距离，在明视场状态下选用合适放大倍数的物镜聚焦，观察标本。

5. 关闭普通照明光源。根据观察需要，通过显微镜上方的选择开关（"G" 或 "B"），获得合适的激发紫外线，G 代表绿光（green）激发，B 代表蓝光（blue）激发。

6. 打开紫外线光阑，标本被激发光照亮，即可从目镜进行荧光观察。

7. 通过位于灯室出口的紫外线调节光阑，可以控制激发紫外线的强度。

高压汞灯关闭后不能立即重新打开，需经至少 5 min 后才能再启动，否则会不稳定，影响汞灯寿命。

8. 使用完毕后，做好镜头和载物台的清洁工作，待灯室冷却至室温后再加显微镜防尘罩。

本实验成功的关键

（1）每次使用相差或暗视野显微镜前均应检查聚光器和物镜的光轴是否一致。

（2）暗视野和荧光显微镜应尽量在光线较暗的环境里使用。

（3）3 种显微镜使用的载玻片、盖玻片都应很清洁，无油污及划痕；所制备的样品水浸片不能有气泡；如需使用油镜进行荧光显微镜观察时，必须用无荧光的特殊油镜。

（4）使用荧光显微镜时宜先用明视野观察、寻找到标本后再转换光源，荧光镜检时也应经常转换视野，以减轻激发光长时间照射造成的荧光衰减和淬灭现象。

五、实验报告

1. 结果

绘图并描述你在 3 种显微镜下观察到的大肠杆菌和酿酒酵母的形态特点。

2. 思考题

（1）试分析、比较相差显微镜、暗视野显微镜、荧光显微镜各自的特点，它们的出现意味着显微观察技术的进步吗？

（2）能否用相差显微镜、暗视野显微镜、荧光显微镜观察普通染色标本？

（3）使用相差显微镜、暗视野显微镜和荧光显微镜进行观察时，对所用的载玻片、盖玻片、镜油有何要求？为什么？

（陈向东）

实验技术相关视频

显微镜油镜使用后的镜头擦拭

III | 微生物的染色、形态和表面结构观察

利用显微镜对微生物细胞形态、结构、大小和排列进行观察前，首先要将微生物样品置于载玻片上制片、染色，为观察到真实、完整的微生物形态结构，根据不同微生物的特点需采取不同的制片及染色方法。

微生物细胞个体微小且较透明，在光学显微镜下难以将其与背景区分而看清。所以，在利用光学显微镜对微生物进行观察前，需要用染料对微生物进行染色，使着色细胞或结构与背景形成鲜明对比，以便更清晰地观察微生物细胞形态及结构特征。微生物的另一个特点是种类繁多，不同微生物细胞结构各异，对各类细胞染料的结合能力不同，研究者必须根据所要观察的微生物细胞的特点及观察目标，选用适宜的染色技术。

通过本章实验训练，学生可掌握：①微生物制片技术。②细菌、放线菌、酵母菌和霉菌的简单染色技术。③革兰氏染色技术。④细菌芽孢、荚膜和鞭毛的染色技术。

实验 6 细菌、放线菌、酵母菌和霉菌的制片和简单染色

一、目的要求

1. 学习并掌握微生物的制片及简单染色的基本技术。
2. 初步了解细菌、放线菌、酵母菌及霉菌的形态特征和相互区别。
3. 巩固显微镜操作技术及无菌操作技术。

二、基本原理

对个体较小的细菌进行制片时采取涂片法，通过涂抹使细胞个体在载玻片上均匀分布，避免菌体堆积而无法观察个体形态，通过加热固定使细胞质凝固，

使细胞固定在载玻片上，这种加热处理还可以杀死大多数细菌而且不破坏细胞形态。

　　用普通光学显微镜观察细菌时，先将细菌进行染色，使之与背景形成鲜明的反差，可以更清楚地观察到细菌的形状及某些细胞结构。利用单一染料对菌体进行染色的方法称为简单染色。用于染色的染料是一类苯环上带有发色基团和助色基团的有机化合物。发色基团赋予染料颜色特征，而助色基团使染料能够形成盐。不含助色基团而仅具有发色基团的苯化合物（色原）即使具有颜色也不能用作染料，因为它不能电离，不能与酸或碱形成盐，难以与微生物细胞结合使其着色。常用的微生物细胞染料都是盐，分碱性染料和酸性染料，前者包括亚甲蓝（即美蓝）、结晶紫、碱性复红（碱性品红）、番红（即沙黄）及孔雀绿等，后者包括酸性品红（酸性复红）、伊红及刚果红等。通常采用碱性染料进行简单染色，原因在于微生物细胞在碱性、中性及弱酸性溶液中通常带负电荷，而染料电离后染色部分带正电荷，很容易与细胞结合使其着色；当细胞处于酸性条件下（如细菌分解糖类产酸）所带正电荷增加时，可采用酸性染料染色。

　　放线菌菌丝体由基内菌丝、气生菌丝和孢子丝组成，制片时不采取涂片法，以免破坏细胞及菌丝体形态。在显微镜下直接观察时，气生菌丝在上层、基内菌丝在下层，气生菌丝色暗，基内菌丝较透明。孢子丝依种类的不同，有直、波曲、各种螺旋形或轮生。在油镜下观察，放线菌的孢子有球形、椭圆、杆状或柱状。能否产生菌丝体及孢子丝、孢子的形态特征是放线菌分类鉴定的重要依据。通常采用插片法、玻璃纸法或印片法并结合菌丝体简单染色对放线菌进行观察。在插片法中，首先将灭菌盖玻片插入接种有放线菌的平板，使放线菌沿盖玻片和培养基交接处生长而附着在盖玻片上，取出盖玻片可直接在显微镜下观察放线菌在自然生长状态下的形态特征，而且有利于对不同生长时期的放线菌形态进行观察。在玻璃纸法中，采用的玻璃纸是一种透明的半透膜，将放线菌菌种接种在覆盖在固体培养基表面的玻璃纸上，水分及小分子营养物质可透过玻璃纸被菌体吸收利用，而菌丝不能穿过玻璃纸而与培养基分离，观察时只要揭下玻璃纸转移到载玻片上，即可镜检观察。由于孢子丝形态、孢子排列及形状是放线菌重要的分类学指标，还可采用印片法将放线菌菌落或菌苔表面的孢子丝印在载玻片上，经简单染色后观察。

　　单细胞的酵母菌个体是常见细菌的几倍甚至几十倍，大多数采取出芽方式进行无性繁殖，少数裂殖；酵母菌也可以通过接合产生子囊孢子进行有性繁殖。由于细胞个体大，采取涂片的方法制片有可能损伤细胞，一般通过亚甲蓝染液水浸片法或水–碘液浸片法来观察酵母菌形态及出芽生殖方式。同时，采用亚甲蓝染液水浸片法还可以对酵母菌的死、活细胞进行鉴别。亚甲蓝对细胞无毒，其氧化型呈蓝色，还原型无色。由于新陈代谢，活细胞有较强还原能力，使亚甲蓝由蓝色氧化型转变成无色的还原型，染色后活细胞呈无色。死细胞或代谢能力微弱的衰老细胞还原能力弱，染色后细胞呈蓝色或淡蓝色。

　　霉菌菌丝体由基内菌丝、气生菌丝和繁殖菌丝组成，其菌丝比放线菌的粗几倍到几十倍。霉菌菌丝体及孢子的形态特征是识别不同种类霉菌的重要依据。可以采取直接制片和透明胶带法用低倍镜观察，也可以采取载玻片培养观察法，通过无菌操作将薄层培养基琼脂置于载玻片上，接种后盖上盖玻片培养，使菌丝体在盖玻片和载玻片之间的培养基中生长，将培养物直接置于显微镜下可观察到霉菌自然生长状态并可连续观察不同发育期的菌体结构特征变化。对霉菌可利用乳酸石炭酸棉蓝染液进行染色，盖上盖玻片后制成霉菌制片镜检。石炭酸可以杀死菌体及孢子并可以防腐，乳酸可以保持菌体不变形，棉蓝使菌体着色。同时，这种霉菌制片不易干燥，能防止孢子飞散，用树胶封固后可制成永久标本长期保存。

三、实验器材

1. 菌种

枯草芽孢杆菌（*Bacillus subtilis*）12~18 h 牛肉膏蛋白胨琼脂斜面培养物，金黄色葡萄球菌（*Staphylococcus aureus*）24 h 牛肉膏蛋白胨琼脂斜面培养物，球孢链霉菌（*Streptomyces globisporus*）3~5 d 高氏Ⅰ号培养基平板培养物，细黄链霉菌（*S. microflavus*）或淡灰链霉菌（*S. glaucus*）3~5 d 高氏Ⅰ号培养基平板培养物，酿酒酵母（*Saccharomyces cerevisiae*）2 d 麦芽汁斜面培养物，黑曲霉（*Aspergillus niger*）48 h 马铃薯琼脂平板培养物，黑根霉（*Rhizopus stolonifer*）48 h 马铃薯琼脂平板培养物。

2. 溶液和试剂

草酸铵结晶紫染液，齐氏石炭酸品红染液，吕氏亚甲蓝染液，卢戈（Lugol）碘液（即革兰氏染色用碘液），乳酸石炭酸棉蓝染液，生理盐水，50% 乙醇，20% 甘油，高氏Ⅰ号培养基平板，马铃薯琼脂薄层平板等。

3. 仪器和其他用品

酒精灯，载玻片，盖玻片，显微镜，双层瓶（内装香柏油和二甲苯），擦镜纸，接种环，接种铲，接种针，镊子，载玻片夹子，载玻片支架，玻璃纸，平皿，玻璃涂棒，U 型玻棒，滴管，解剖针，解剖刀。

本实验为什么采用上述菌株？

枯草芽孢杆菌和金黄色葡萄球菌分别为典型的杆状和球状细菌，学生通过观察可以熟悉细菌的两种基本形态，同时还可以看到金黄色葡萄球菌细胞聚集形成葡萄串状的群体特征；球孢链霉菌、细黄链霉菌或淡灰链霉菌为放线菌，球孢链霉菌的孢子丝为波曲状，细黄链霉菌或淡灰链霉菌的孢子丝为螺旋形。酿酒酵母可以以出芽方式进行无性繁殖，通过本实验可以观察到进行出芽生殖的酵母菌形态特征；黑曲霉和黑根霉是常见的两种霉菌，前者菌丝有隔多核，具足细胞，菌丝分化形成分生孢子梗产生无性分生孢子，后者具有匍匐菌丝和假根，菌丝分化形成孢囊梗产生无性孢囊孢子。

四、操作步骤

安　全　警　示

（1）加热固定时要使用载玻片夹子，以免烫伤。不要将载玻片在火焰上烤烧时间过长，以免载玻片破裂。

（2）使用染料时注意避免沾到衣物上。

（3）进行放线菌和霉菌制片时减少空气流动，避免吸入孢子。

（4）实验完毕后洗手，金黄色葡萄球菌为条件致病菌，二甲苯为有毒物质。

（一）细菌制片及简单染色

1. 涂片

载玻片泡在 95% 乙醇缸中待用。用镊子从缸中取出一块载玻片，在缸内壁上将玻片沥一下，然后用酒精灯烧去玻片上残余乙醇和可能存在的油污。残余乙醇燃尽即可，不要一直灼烧载玻片。

用记号笔平均分为两个区域并标记；各滴半滴（或用接种环挑取 1～2 环）生理盐水（或水）于两个区域中央；用接种环无菌操作分别由枯草芽孢杆菌营养琼脂斜面和金黄色葡萄球菌营养琼脂斜面挑取适量菌苔，将沾有菌苔的接种环置于载玻片上的生理盐水中涂抹，使菌悬液在载玻片上形成均匀薄膜。若用液体培养物涂片，可用接种环蘸取 2～3 环菌液直接涂于载玻片上（图Ⅲ–1）。

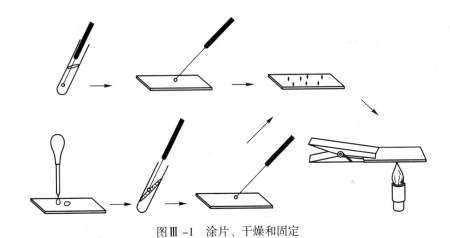

图Ⅲ–1　涂片、干燥和固定

2. 干燥

自然干燥或用电吹风冷风吹干。

3. 固定

涂菌面朝上，通过火焰 2～3 次。此操作过程称热固定，其目的是使细胞质凝固以固定细胞形态，并使之牢固附着在载玻片上。固定温度不宜过高（以玻片背面不烫手为宜）。

4. 染色

将载玻片平放于载玻片支架上，滴加染液覆盖涂菌部位即可，若使用吕氏亚甲蓝则染色 1～2 min；若使用草酸铵结晶紫染液或齐氏石炭酸品红染液则染色 1 min。

5. 水洗

倾去染液，用缓流自来水冲洗，水流不宜过急、过大，应使水从载玻片的一端流下，勿直接冲涂片处，至洗出水无色为止。

6. 干燥

用吸水纸吸去多余水分，自然干燥或电吹风冷风吹干。

7. 镜检

涂片干燥后置于显微镜下进行观察、记录。

本实验成功的关键

（1）滴取生理盐水时不宜过多，否则不易涂抹均匀，且干燥时间过长。

（2）涂片时取菌量要适宜且要涂抹均匀，避免贪多造成菌体堆积而难以看清细胞个体形态。同时也应避免取菌量太少而难以在显微镜视野中找到细胞。

（3）无菌操作取菌时一定要接种环冷却后再取菌，以免高温使菌体变形。

（4）必须等涂片干燥后加热固定，避免加热时间过长，导致细胞破裂或变形。

（5）水洗时勿用过急水流直接冲洗涂片处，以免涂片薄膜脱落。

（6）涂片必须完全干燥后才能用油镜观察，否则影响分辨率。

（二）放线菌制片及简单染色

1. 插片法

① 接种：无菌操作分别挑取球孢链霉菌、细黄链霉菌或淡灰链霉菌菌种斜面培养物在高氏 I 号培养基平板上密集划线接种。

② 插片：无菌操作用镊子取灭菌盖玻片以约 45° 插入平板接种线上。

③ 培养：将平板倒置，于 28℃培养 3～5 d。

④ 镜检：用镊子小心取出盖玻片，用纸擦去背面培养物，有菌面朝上放在载玻片上，直接用低倍镜和高倍镜镜检观察（在盖玻片菌体附着部位滴加 1 g/L 吕氏亚甲蓝染色后观察效果更好）。

2. 玻璃纸法

① 铺玻璃纸：无菌操作用镊子将已灭菌（155～160℃干热灭菌 2 h）玻璃纸片（盖玻片大小）平铺在高氏 I 号培养基平板表面，用接种铲或无菌玻璃涂棒将玻璃纸压平并去除气泡，每个平板可铺约 10 块玻璃纸。

② 接种：无菌操作分别由球孢链霉菌、细黄链霉菌或淡灰链霉菌菌种斜面培养物挑取菌种在玻璃纸上划线接种。

③ 培养：将平板倒置，于 28℃培养 3～5 d。

④ 镜检：在载玻片中央滴一小滴水，用镊子从平板上取下玻璃纸片，菌面朝上放在水滴上，使其紧贴在载玻片上，勿留气泡，直接用低倍镜和高倍镜镜检。

3. 印片法

① 印片：用解剖刀从不同的链霉菌培养平板分别切取一小块（菌苔连同培养基），置于载玻片上，菌面朝上，用另一载玻片轻轻在菌苔表面按压，使孢子丝及气生菌丝附着在载玻片上。

② 固定：将按压的载玻片有印迹一面朝上，通过火焰 2～3 次。

③ 染色：用石炭酸品红染色 1 min，水洗，晾干。

④ 镜检：用油镜观察孢子丝形态特征。

本实验成功的关键

（1）在插片法和玻璃纸法操作过程中，注意在移动附着有菌体的盖玻片或玻璃纸时勿碰动菌丝体，必须菌面朝上，以免破坏菌丝体形态。

（2）插片法和玻璃纸法观察时，宜用略暗光线；先用低倍镜找到适当视野，再换高倍镜观察。

（3）在印片过程中，不要用力过大压碎琼脂，也不要错动。染色水洗时水流要缓，以免破坏孢子丝形态。

（三）酵母菌制片及简单染色

1. 亚甲蓝染液水浸片法

① 滴加一滴 1 g/L 吕氏亚甲蓝染液于载玻片中央，无菌操作用接种环由酿酒酵母麦芽汁斜面培养物挑取少许菌体置于染液中，混合均匀。

② 用镊子取一块盖玻片，将盖玻片一边与菌液接触，缓慢将盖玻片倾斜并覆盖在菌液上。

③ 将制片放置 3 min 后，用低倍镜及高倍镜观察酵母菌形态和出芽情况，并根据细胞颜色区分死活细胞。

④ 染色 30 min 后再次观察，注意死活细胞比例是否发生变化。

⑤ 用 0.5 g/L 吕氏亚甲蓝染液作为对照同时进行上述实验。

2. 水 – 碘液浸片法

将卢戈碘液用水稀释 4 倍后，滴加一滴于载玻片中央，无菌操作取少许菌体置于染液中混匀，盖上盖玻片后镜检。

本实验成功的关键

（1）用接种环将菌体与染液混合时不要剧烈涂抹，以免破坏细胞。

（2）滴加染液要适中，否则用盖玻片覆盖时，染液过多会溢出到盖玻片表面，影响观察；过少会产生大量气泡。

（3）盖玻片要缓慢倾斜覆盖，以免产生气泡。

（四）霉菌制片及简单染色

1. 直接制片观察法

滴一滴乳酸石炭酸棉蓝染液于载玻片上，用镊子从黑曲霉或黑根霉马铃薯琼脂平板培养物中取菌丝，先放入 50% 乙醇中浸一下洗去脱落的孢子，然后置于染液中，用解剖针小心将菌丝分开，去掉培养基，盖上盖玻片，用低倍镜和高倍镜镜检。

2. 透明胶带法

① 滴一滴乳酸石炭酸棉蓝染液于载玻片上。

② 用食指与拇指黏在一段透明胶带两端，使透明胶带呈 U 形，胶面朝下（图Ⅲ–2）。

③ 将透明胶带胶面轻轻触及黑曲霉或黑根霉菌落表面。

④ 将黏在透明胶带上的菌体浸入载玻片上的乳酸石炭酸棉蓝染液中，并将透明胶带两端固定在载玻片两端，用低倍镜和高倍镜镜检。

3. 载玻片培养观察法

① 培养小室准备及灭菌：在平皿皿底铺一张略小于皿底的圆滤纸片，在其上面放一个 U 型玻棒，在 U 型玻棒上放一块载玻片和两块盖玻片，盖上皿盖，于 121℃灭菌 30 min，烘干备用（图Ⅲ-3）。

② 琼脂块制备：通过无菌操作，用解剖刀由马铃薯琼脂薄层平板上切下 1 cm² 左右的琼脂块，将其移至培养小室的载玻片上，每片两块（图Ⅲ-3）。

③ 接种：通过无菌操作，用接种针从黑曲霉或黑根霉马铃薯琼脂平板培养物中挑取很少量孢子，接种于培养小室中琼脂块边缘上，将盖玻片覆盖在琼脂块上。

④ 培养：通过无菌操作，在培养小室中圆滤纸片上加 3~5 mL 灭菌的 20% 甘油（用于保持湿度），盖上皿盖，于 28℃培养。

⑤ 镜检：根据需要于不同时间取出载玻片用低倍镜和高倍镜镜检。

图Ⅲ-2 透明胶带法示意图

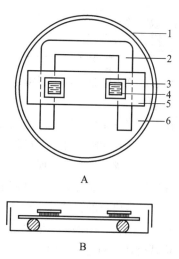

图Ⅲ-3 载玻片培养观察法示意图
A. 俯视图 B. 剖面图
1. 平皿 2. U 型玻棒 3. 盖玻片
4. 培养物 5. 载玻片 6. 保湿用滤纸

本实验成功的关键

（1）在直接制片观察法中，用镊子取菌和用解剖针分散菌丝时要细心，尽量减少菌丝断裂及形态被破坏，盖盖玻片时避免气泡产生。

（2）在载玻片培养观察中，注意无菌操作，接种量要少并尽可能将分散孢子接种在琼脂块边缘，避免培养后菌丝过于密集影响观察。

五、实验报告

1. 结果

（1）绘图并说明枯草芽孢杆菌和金黄色葡萄球菌的形态特征。

（2）绘图并说明球孢链霉菌、细黄链霉菌和淡灰链霉菌基内菌丝、气生菌丝及孢子丝的形态和结构特征。

（3）绘图并说明酿酒酵母形态特征及出芽生殖情况。

（4）根据你所观察到的吕氏亚甲蓝染液浓度及作用时间与酿酒酵母死、活细胞数量变化的情况，填写表Ⅲ-1：

表Ⅲ-1 酿酒酵母染色结果

吕氏亚甲蓝质量浓度	1 g/L		0.5 g/L	
作用时间	3 min	30 min	3 min	30 min
每视野活细胞数 / 个				
每视野死细胞数 / 个				

（5）绘图并说明黑曲霉和黑根霉的形态特征。

2. 思考题

（1）在进行细菌涂片时应注意哪些环节？

（2）进行细菌制片时为什么要进行加热固定？在加热固定时应注意什么？

（3）为什么要求制片完全干燥后才能用油镜观察？

（4）在进行微生物制片时是否都需要进行涂片？为什么？

（5）进行简单染色的目的及原理是什么？进行微生物制片时是否都需要进行染色？为什么？

（6）根据你的实验结果，对细菌进行简单染色时，染色时间对染色效果有何影响？为什么？

（7）你是否观察到金黄色葡萄球菌细胞聚集形成葡萄串状？试解释其形成原因。

（8）镜检时如何区分放线菌基内菌丝、气生菌丝及孢子丝？

（9）球孢链霉菌与细黄链霉菌或淡灰链霉菌的孢子丝有何区别？某同学在印片法观察孢子丝时，镜检发现孢子分散，未发现完整的孢子丝，试分析原因并给出改进方法。

（10）根据你的观察结果，吕氏亚甲蓝染液浓度及作用时间与酿酒酵母死、活细胞比例变化是否有关系？试分析原因。

（11）酿酒酵母除了通过出芽方式进行无性繁殖外，还可以形成子囊孢子进行有性繁殖，你在实验中是否观察到酿酒酵母的子囊孢子？若未观察到，试分析原因（提示：子囊孢子的形成与培养条件有关）。

（12）黑曲霉和黑根霉在形态特征上有何区别？

（13）如果教师要求你对某放线菌或霉菌不同发育期（基内菌丝→气生菌丝→孢子丝或繁殖菌丝）进行连续观察，请给出你的实验方案。

（唐 兵）

实验 7　革兰氏染色法和 KOH 快速鉴定革兰氏阴性和阳性菌法

一、目的要求

1. 学习并掌握革兰氏染色法。
2. 了解革兰氏染色原理。
3. 了解 KOH 快速鉴定革兰氏阴性和阳性细菌法。
4. 巩固显微镜操作技术及无菌操作技术。

Gram 与革兰氏染色

革兰氏染色（Gram stain）是以丹麦医生 Hans Christian Joachim Gram（1853—1938）的名字命名的。Gram 在对死于肺炎的患者肺部组织进行检查时发现某些细菌对特定染料有很高的亲和力。他的染色方法是：首先采用苯胺 - 结晶紫染液进行初染，然后用卢戈碘液媒染，最后用乙醇脱色。经过这样的染色后，发现肺炎球菌保持蓝紫色，肺部组织为浅黄色，达到了将细菌与被感染的肺部组织区分开的目的。几年以后，德国病理学家 Carl Weigert（1845—1904）在 Gram 染色方法基础上加上番红复染，使其成为微生物学研究领域最常用的染色方法之一。

二、基本原理

革兰氏染色法可将细菌分成革兰氏阳性（G⁺）和革兰氏阴性（G⁻）两种类型，这是由这两种细菌细胞壁结构和组成的差异所决定的（图Ⅲ-4）。首先利用草酸铵结晶紫初染，所有细菌都会着上结晶紫的蓝紫色。然后利用卢戈碘液作为媒染剂处理，由于碘与结晶紫形成碘 - 结晶紫复合物，增强了染料在菌体中的滞留能力。然后用 95% 乙醇（或丙酮）作为脱色剂进行处理时，两种细菌的脱色效果不同。革兰氏阳性细菌细胞壁肽聚糖含量高，壁厚且脂质含量低，肽聚糖本身并不结合染料，但其所具有的网孔结构可以滞留碘 - 结晶紫复合物，现在一般认为乙醇（或丙酮）处理可以使肽聚糖网孔收缩而使碘 - 结晶紫复合物滞留在细胞壁，菌体保持原有的蓝紫色。用复染剂（如番红）染色后仍为蓝紫色。而革兰氏阴性细菌细胞壁肽聚糖含量低，交联度低，壁薄且脂质含量高，乙醇（或丙酮）处理时脂质溶解，细胞壁通透性增加，原先滞留在细胞壁中的碘 – 结晶紫复合物容易被洗脱下来，菌体变为无色，用复染剂（如番红）染色后又变为复染剂颜色（红色）。

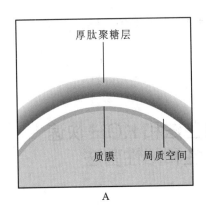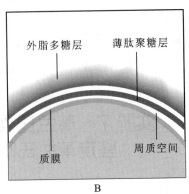

图Ⅲ-4　革兰氏阳性菌和阴性菌细胞壁结构示意图
A. 革兰氏阳性菌　B. 革兰氏阴性菌

KOH 快速鉴定革兰氏阴性和阳性细菌的方法最早于 1938 年由刘荣标（Ryu E）提出。随后人们利用该方法对多种菌株进行鉴定，并将实验结果与革兰氏染色法的结果进行比较，发现两种方法鉴定结果的一致性很高，甚至用革兰氏染色时革兰氏阳性细菌老龄菌常被染成红色而造成假阴性，而 KOH 快速鉴定法对老龄菌同样能够准确地鉴别出革兰氏阳性细菌。该方法的原理为：革兰氏阴性细菌的细胞壁肽聚糖含量低，类脂质含量高，脂多糖、蛋白质和 DNA 复合物遇强碱如 KOH 能形成黏稠的胶冻状物，可以拉出黏丝来。而革兰氏阳性细菌的细胞壁肽聚糖含量高，类脂质含量低，细胞壁坚固，与强碱无以上反应，不能拉出黏丝来，所以 KOH 法能快速区分革兰氏阴性和阳性细菌。由于该方法简易、快速、成本低，因此在临床微生物鉴定上具有很大优势。

三、实验器材

1. 菌种

大肠埃希氏菌（简称大肠杆菌，*Escherichia coli*）16 h 牛肉膏蛋白胨琼脂斜面培养物，金黄色葡萄球菌（*Staphylococcus aureus*）16 h 牛肉膏蛋白胨琼脂斜面培养物。

2. 溶液和试剂

一套革兰氏染液包括：草酸铵结晶紫染液，卢戈碘液，95% 乙醇，番红复染液；生理盐水，30 g/L KOH。

3. 仪器和其他用品

酒精灯，载玻片，显微镜，双层瓶（内装香柏油和二甲苯），擦镜纸，接种环，试管架，镊子，载玻片夹子，载玻片支架，滤纸，滴管和无菌生理盐水等。

本实验为什么采用上述菌株？

大肠杆菌是革兰氏阴性杆状细菌，金黄色葡萄球菌是革兰氏阳性球状细菌，经过革兰氏染色，两者着上不同颜色，在显微镜下便于区别。同时，由于两者具有不同的个体形态，在对它们的混合涂片进行革兰氏染色后，根据菌体颜色和形态差异，可以判断染色是否成功。

四、操作步骤

安 全 警 示

（1）加热时使用载玻片夹子及试管夹，以免烫伤。
（2）使用染料时注意避免沾到衣物上。
（3）使用乙醇脱色时勿靠近火焰。
（4）实验后洗手。

（一）革兰氏染色

1. 制片

取活跃生长期菌种按常规方法涂片（不宜过厚）、干燥和固定。

2. 初染

滴加草酸铵结晶紫染液覆盖涂菌部位，染色 1～2 min 后倾去染液，水洗至流出水无色。

3. 媒染

先用卢戈碘液冲去残留水迹，再用碘液覆盖 1 min，倾去碘液，水洗至流出水无色。

4. 脱色

将玻片上残留水用吸水纸吸去，将玻片倾斜，在白色背景下用滴管流加 95% 乙醇脱色（一般 20～30 s），当流出液无色时立即用水洗去乙醇。

5. 复染

将玻片上残留水用吸水纸吸去，用番红复染液染色 2 min，水洗，吸去残水晾干或用电吹风冷风吹干（图Ⅲ–5）。

6. 镜检

油镜观察。

7. 混合涂片染色

在载玻片同一区域用大肠杆菌和金黄色葡萄球菌混合涂片，其他步骤同上。

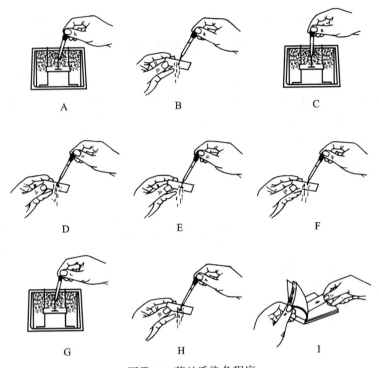

图Ⅲ-5　革兰氏染色程序

A. 草酸铵结晶紫初染 1 ~ 2 min　B. 水洗　C. 碘液媒染 1 min　D. 水洗
E. 乙醇脱色 20 ~ 30 s　F. 水洗　G. 番红复染 2 min　H. 水洗　I. 用吸水纸吸干

本实验成功的关键

（1）应选用活跃生长期菌种染色，老龄的革兰氏阳性细菌会被染成红色而造成假阴性。

（2）涂片不宜过厚，以免脱色不完全造成假阳性。

（3）脱色是革兰氏染色是否成功的关键，脱色不够造成假阳性，脱色过度造成假阴性。

（二）KOH 快速鉴定革兰氏阴性和阳性细菌

1. 用接种环蘸取一小环 30 g/L KOH 溶液（约 10 μL）放于载玻片上。

2. 用接种环刮取细菌菌苔（肉眼可见）于 30 g/L KOH 溶液中混匀，并不停搅动。

3. 10 ~ 60 s 后，观察菌液是否变成黏稠的胶冻状，并能随接种环搅动的方向移动。慢慢提起接种环，看能否拉出丝来。菌液变黏稠、并能拉出黏丝的为革兰氏阴性细菌，菌液不形成黏稠物而仍为悬浊液、不能拉出黏丝的为革兰氏阳性细菌。

本实验成功的关键

KOH 溶液不要过多，细菌菌苔应尽量多一点。

五、实验报告

1. 结果

（1）绘出油镜下观察的混合区菌体图。

（2）填表Ⅲ-2。

表Ⅲ-2 革兰氏染色结果

菌名	细菌形态	菌体颜色	染色结果（G⁺, G⁻）
大肠杆菌			
金黄色葡萄球菌			

2. 思考题

（1）革兰氏染色成功与否需要注意哪些问题？为什么？

（2）现有一株未知杆菌，个体明显大于大肠杆菌，请你鉴定该菌是革兰氏阳性还是革兰氏阴性，如何确定你的染色结果的正确性？

（3）为什么用老龄菌进行革兰氏染色会造成假阴性？

（4）你认为革兰氏染色法中哪个步骤可以省略？在什么情况下可以省略？

（5）Gram 在对死于肺炎的患者肺部组织进行检查时发现，经过染色，某些细菌（如肺炎球菌）保持蓝紫色，肺部组织为浅黄色，为什么肺部组织细胞未被染上蓝紫色？

（6）脱色是革兰氏染色法的关键，但脱色时间的掌握对初学者来说有一定难度，因此有些初学者常用多块玻片来制片以寻找适宜的脱色时间。如果老师要求你仅使用一块载玻片，将大肠杆菌和金黄色葡萄球菌混合多点涂片，你如何设计实验寻找适宜的脱色时间？

（7）KOH 区分革兰氏阴性和阳性细菌的实验现象直观，可否取代革兰氏染色方法，为什么？

（唐 兵）

实验 8　细菌芽孢、荚膜和鞭毛染色

一、目的要求

1. 学习并掌握芽孢染色法并了解芽孢的形态特征。

2. 学习并掌握荚膜染色法并了解荚膜的形态特征。

3. 学习并掌握鞭毛染色法并了解鞭毛的形态特征。

4. 巩固显微镜操作技术及无菌操作技术。

细菌芽孢、荚膜和鞭毛与致病菌鉴定

一些引起人类严重疾病的细菌具有芽孢、荚膜及鞭毛，例如：炭疽芽孢杆菌、破伤风梭菌、肉毒梭菌、产气荚膜梭菌、肺炎链球菌以及肺炎克雷伯氏菌等。芽孢的形态特征和着生部位、荚膜的有无、鞭毛的数量和着生方式都是细菌分类鉴定的重要依据。因此，细菌芽孢、荚膜和鞭毛的染色观察在临床医学上是鉴定致病菌的重要手段。

二、基本原理

简单染色法适用于一般的微生物菌体染色，而某些微生物具有一些特殊结构，如芽孢、荚膜和鞭毛，对它们进行观察前需要进行有针对性的染色。

芽孢是芽孢杆菌属（Bacillus）、梭菌属（Clostridium）和芽孢八叠球菌属（Sporosarcina）细菌生长到一定阶段形成的一种抗逆性很强的休眠体结构，也被称为内生孢子（endospore），通常为圆形或椭圆形。是否产生芽孢及芽孢的形状、着生部位、芽孢囊是否膨大等特征是细菌分类的重要指标。与正常细胞或菌体相比，芽孢壁厚，通透性低而不易着色，但是，芽孢一旦着色就很难被脱色。利用这一特点，首先用着色能力强的染料（如孔雀绿或石炭酸品红）在加热条件下染色（初染），使染料既可进入菌体也可进入芽孢，水洗脱色时芽孢囊和营养细胞中的染料被洗脱，而芽孢中的染料仍然保留。再用对比度大的染料染色（复染）后，芽孢囊和营养细胞染上复染剂颜色，而芽孢仍为原来的颜色，这样就可以清晰地观察芽孢。

荚膜是包裹在某些细菌细胞外的一层黏液状或胶状物质，含水量很高，其他成分主要为多糖、多肽或糖蛋白等。荚膜与染料的亲和力弱，不易着色，且颜色容易被水洗去，因此常用负染法进行染色，即背景着色而荚膜不着色，在深色背景下呈现发亮的荚膜区域（类似透明圈）。也可以采用 Anthony 染色法，首先用结晶紫初染，使细胞和荚膜都着色，随后用硫酸铜水溶液洗，由于荚膜对染料亲和力差而被脱色，硫酸铜还可以吸附在荚膜上使其呈现淡蓝色，从而与深紫色菌体区分。

鞭毛是细菌的纤细丝状运动"器官"。鞭毛的有无、数量及着生方式也是细菌分类的重要指标。鞭毛直径一般为 10～30 nm，只有用电镜才能直接观察到。若要用普通光学显微镜观察，必须使用鞭毛染色法。首先用媒染剂（如单宁酸或明矾钾）处理，使媒染剂附着在鞭毛上使其加粗，然后用碱性品红（Gray 染色法）、碱性副品红（Leifson 染色法）、硝酸银（West 染色法）或结晶紫（Difco 染色法）进行染色。

三、实验器材

1. 菌种

枯草芽孢杆菌（Bacillus subtilis）1～2 d 牛肉膏蛋白胨琼脂斜面培养物，球形芽孢杆菌（B. sphaericus）1～2 d 牛肉膏蛋白胨琼脂斜面培养物，圆褐固氮菌（Azotobacter chroococcum）2 d 无氮培养基琼脂斜面培养物，普通变形菌（Proteus vulgaris）14～18 h 牛肉膏蛋白胨半固体平板新鲜培养物。

2. 溶液和试剂

去离子水，50 g/L 孔雀绿水溶液，5 g/L 番红水溶液，绘图墨水（滤纸过滤后使用），10 g/L 甲基紫水溶液，10 g/L 结晶紫水溶液，60 g/L 葡萄糖水溶液，200 g/L 硫酸铜水溶液，甲醇，硝酸银鞭毛染液，Leifson 鞭毛染液，0.1 g/L 亚甲蓝水溶液等。

3. 仪器和其他用品

酒精灯，载玻片，盖玻片，显微镜，双层瓶（内装香柏油和二甲苯），擦镜纸，接种环，小试管，烧杯，试管架，接种铲，接种针，镊子，载玻片夹子，载玻片支架，滤纸，滴管和无菌水等。

本实验为什么采用上述菌株？

芽孢的有无、形态和着生部位是细菌分类的重要指标，枯草芽孢杆菌为芽孢杆菌属的模式种，其基因组（4 200 kb）已被测序，该菌具有中央生椭圆形芽孢，而球形芽孢杆菌则具有端生球形芽孢，其芽孢旁还有菱形伴胞晶体。圆褐固氮菌是一种好氧自生固氮菌，在胞外可产生明显荚膜，易于观察。普通变形菌是变形菌属的模式种，具有周生鞭毛，鞭毛多且长，便于染色和观察。

四、操作步骤

安 全 警 示

（1）加热时使用载玻片夹子及试管夹，以免烫伤。

（2）使用染料时注意避免沾到衣物上。

（3）实验后洗手。

（一）芽孢染色（Schaeffer-Fulton 染色法）

1. 制片

按常规方法涂片、干燥及固定。

2. 加热染色

向载玻片上滴加数滴 50 g/L 孔雀绿水溶液覆盖涂菌部位，用夹子夹住载玻片在微火上加热至染液冒蒸气并维持 5 min，加热时注意补充染液，切勿让涂片干涸。

3. 脱色

待玻片冷却后，用缓流自来水冲洗至流出水无色为止。

4. 复染

用 5 g/L 番红水溶液复染 2 min。

5. 水洗

用缓流自来水冲洗至流出水无色为止。

6. 镜检

将载玻片晾干后油镜镜检。芽孢呈绿色，芽孢囊及营养细胞为红色。

本实验成功的关键

（1）选用适当菌龄的菌种，幼龄菌尚未形成芽孢，而老龄菌芽孢囊已破裂。

（2）加热染色时必须维持在染液微冒蒸气的状态，加热沸腾会导致营养细胞或芽孢囊破裂，加热不够则芽孢难以着色。

（3）脱色必须等待玻片冷却后进行，否则骤然用冷水冲洗会导致玻片破裂。

（二）荚膜染色

1. 负染法

① 载玻片准备：用乙醇清洗载玻片，彻底去除油迹，用火焰烧去玻片上的残余乙醇。

② 制片：在载玻片一端滴一滴 60 g/L 葡萄糖水溶液，无菌操作取少量菌体于其中混匀，再用接种环取一环绘图墨水于其中充分混匀。另取一块载玻片作为推片，将推片一端与混合液接触，轻轻左右移动使混合液沿推片散开，然后以约 30° 迅速向载玻片另一端推动，使混合液在载玻片上铺成薄膜（图Ⅲ-6）。

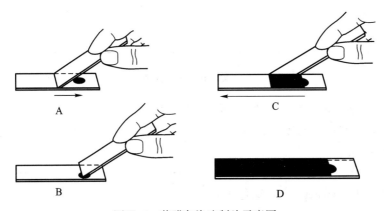

图Ⅲ-6　荚膜负染法制片示意图

③ 干燥：将载玻片在空气中自然干燥。

④ 固定：滴加甲醇覆盖载玻片，1 min 后倾去甲醇。

⑤ 干燥：将载玻片在空气中自然干燥。

⑥ 染色：在载玻片上滴加 10 g/L 甲基紫水溶液染色 1 ~ 2 min。

⑦ 水洗：用自来水缓慢冲洗。自然干燥。

⑧ 镜检：用低倍镜和高倍镜镜检观察。背景灰色，菌体紫色，菌体周围的清晰透明圈为荚膜。

2. Anthony 染色法

① 涂片：按常规方法取菌涂片。

② 固定：将载玻片在空气中自然干燥。

③ 染色：用 10 g/L 结晶紫水溶液覆盖涂菌区域染色 2 min。

④ 脱色：倾去结晶紫水溶液后，用 200 g/L 硫酸铜水溶液冲洗，用吸水纸吸干残液，自然干燥。

⑤ 镜检：用油镜镜检观察。菌体呈深紫色，菌体周围的荚膜呈淡紫色。

本实验成功的关键

（1）在负染法中使用的载玻片必须干净无油迹，否则混合液不能均匀铺开。

（2）绘图墨水使用量要很少，否则会完全覆盖菌体与荚膜，难以区分。

（3）制片过程中所涉及的固定及干燥步骤均不能加热和用热风吹干，因为荚膜含水量高，加热会使其失水变形。同时，加热会使菌体失水收缩，与细胞周围染料（或绘图墨水）脱离而产生透明的明亮区，导致某些不产荚膜的细菌被误认为有荚膜。

（三）鞭毛染色

1. 硝酸银染色法

① 载玻片准备：将载玻片置于含洗衣粉或洗涤剂的水中煮沸 20 min，然后用清水充分洗净，再置于 95% 乙醇中浸泡，使用时取出在火焰上烧去乙醇及可能残留的油迹。

② 菌液制备：冰箱保存的普通变形菌菌种通常要连续移种 1~2 次，然后可选用下列方法接种培养作染色用菌种：a. 取新配制的牛肉膏蛋白胨培养基斜面（表面较湿润、底部有冷凝水）接种，28~32℃培养 14~18 h；b. 用接种环将新鲜菌种点种于新制备的牛肉膏蛋白胨培养基半固体培养基平板中央，28~32℃培养 14~18 h，让菌种扩散生长。

用接种环由斜面和冷凝水交接处挑取普通变形菌菌体，或由半固体平板的菌落边缘挑取菌体，悬浮于 1~2 mL 无菌水中制成轻度浑浊的菌悬液，不能剧烈振荡。

③ 制片：取一滴菌悬液滴到洁净载玻片一端，慢慢倾斜玻片，使菌悬液缓缓流向另一端，用吸水纸吸去多余菌悬液，自然干燥。干后应尽快染色，不宜放置时间过长。

④ 染色：滴加硝酸银染液 A 液覆盖菌面，3~5 min 后用去离子水充分洗去 A 液。用硝酸银染液 B 液洗去残留水分后，再滴加 B 液覆盖菌面数秒至 1 min，其间可用微火加热，当菌面出现明显褐色时，立即用去离子水冲洗，自然干燥。

⑤ 镜检：用油镜镜检观察。观察时，可从玻片的一端逐渐移至另一端，有时只在涂片的一定部位观察到鞭毛。菌体呈深褐色；鞭毛显褐色，通常呈波浪形。

2. Leifson 染色法

① 载玻片准备、菌液制备及制片方法同硝酸银染色法。

② 划区：用记号笔在载玻片反面将有菌区划分成 4 个等分区域。

③ 染色：滴加 Leifson 鞭毛染液覆盖第一区菌面，间隔数分钟后滴加染液覆盖第二区菌面，以此类推至第四区菌面。间隔时间根据实验摸索确定，其目的是确定最佳染色时间，一般染色时间大约需要 10 min。染色过程中仔细观察，当玻片出现铁锈色沉淀，染料表面出现金色膜时，立即用水缓慢冲洗，不要先倾去染料再冲洗，否则背景不清。自然干燥。

④ 镜检：用油镜镜检观察。菌体和鞭毛均呈红色。

本实验成功的关键

（1）良好的培养物，是鞭毛染色成功的基本条件，应选用活跃生长期菌种进行鞭毛染色，老龄菌鞭毛易脱落。挑菌时，尽可能不带培养基。

（2）载玻片必须清洁、光滑、无油迹，将水滴在玻片上，水能均匀散开。否则菌液不能自然流下，造成菌体堆积，鞭毛相互纠缠而难以看清，而且染色后背景脏乱。

（3）菌液沿玻片流下时要缓慢，而且不要让菌液回流，以免鞭毛相互纠缠。

（4）制片过程中条件要温和，不能剧烈振荡、涂抹菌液，也不能采用加热法进行固定，否则鞭毛易脱落。

（5）按要求配制合格的染色液，特别是硝酸银染液 B 液。

（6）硝酸银染液 B 液染色时间的掌握和 Leifson 鞭毛染液最佳染色时间的确定是本实验能否成功的关键环节。

五、实验报告

1. 结果

（1）绘图并说明枯草芽孢杆菌和球形芽孢杆菌的形态特征（包括芽孢形状、着生位置及芽孢囊形状等）。

（2）绘图并说明圆褐固氮菌菌体及荚膜形态特征。

（3）绘图并说明普通变形菌菌体及鞭毛形态特征（包括鞭毛数量、形状、着生方式等）。

2. 思考题

（1）为什么芽孢染色需要进行加热？能否用简单染色法观察到细菌芽孢？

（2）若制片中仅看到游离芽孢，而很少看到芽孢囊和营养细胞，试分析原因。

（3）用孔雀绿初染芽孢后，为什么必须等玻片冷却后再用水冲洗？

（4）在负染法荚膜染色中，为什么包裹在荚膜内的菌体着色而荚膜不着色？

（5）为什么荚膜染色不用热固定？

（6）在荚膜 Anthony 染色法中，硫酸铜的作用是什么？

（7）除鞭毛染色法外，还有什么方法能观察到鞭毛？

（8）你对你所做的鞭毛染色结果满意吗？如果不满意，有哪些方面需要改进？如果满意，你的成功经验是什么？

（9）如果你发现鞭毛已与菌体脱离，请解释原因。

（唐 兵）

实验 9 微生物大小的测定

一、目的要求

1. 学习并掌握使用显微测微尺测定微生物大小的方法。
2. 掌握对不同形态细菌细胞大小测定的分类学基本要求，增强对微生物细胞大小的感性认识。

二、基本原理

微生物大小的测定，需借助于特殊的测量工具——显微测微尺，它包括目镜测微尺和镜台测微尺两个互相配合使用的部件。

镜台测微尺（图Ⅲ–7）是一个在特制载玻片中央封固的标准刻尺，其尺度总长为 1 mm，精确分为 10 个大格，每个大格又分为 10 个小格，共 100 个小格，每一小格长度为 0.01 mm，即 10 μm。刻线外有一直径为 Φ3，线粗为 0.1 mm 的圆，以便调焦时寻找线条。刻线上还覆盖有厚度为 0.17 mm 的盖玻片，可保护刻线久用而不损伤。镜台测微尺并不直接用来测量细胞的大小，而是用于校正目镜测微尺每格的相对长度。

目镜测微尺（图Ⅲ–7）是一块可放入接目镜内的圆形小玻片，其中央有精确的等分刻度，一般有等分为 50 小格和 100 小格两种。测量时，需将其放在接目镜中的隔板上，用以测量经显微镜放大后的细胞物像。由于不同显微镜或不同的目镜和物镜组合放大倍数不同，目镜测微尺每小格在不同条件下所代表的实际长度也不一样。因此，用目镜测微尺测量微生物大小时，必须先用镜台测微

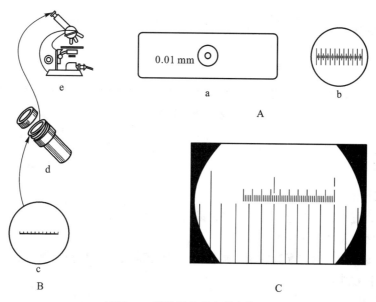

图Ⅲ–7 测微尺及其安装和校正

A. 镜台测微尺 a 及其中央部分的放大 b B. 目镜测微尺 c 及其安装在目镜 d 上
再装在显微镜 e 上的方法 C. 镜台测微尺校正目镜测微尺时的情况

尺进行校正，以求出该显微镜在一定放大倍数的目镜和物镜下，目镜测微尺每小格所代表的相对长度。然后根据微生物细胞相当于目镜测微尺的格数，即可计算出细胞的实际大小。

三、实验器材

1. 菌种

金黄色葡萄球菌（*Staphylococcus aureus*）、枯草芽孢杆菌（*Bacillus subtilis*）和迂回螺菌（*Spirillum volutans*）的染色玻片标本。

2. 溶液和试剂

香柏油，二甲苯。

3. 仪器和其他用品

目镜测微尺，镜台测微尺，普通光学显微镜，擦镜纸和软布等。

本实验为什么用上述菌株？

微生物细胞的大小是微生物基本的形态特征，也是分类鉴定的依据之一。从分类角度来说，对不同形态微生物细胞大小的测量有不同的要求，例如，球菌是用直径范围表示其大小，杆菌和螺菌则是用细胞的直径和长度的范围来表示，但杆菌测量的是细胞的直接长度，而螺菌测量的是菌体两端的距离而非细胞实际长度。一般来说，同种不同个体的细菌细胞直径的变化范围较小，分类学指标价值更大，而长度相对来说变化范围较大。本实验分别选用了典型的球状、杆状和螺旋状细菌的标本片，其目的是使学生在通过实验学习显微镜测微尺的工作原理和方法的基础上，进一步掌握对各种不同形态细菌的大小进行显微测量的具体要求，并对细菌细胞的大小特征获得直接的感性认识。

四、操作步骤

安 全 警 示

目镜测微尺很轻、很薄，在取放时应特别注意防止使其跌落而损坏。

1. 目镜测微尺的安装

取出接目镜，把目镜上的透镜旋下，将目镜测微尺刻度朝下放在目镜镜筒内的隔板上，然后旋上目镜透镜，再将目镜插回镜筒内（图Ⅲ–7）。

双目显微镜的左目镜通常配有屈光度调节环，不能被取下，因此使用双目显微镜时目镜测微尺一般都安装在右目镜中。

2. 校正目镜测微尺

将镜台测微尺刻度面朝上放在显微镜载物台上。先用低倍镜观察，将镜台测微尺有刻度的部分移至视野中央，调节焦距，当清晰地看到镜台测微尺的刻度后，转动目镜使目镜测微尺的刻度与镜台测微尺的刻度平行。利用推进器移动镜台测微尺，使两尺在某一区域内两线完全重合，然后分别数出两重合线之间镜台测微尺和目镜测微尺所占的格数（图Ⅲ–7）。

用同样的方法换成高倍镜和油镜进行校正，分别测出在高倍镜和油镜下，两重合线之间两尺分别所占的格数。

注意：观察时光线不宜过强，否则难以找到镜台测微尺的刻度；换高倍镜和油镜校正时，务必十分细心，防止接物镜压坏镜台测微尺和损坏镜头。

由于已知镜台测微尺每格长 10 μm，根据下列公式即可分别计算出在不同放大倍数下，目镜测微尺每格所代表的长度。

$$目镜测微尺每格长度（μm）= \frac{两重合线间镜台测微尺格数 \times 10}{两重合线间目镜测微尺格数}$$

3. 菌体大小测定

目镜测微尺校正完毕后，取下镜台测微尺，换上细菌染色制片。先用低倍镜和高倍镜找到标本后，换油镜测定金黄色葡萄球菌的直径和枯草芽孢杆菌及迂回螺菌的宽度和长度。测定时，通过转动目镜测微尺和移动载玻片，测出细菌直径或宽和长所占目镜测微尺的格数。最后将所测得的格数乘以目镜测微尺（用油镜时）每格所代表的长度，即为该菌的实际大小。

值得注意的是，和动植物一样，同一种群中的不同细菌细胞之间也存在个体差异，因此在测定每一种细菌细胞的大小时应至少随机选择 10 个细胞进行测量，然后计算平均值。

金黄色葡萄球菌只需测量其细胞的宽度（直径），而枯草芽孢杆菌和迂回螺菌应分别测量细胞的宽度和长度，但应注意对杆菌可测量细胞的直接长度，而对螺菌测量的应是菌体两端的距离而非细胞实际长度。

4. 测定完毕

测量完毕后取出目镜测微尺，将接目镜放回镜筒，再将目镜测微尺和镜台测微尺分别用擦镜纸擦拭干净，放回盒内保存。

本实验成功的关键

（1）使用镜台测微尺进行校正时，若一时无法直接找到测微尺，可先对刻尺外的圆圈线进行准焦后再通过移动标本推进器寻找。

（2）细菌个体微小，在进行细胞大小测定时一般应尽量使用油镜，以减少误差。

（3）细菌在不同的生长时期细胞大小有时会有较大变化，若需自己制样进行细菌细胞大小测定时，应注意选择处于对数生长期的菌体细胞材料。

五、实验报告

1. 结果

（1）将目镜测微尺校正结果填入表Ⅲ–3 中。

表Ⅲ-3　目镜测微尺校正结果

物镜	物镜倍数	目镜测微尺格数	镜台测微尺格数	目镜测微尺每格代表的长度 /μm
低倍镜				
高倍镜				
油镜				

目镜放大倍数：_____

（2）将各菌测定结果记录填入表Ⅲ-4、表Ⅲ-5和表Ⅲ-6中。

表Ⅲ-4　金黄色葡萄球菌大小测定记录　　　　　　　　　单位：μm

	1	2	3	4	5	6	7	8	9	10	平均值
直径（宽度）											

表Ⅲ-5　枯草芽孢杆菌大小测定记录　　　　　　　　　单位：μm

	1	2	3	4	5	6	7	8	9	10	平均值
宽度											
长度											

表Ⅲ-6　迂回螺菌大小测定记录　　　　　　　　　单位：μm

	1	2	3	4	5	6	7	8	9	10	平均值
宽度											
长度											

（3）用表Ⅲ-7对各菌测定结果进行计算和表述。

表Ⅲ-7　各菌测定结果

细菌名称	目镜测微尺每格代表的长度 /μm	宽		长		菌体大小
		目镜测微尺平均格数	宽度 /μm	目镜测微尺平均格数	长度 /μm	
金黄色葡萄球菌						
枯草芽孢杆菌						
迂回螺菌						

注：球菌用直径（宽度）表示细胞大小，杆菌和螺菌用宽度 × 长度表示细胞大小。

　　2. 思考题

　　（1）为什么更换不同放大倍数的目镜或物镜时，必须用镜台测微尺重新对目镜测微尺进行校正？

　　（2）在不改变目镜和目镜测微尺，而改用不同放大倍数的物镜来测定同一细菌的大小时，其测定结果是否相同？为什么？

（陈向东）

实验技术相关视频

放线菌的形态观察

酵母的出芽生殖

疯狂的霉菌

黑曲霉的形态观察

革兰氏染色实验

四区划线

IV | 培养基的制备

    培养基是人工配制的适合微生物生长繁殖或积累代谢产物的营养基质，用以培养、分离、鉴定、保存各种微生物或积累代谢产物。在自然界中，微生物种类繁多，营养类型多样，加之实验和研究的目的不同，所以培养基的种类很多。但是，不同种类的培养基中，一般应含有水分、碳源、氮源、无机盐和生长因子等。不同微生物对 pH 要求不一样，霉菌和酵母的培养基的 pH 一般是偏酸性的，而细菌和放线菌培养基的 pH 一般为中性或微碱性的（嗜碱细菌和嗜酸细菌例外）。所以配制培养基时，都要根据不同微生物的要求将培养基的 pH 调到合适的范围。

    此外，由于配制培养基的各类营养物质和容器等含有各种微生物，因此，已配制好的培养基必须立即灭菌，如果来不及灭菌，应暂存冰箱内，以防止其中的微生物生长繁殖而消耗养分和改变培养基的酸碱度所带来的不利影响。

    根据微生物种类和实验目的不同，培养基又可以分成不同的类型。例如：按成分不同，可将培养基分成天然培养基、合成培养基和半合成培养基；按培养基的物理性质不同，可分成固体培养基、半固体培养基和液体培养基；按其用途不同，可分成基础培养基、鉴别培养基和选择培养基。

实验 10　牛肉膏蛋白胨培养基的制备

一、目的要求

1. 学习掌握培养基的配制原理。
2. 通过配制牛肉膏蛋白胨培养基，掌握配制培养基的一般方法和步骤。

二、基本原理

牛肉膏蛋白胨培养基是一种应用最广泛和最普通的细菌基础培养基，有时又称为普通培养基。由于这种培养基中含有一般细菌生长繁殖所需要的最基本的营养物质，所以可供作微生物生长繁殖之用。基础培养基含有牛肉膏、蛋白胨和 NaCl。其中牛肉膏为微生物提供碳源、能源、磷酸盐和维生素，蛋白胨主要提供氮源和维生素，而 NaCl 作为无机盐。

由于这种培养基多用于培养细菌，因此要用稀酸或稀碱将其 pH 调至中性或微碱性，以利于细菌的生长繁殖。在配制固体培养基时还要加入一定量琼脂作凝固剂。

琼脂的融化和凝固

琼脂在常用浓度下 96℃时融化，实际应用时，一般在沸水浴中或下面垫以石棉网煮沸融化，以免琼脂烧焦。琼脂在 40℃及以下时凝固，通常不被微生物分解利用。固体培养基中琼脂的含量根据琼脂的质量和培养温度的不同而有所不同。

三、实验器材

1. 溶液和试剂

牛肉膏，蛋白胨，NaCl，琼脂，1 mol/L NaOH，1 mol/L HCl。

2. 仪器和其他用品

试管，三角烧瓶，烧杯，量筒，玻璃棒，培养基分装器，天平，牛角匙，高压蒸汽灭菌锅，pH 试纸（pH 5.5 ~ 9.0），棉花，牛皮纸（或铝箔），记号笔，麻绳和纱布等。

四、操作步骤

牛肉膏蛋白胨培养基的配方如下：

牛肉膏	3.0 g
蛋白胨	10.0 g
NaCl	5.0 g
水	1 000 mL
pH	7.4 ~ 7.6

1. 称量

按培养基配方比例依次准确地称取牛肉膏、蛋白胨、NaCl 放入烧杯中。牛肉膏常用玻璃棒挑取，放在小烧杯或表面皿中称量，用热水溶化后倒入烧杯。也可放在称量纸上，称量后直接放入水中，这时如稍微加热，牛肉膏便会与称量纸分离，然后立即取出纸片。

注意：蛋白胨很易吸湿，在称取时动作要迅速。另外，称量药品时严防药品混杂，一把牛角匙只用于一种药品，或称取一种药品后，洗净、擦干，再称取另一种药品。瓶盖也不要盖错。

2. 融化

在上述烧杯中先加入少于所需要的水量，用玻璃棒搅匀，然后，在石棉网上加热使其溶解，或在磁力搅拌器上加热溶解（图Ⅳ–1）。药品完全溶解后，补充水到所需的总体积，如果配制固体培养基，将称好的琼脂放入已溶的药品中，再加热融化，最后补足所损失的水分。在制备用三角烧瓶存放的固体培养基时，一般也可先将一定体积的液体培养基分装于三角烧瓶中，然后按 15~20 g/L 将琼脂直接分别加入各三角烧瓶中，不必加热融化，而是灭菌和加热融化同步进行，节省时间。

注意： 在琼脂融化过程中，应控制火力，以免培养基因沸腾而溢出容器，同时，需不断搅拌，以防琼脂糊底烧焦。配制培养基时，不可用铜或铁锅加热融化，以免离子进入培养基中，影响细菌生长。

3. 调 pH

在未调 pH 前，先用精密 pH 试纸测量培养基的原始 pH，如果偏酸，用滴管向培养基中逐滴加入 1 mol/L NaOH，边加边搅拌，并随时用 pH 试纸测其 pH，直至 pH 达到 7.4~7.6。反之，用 1 mol/L HCl 进行调节。

对于有些要求 pH 较精确的微生物，其 pH 的调节可用酸度计进行（使用方法可参考有关说明书）。

图Ⅳ-1　磁力搅拌加热溶解图

注意： pH 不要调过头，以避免回调而影响培养基内各离子的浓度。配制 pH 低的琼脂培养基时，若预先调好 pH 并在高压蒸汽下灭菌，则琼脂因水解不能凝固。因此，应将培养基的其他成分和琼脂分开灭菌后再混合，或在中性 pH 条件下灭菌，再调节 pH。

4. 过滤

趁热用滤纸或多层纱布过滤，以利某些实验结果的观察。一般无特殊要求的情况下，这一步可以省去（本实验无须过滤）。

5. 分装

按实验要求，可将配制好的培养基分装入试管内或三角烧瓶内。分装装置见图Ⅳ-2。

（1）液体分装：分装高度以试管高度的 1/4 左右为宜。分装三角烧瓶的量则根据需要而定，一般以不超过三角烧瓶容积的 1/2 为宜，如果是用于振荡培养，则根据通气量的要求酌情减少；有的液体培养基在灭菌后，需要补加一定量的其他无菌成分，如抗生素等，则装量一定要准确。

（2）固体分装：分装试管，其装量不超过管高的 1/3，灭菌后制成斜面。分装三角烧瓶的量以不超过三角烧瓶容积的 1/2 为宜。

（3）半固体分装：试管一般以试管高度的 1/3 为宜，灭菌后垂直待凝。

注意： 分装过程中，不要使培养基沾在管（瓶）口上，以免玷污棉塞而引起污染。

6. 加塞

培养基分装完毕后，在试管口或三角烧瓶口上塞上棉塞（或硅胶塞、试管帽等），以阻止外界微生物进入培养基内而造成污染。

7. 包扎

加塞后，将全部试管用麻绳捆好，再在棉塞外包一层牛皮纸，以防止灭菌时冷凝水润湿棉塞，其外再用一道麻绳扎好。用记号笔注明培养基名称、组别、配制日期。三角烧瓶加塞后，瓶塞外包

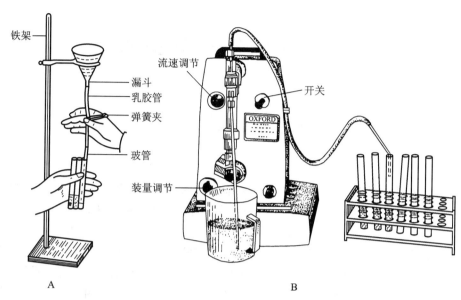

图IV-2 培养基分装装置

A. 漏斗分装装置　B. 自动分装器

牛皮纸，用麻绳以活结形式扎好，使用时容易解开，同样用记号笔注明培养基名称、组别、配制日期。（有条件的实验室，可用市售的铝箔代替牛皮纸，省去用绳扎，而且效果好。）

8. 灭菌

将上述培养基以 0.1 MPa，121℃，20 min 高压蒸汽灭菌。

9. 搁置斜面

将灭菌的试管培养基冷却至 50℃ 左右（以防斜面上冷凝水太多），将试管口端搁在玻璃棒或其他合适高度的器具上，搁置的斜面长度以不超过试管总长的 2/3 为宜（图IV-3）。

图IV-3 摆斜面

10 无菌检查

将灭菌培养基放入 37℃ 的温室中培养 24 ~ 48 h，以检查灭菌是否彻底。

五、实验报告

思考题

（1）培养基配好后，为什么必须立即灭菌？如何检查灭菌后的培养基是否为无菌的？

（2）在配制培养基的操作过程中应注意哪些问题，为什么？

（谢志雄）

实验 11　高氏 I 号培养基的制备

一、目的要求

通过配制高氏 I 号培养基，掌握配制合成培养基的一般方法。

二、基本原理

高氏 I 号培养基是用来培养和观察放线菌形态特征的合成培养基。如果加入适量的抗菌药物（如各种抗生素、苯酚等），则可用来分离各种放线菌。此合成培养基的主要特点是含有多种化学成分已知的无机盐，这些无机盐可能相互作用而产生沉淀。如高氏 I 号培养基中的磷酸盐和镁盐相互混合时易产生沉淀，因此，在混合培养基成分时，一般是按配方的顺序依次溶解各成分，甚至有时还需要将 2 种或多种成分分别灭菌，使用时再按比例混合。此外，合成培养基有的还要补加微量元素，如高氏 I 号培养基中的 $FeSO_4 \cdot 7H_2O$ 的用量只有 0.01 g/L，因此在配制培养基时需预先配成高浓度的 $FeSO_4 \cdot 7H_2O$ 贮备液，然后再按需加入一定的量到培养基中。

三、实验器材

1. 溶液和试剂

可溶性淀粉，KNO_3，NaCl，$K_2HPO_4 \cdot 3H_2O$，$MgSO_4 \cdot 7H_2O$，$FeSO_4 \cdot 7H_2O$，琼脂，1 mol/L NaOH，1 mol/L HCl。

2. 仪器和其他用品

试管，三角烧瓶，烧杯，量筒，玻璃棒，培养基分装器，天平，牛角匙，高压蒸汽灭菌锅，棉花，牛皮纸（或铝箔），记号笔，麻绳或橡皮筋，纱布等。

四、操作步骤

高氏 I 号培养基的配方如下：

可溶性淀粉	20.0 g
NaCl	0.5 g
KNO_3	1.0 g
$K_2HPO_4 \cdot 3H_2O$	0.5 g
$MgSO_4 \cdot 7H_2O$	0.5 g
$FeSO_4 \cdot 7H_2O$	0.01 g
琼脂	15.0 ~ 25.0 g
水	1 000 mL
pH	7.4 ~ 7.6

1. 称量和溶化

按配方先称取可溶性溶粉，放入小烧杯中，并用少量冷水将淀粉调成糊状，再加入少于所需水量的沸水中，继续加热，使可溶性淀粉完全溶化。然后再称取其他各成分依次溶化。对微量成分

$FeSO_4 \cdot 7H_2O$ 可先配成高浓度的贮备液，按比例换算后再加入，方法是先在 100 mL 水中加入 1 g 的 $FeSO_4 \cdot 7H_2O$，配成 0.01 g/mL，再在 1 000 mL 培养基中加 1 mL 的 0.01 g/mL 的贮备液即可。待所有药品完全溶解后，补充水分到所需的总体积。如要配制固体培养基，其融化过程同实验 10。

2. pH 调节、分装、包扎、灭菌及无菌检查同实验 10。

五、实验报告

思考题

（1）配制合成培养基加入微量元素时最好用什么方法加入？天然培养基为什么不需要另加微量元素？

（2）有人认为自然环境中微生物是生长在不按比例的基质中，为什么在配制培养基时要注意各种营养成分的比例？

（3）你配制的高氏Ⅰ号培养基有沉淀产生吗？说明产生或未产生的原因。

（4）细菌能在高氏Ⅰ号培养基上生长吗？为了分离放线菌，你认为应该采取什么措施？

（谢志雄）

实验 12　马丁培养基的制备

一、目的要求

通过配制分离真菌的马丁（Martin）培养基，掌握选择培养基的配制原理与一般方法。

二、基本原理

马丁培养基是一种用来分离真菌的选择性培养基。此培养基是由葡萄糖、蛋白胨、KH_2PO_4、$MgSO_4 \cdot 7H_2O$、孟加拉红（玫瑰红，Rose Bengal）和链霉素等组成，其中葡萄糖主要作为碳源，蛋白胨主要作为氮源，KH_2PO_4、$MgSO_4 \cdot 7H_2O$ 作为无机盐，为微生物提供钾、磷、镁离子。这种培养基的特点是培养基中加入的孟加拉红和链霉素能有效抑制细菌和放线菌的生长，而对真菌无抑制作用，因而真菌在这种培养基上可以得到优势生长，从而达到分离真菌的目的。

三、实验器材

1. 溶液和试剂

蛋白胨，KH_2PO_4，$MgSO_4 \cdot 7H_2O$，葡萄糖，琼脂，10 g/L 孟加拉红，10 g/L 链霉素，1 mol/L NaOH，1 mol/L HCl。

2. 仪器和其他用品

试管，三角烧瓶，烧杯，量筒，玻璃棒，培养基分装器，天平，牛角匙，高压蒸汽灭菌锅，棉花，牛皮纸（或铝箔），记号笔，麻绳，纱布等。

四、操作步骤

马丁培养基的配方如下：

KH$_2$PO$_4$	1.0 g
MgSO$_4$ · 7H$_2$O	0.5 g
蛋白胨	5.0 g
葡萄糖	10.0 g
琼脂	15.0 ~ 20.0 g
水	1 000 mL
pH	自然

此培养基 1 000 mL 中加 10 g/L 孟加拉红水溶液 3.3 mL。

临用时以无菌操作在 100 mL 培养基中加入 10 g/L 的链霉素 0.3 mL，使其终质量浓度为 30 μg/mL。

1. 称量和溶化

按培养基配方，准确称取各成分，并将各成分依次溶化在少于所需要的水量中。将各成分完全溶化后，补足水分到所需体积。再将孟加拉红配成 10 g/L 的溶液，在 1 000 mL 培养基中加入 10 g/L 的孟加拉红溶液 3.3 mL，混匀后，加入琼脂加热融化同实验 10。

2. 分装、加塞、包扎、灭菌和无菌检查同实验 10。

3. 链霉素的加入

用无菌水将链霉素配成 10 g/L 的溶液，在 100 mL 培养基中加 10 g/L 链霉素液 0.3 mL，使每毫升培养基中含链霉素 30 μg。

注意： 由于链霉素受热容易分解，所以临用时，将培养基融化后待温度降至 45 ~ 50℃时才能加入。

五、实验报告

思考题

（1）什么是选择性培养基？它在微生物学工作中有何重要性？

（2）现有培养基成分如下：

葡萄糖	10.0 g	K$_2$HPO$_4$ · 3H$_2$O	0.2 g
NaCI	0.2 g	MgSO$_4$ · 7H$_2$O	0.2 g
K$_2$SO$_4$	0.2 g	CaCO$_3$	5.0 g
琼脂	0.2 g	蒸馏水	1 000 mL
pH	7.2 ~ 7.4		

① 分析各营养成分的作用。

② 根据培养基成分来源和物理状态，你认为此培养基属何种类型培养基？

③ 该培养基的用途是什么？请说明其理由。

（3）如果在用马丁培养基分离真菌时，发现有细菌生长，你认为是什么原因？你将如何进一步分离纯化得到所需要的真菌？

（4）马丁培养基的 pH "自然"，根据你配制前 2 种培养基的经验和所学知识，你认为此培养基灭菌后应是偏酸还是偏碱？为什么？

（谢志雄）

实验 13　血液琼脂培养基的制备

一、目的要求

掌握血液琼脂培养基的配制方法，明确血液培养基的用途。

二、基本原理

血液培养基是一种含有脱纤维动物血（一般用兔血或羊血）的牛肉膏蛋白胨培养基。除培养细菌所需要的各种营养外，该培养基还能提供辅酶（如 V 因子）、血红素（X 因子）等特殊生长因子。因此，血液培养基常用于培养、分离和保存对营养要求苛刻的某些病原微生物。此外，这种培养基还可用来测定细菌的溶血作用。

三、实验器材

1. 溶液和试剂

牛肉膏，蛋白胨，NaCl，琼脂，1 mol/L NaOH，1 mol/L HCl。

2. 仪器和其他用品

三角烧瓶，装有 5～10 粒玻璃珠（3 mm）的无菌三角烧瓶，无菌注射器，无菌平皿，量筒，玻璃棒，培养基分装器，天平，牛角匙，高压蒸汽灭菌锅，pH 试纸（pH 5.5～9.0），棉花，牛皮纸（或铝箔），记号笔，麻绳，纱布等。

3. 动物

健康的兔或羊。

四、操作步骤

血液琼脂培养基的配方如下：

牛肉膏	3.0 g
蛋白胨	10.0 g
NaCl	5.0 g
水	1 000 mL
pH	7.4～7.6
无菌脱纤维兔血（或羊血）	100 mL

1. 牛肉膏蛋白胨琼脂培养基的制备同实验 10。

2. 无菌脱纤维兔血（或羊血）的制备

用配备 18 号针头的注射器以无菌操作抽取全血（无菌采血操作见实验 48），并立即注入装有无菌玻璃珠的无菌三角烧瓶中，然后沿一个方向摇动三角烧瓶 10 min 左右，静置 5 min；形成的纤维蛋白块会沉淀在玻璃珠上，把含血细胞和血清的上清液倾入无菌容器（也可用无菌纱布过滤），即得到脱纤维兔血（或羊血），置冰箱 4℃ 保存备用。

注意：整个操作过程必须严格无菌操作；制备脱纤维血液时，应摇动足够时间以防凝固，但是力度不可过大，以免破坏红细胞。

3. 将牛肉膏蛋白胨琼脂培养基融化，待冷至 45～50℃ 时，以无菌操作按 10% 体积加入无菌脱纤维兔血（或羊血）于培养基中，立即轻摇振荡，以使血液和培养基充分混匀。

注意：45～50℃ 时才能加入血液是为了保存其中某些不耐热的营养物质和保存血细胞的完整，以便于观察细菌的溶血作用，同时，在此温度时琼脂不会凝固。

4. 迅速以无菌操作倒入无菌平皿中，制成血液琼脂平板。注意不要产生气泡。
5. 置 37℃ 过夜，如无菌生长即可使用。

五、实验报告

思考题
（1）在培养、分离和保存病原微生物时，为什么培养基中要加入脱纤维血液？
（2）在制备血液培养基时，所加入的血液不经脱纤维处理可以吗？为什么？

（谢志雄）

实验技术相关视频

制备固体培养平板　　斜面制作

V ┃ 消毒与灭菌

消毒（disinfection）与灭菌（sterilization）两者的意义有所不同。消毒一般是指消灭病原菌和有害微生物的营养体而言，灭菌则是指杀灭一切微生物的营养体，包括芽孢和孢子。在微生物实验中，需要进行纯培养，不能有任何杂菌污染，因此对所用器材、培养基和工作场所都要进行严格的消毒和灭菌。消毒与灭菌不仅是从事微生物学和整个生命科学研究必不可少的重要环节和实用技术，而且在医疗卫生、环境保护、食品、生物制品等各方面均具有重要的应用价值。根据不同的使用要求和条件，选用合适的消毒和灭菌的方法。本部分实验主要介绍几种常用的方法，包括干热灭菌法、高压蒸汽灭菌法、紫外线照射法和微孔滤膜过滤法等。

实验 14 干 热 灭 菌

一、目的要求

1. 了解干热灭菌的原理和应用范围。
2. 学习干热灭菌的操作技术。

二、基本原理

干热灭菌是利用高温使微生物细胞内的蛋白质凝固变性而达到灭菌的目的。细胞内的蛋白质凝固性与其本身的含水量有关，在菌体受热时，环境和细胞内含水量越大，则蛋白质凝固就越快，反之，含水量越小，凝固缓慢。因此，与湿热灭菌相比，干热灭菌所需温度高（160~170℃），时间长（1~2 h）。但干热灭菌温度不能超过180℃，否则，包器皿的纸或棉塞就会烧焦，甚至引起燃烧。干热灭菌使用的电热干燥箱的结构如图 V–1。

搁板　观察窗　箱门　门拉手

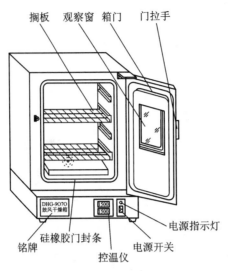

电源指示灯

硅橡胶门封条

铭牌　　　控温仪　　电源开关

图 V-1　电热干燥箱的外观和结构

三、实验器材

培养皿（6 套 / 包），电热干燥箱等。

四、操作步骤

安 全 警 示

干热灭菌时，电热干燥箱观察窗的玻璃温度很高，避免直接接触导致烫伤。

干热灭菌有火焰灼烧灭菌和热空气灭菌两种。火焰灼烧灭菌适用于接种环、接种针和金属用具如镊子等，无菌操作时的试管口和瓶口也在火焰上作短暂灼烧灭菌（见实验 2）。涂布平板用的玻璃涂棒也可在蘸有乙醇后进行灼烧灭菌。通常所说的干热灭菌是在电热干燥箱内利用高温干燥空气（160~170℃）进行灭菌，此法适用于玻璃器皿，如吸管和培养皿等的灭菌。培养基、橡胶制品、塑料制品不能采用干热灭菌方法。

1. 装入待灭菌物品

将包好的待灭菌物品（培养皿、试管、吸管等）放入电热干燥箱内，关好箱门。

注意：物品不要摆得太挤，以免妨碍空气流通，灭菌物品不要接触电热干燥箱内壁的铁板，以防包装纸烤焦起火。

2. 温度设置

接通电源，按下设置按钮或开关，通过调节按钮将温度设置 160~170℃，再将测量按钮按下或将开关拨到测量位置，这时温度显示数字逐渐上升，表明开始加温。

3. 恒温

当温度升到 160~170℃时，借恒温调节器的自动控制，保持此温度 2 h。

注意：干热灭菌过程中，严防恒温调节的自动控制失灵而造成安全事故。电热干燥箱具有可以观察的窗口，灭菌过程中观察窗口玻璃温度较高，注意避免烫伤。

4. 降温

切断电源、自然降温。

5. 开箱取物

待电热干燥箱内温度降到 70℃以下后，打开箱门，取出灭菌物品。

注意：电热干燥箱内温度未降到 70℃以前，切勿自行打开箱门，以免骤然降温导致玻璃器皿炸裂。

本实验成功的关键

干热灭菌完毕后，待箱内温度降至 70℃以下才能开启柜门，以防炸裂。

五、实验报告

1. 结果

检查干热灭菌效果是否彻底。

2. 思考题

（1）在干热灭菌操作过程中应注意哪些问题？为什么？

（2）为什么干热灭菌比湿热灭菌所需要的温度高，时间长？请设计干热灭菌和湿热灭菌效果比较的实验方案。

（3）灭菌在微生物实验操作中有何重要意义？

（谢志雄）

实验 15　高压蒸汽灭菌

一、目的要求

1. 了解高压蒸汽灭菌的原理和应用范围。
2. 学习高压蒸汽灭菌的操作技术。

二、基本原理

高压蒸汽灭菌是将待灭菌的物品放在一个密闭的加压灭菌锅内，通过加热，使灭菌锅隔套间的水沸腾而产生蒸汽。待水蒸气将锅内的冷空气从排气阀中驱尽，然后关闭排气阀，继续加热，此时，由于蒸汽不能溢出，而增加了灭菌器内的压力，从而使沸点增高，得到高于 100℃的温度。导致菌体蛋白质凝固变性而达到灭菌的目的。

在同一温度下，湿热的杀菌效力比干热大。其原因有三：一是湿热中细菌菌体吸收水分，蛋白质较易凝固（因蛋白质含水量增加，所需凝固温度降低，表 V–1）；二是湿热的穿透力比干热大（表 V–2）；三是湿热的蒸汽有潜热存在。1 g 水在 100℃时，由气态变为液态时可放出 2.26 kJ（千焦）的热量。这种潜热，能迅速提高被灭菌物体的温度，从而增加灭菌效力。

表 V–1　蛋白质含水量与凝固所需温度的关系

卵清蛋白含水量 /%	30 min 内凝固所需温度 /℃
50	56
25	74 ~ 80
18	80 ~ 90
6	145
0	160 ~ 170

表 V–2　干热、湿热穿透力及灭菌效果比较

温度 /℃	时间 /h	透过布层的温度 /℃			灭菌
		10 层	20 层	100 层	
干热 130 ~ 140	4	86	72	70.5	不完全
湿热 105.3	3	101	101	101	完全

在使用高压蒸汽灭菌锅灭菌时，灭菌锅内冷空气的排除是否完全极为重要，因为空气的膨胀压大于水蒸气的膨胀压，所以，当水蒸气中含有空气时，在同一压力下，含空气蒸汽的温度低于饱和蒸汽的温度。灭菌锅内留有不同比例空气时，压力与温度的关系见表 V–3。

表 V–3　灭菌锅留有不同比例空气时，压力与温度的关系

压力数			全部空气排出时的温度 /℃	2/3 空气排出时的温度 /℃	1/2 空气排出时的温度 /℃	1/3 空气排出时的温度 /℃	空气全不排出时的温度 /℃
MPa	kg/cm^2	Ib/in^2					
0.03	0.35	5	108.8	100	94	90	72
0.07	0.70	10	115.6	109	105	100	90
0.10	1.05	15	121.3	115	112	109	100
0.14	1.40	20	126.2	121	118	115	109
0.17	1.75	25	130.0	126	124	121	115
0.21	2.10	30	134.6	130	128	126	121

注：现在法定压力单位已不用 Ib/in^2 和 kg/cm^2 表示，而是用 Pa 或 bar 表示，其换算关系为：1 kg/cm^2=98 066.5 Pa；1 Ib/in^2= 6 894.76 Pa。

一般培养基用 0.1 MPa（相当于 15 Ib/in² 或 1.05 kg/cm²），121℃，15～30 min 可达到彻底灭菌的目的。灭菌的温度及维持的时间随灭菌物品的性质和容量等具体情况而有所改变。例如含糖培养基用 0.06 MPa（8 Ib/in² 或 0.59 kg/cm²）113℃灭菌 15 min，但为了保证效果，可将其他成分先行 121℃，20 min 灭菌，然后以无菌操作手续加入灭菌的糖溶液。又如盛于试管内的培养基以 0.1 MPa，121℃灭菌 20 min 即可，而盛于大瓶内的培养基最好以 0.1 MPa，121℃灭菌 30 min。

实验中常用的高压蒸汽灭菌锅有卧式（图 V-2）和手提式（图 V-3）2 种。其结构和工作原理相同，本实验以手提式高压蒸汽灭菌锅为例，介绍其使用方法。有关全自动高压蒸汽灭菌锅（autoclave）的使用可参照厂家说明书。

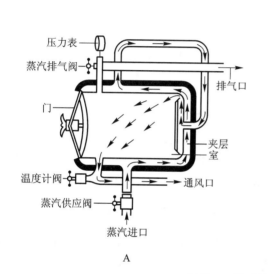
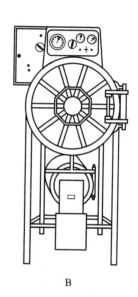

图 V-2　卧式灭菌锅
A. 工作原理示意图　B. 灭菌锅外形

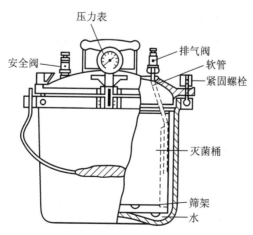

图 V-3　手提式灭菌锅

三、实验器材

1. 培养基

牛肉膏蛋白胨培养基。

2. 仪器和其他用品

培养皿（6 套 / 包），试管，吸管，手提式（或全自动）高压蒸汽灭菌锅，镊子等。

四、操作步骤

安 全 警 示

　　高压蒸汽灭菌时避免被蒸汽烫伤，在气压表指针降到"0"时方可打开灭菌锅，以免被溅出的高温液体烫伤。

　　高压蒸汽灭菌法是将物品放在密闭的高压蒸汽灭菌锅内 0.1 MPa，121℃保持 15～30 min 进行灭菌。时间的长短可根据灭菌物品种类和数量的不同而有所变化，以达到彻底灭菌为准。这种灭菌适用于培养基、工作服、橡胶物品等的灭菌，也可用于玻璃器皿的灭菌。

　　1. 首先将内层锅取出，再向外层锅内加入适量的水，使水面与三角搁架相平为宜。

　　注意：切勿忘记加水，同时加水量不可过少，以防灭菌锅烧干而引起炸裂事故。

　　2. 放回内层锅，并装入待灭菌物品。注意不要装得太挤，以免妨碍蒸汽流通而影响灭菌效果。三角烧瓶与试管口端均不要与桶壁接触，以免冷凝水淋湿包口的纸而透入棉塞。

　　3. 加盖，并将盖上的排气软管插入内层锅的排气槽内。再以两两对称的方式同时旋紧相对的两个螺栓，使螺栓松紧一致，勿使漏气。

　　4. 用电炉或煤气加热（如有内置加热装置，则接通电源进行加热），并同时打开排气阀，使水沸腾以排除锅内的冷空气。待冷空气完全排尽后，关上排气阀，让锅内的温度随蒸汽压力增加而逐渐上升。当锅内压力升到所需压力时，控制热源，维持压力至所需时间。本实验用 0.1 MPa，121℃，20 min 灭菌。

　　注意：灭菌的主要因素是温度而不是压力，因此锅内冷空气必须完全排尽后，才能关上排气阀，维持所需压力。

　　5. 灭菌所需时间到后，切断电源或关闭煤气，让灭菌锅内温度自然下降，当压力表的压力降至"0"时，打开排气阀，旋松螺栓，打开盖子，取出灭菌物品。

　　注意：压力一定要降到"0"时，才能打开排气阀，开盖取物。否则就会因锅内压力突然下降，使容器内的培养基由于内外压力不平衡而冲出烧瓶口或试管口，造成棉塞沾染培养基而发生污染，甚至烫伤操作者。

　　6. 将取出的灭菌培养基放入 37℃恒温箱内培养 24 h，经检查若无杂菌生长，即可待用。

本实验成功的关键

冷空气导热性差，阻碍蒸汽接触欲灭菌物品，并且还可减低蒸汽分压使之不能达到应有的温度影响灭菌效果，所以使用手动高压蒸汽灭菌锅时，必须将冷空气从灭菌锅中排除干净。

五、实验报告

1. 结果

检查培养基高压蒸汽灭菌是否彻底。

2. 思考题

（1）高压蒸汽灭菌开始之前，为什么要将锅内冷空气排尽？灭菌完毕后，为什么待压力降低"0"时才能打开排气阀，开盖取物？

（2）在使用高压蒸汽灭菌锅灭菌时，怎样杜绝一切可能导致灭菌不完全的因素？

（3）黑曲霉的孢子与芽孢杆菌的芽孢对热的抗性哪个最强？为什么？

（谢志雄）

实验 16　紫外线灭菌

一、目的要求

1. 了解紫外线灭菌的原理和应用范围。
2. 学习紫外线灭菌的操作技术。

二、基本原理

紫外线灭菌是用紫外线灯进行的。波长为 $200 \sim 300$ nm 的紫外线都有杀菌能力，其中 $265 \sim 266$ nm 紫外线的杀菌力最强。在波长一定的条件下，紫外线的杀菌效率与强度和时间的乘积成正比。紫外线杀菌原理主要是因为它诱导了胸腺嘧啶二聚体的形成和 DNA 链的交联，从而抑制了 DNA 的复制。另一方面，由于辐射能使空气中的氧电离成 [O]，再使 O_2 氧化生成臭氧（O_3）或使水（H_2O）氧化生成过氧化氢（H_2O_2）。O_3 和 H_2O_2 均有杀菌作用。紫外线穿透力不大，所以，只适用于无菌室、接种箱、手术室内的空气及物体表面的灭菌。紫外线灯距照射物以不超 1.2 m 为宜。

此外，为了加强紫外线灭菌效果，在打开紫外灯以前，可在无菌室内（或接种箱内）喷洒 $30 \sim 50$ g/L 石炭酸溶液，一方面使空气中附着有微生物的尘埃降落，另一方面也可以杀死一部分细菌。无菌室内的桌面、凳子可用 $2\% \sim 3\%$ 的来苏尔擦洗，然后再开紫外灯照射，即可增强杀菌效果，达到灭菌目的。

三、实验器材

1. 培养基

牛肉膏蛋白胨培养基。

2. 溶液和试剂

30～50 g/L 石炭酸或 2%～3% 来苏尔溶液。

3. 仪器和其他用品

无菌平皿，紫外灯。

四、操作步骤

安 全 警 示

（1）石炭酸或来苏尔溶液具腐蚀性、强刺激性，对皮肤、黏膜有强烈的腐蚀作用，可致人体灼伤，注意戴手套操作。如果沾染皮肤，尽快用大量水冲洗。

（2）紫外线可以灼伤皮肤和眼睛，注意戴手套和防护镜操作。

紫外线波长在 200～300 nm 具有杀菌作用，其中以 265～266 nm 杀菌力最强。此波长的紫外线易被细胞中核酸吸收，造成细胞损伤而杀菌，紫外线灭菌在微生物工作及生产实践中应用较广，无菌室或无菌接种箱空气可用紫外线灯照射灭菌。

1. 按实验 10 的方法制备牛肉膏蛋白胨平板。

2. 单用紫外线照射

（1）无菌室内或在超净工作台内打开紫外线灯开关，照射 30 min，将开关关闭。

（2）将牛肉膏蛋白胨平板盖打开 15 min，然后盖上皿盖。置 37℃培养 24 h。共做 3 套。

（3）检查每个平板上生长的菌落数。如果不超过 4 个，说明灭菌效果良好，否则，需延长照射时间或同时加强其他措施。

3. 化学消毒剂与紫外线照射结合使用

（1）在无菌室内，先喷洒 30～50 g/L 的石炭酸溶液，再用紫外线灯照射 15 min。

（2）无菌室内的桌面，凳子用 2%～3% 来苏尔擦洗，再打开紫外线灯照射 15 min。

（3）检查灭菌效果：方法同"单用紫外线照射"（3）。

注意：因紫外线对眼结膜及视神经有损伤作用，对皮肤有刺激作用，故不能直视紫外线，更不能在紫外线下工作。

五、实验报告

1. 结果

记录两种紫外线灭菌效果于表 V–4 中：

表Ⅴ-4 紫外线灭菌效果记录表

处理方法	平板菌落数			灭菌效果比较
	1	2	3	
紫外线照射				
30～50 g/L 石炭酸 + 紫外线照射				
2%～3% 来苏尔 + 紫外线照射				

2. 思考题

（1）细菌营养体和细菌芽孢对紫外线的抵抗力一样吗？为什么？

（2）你知道紫外线灯管是用什么玻璃制作的？为什么不用普通玻璃？

（3）在紫外灯下观察实验结果时，为什么要隔一块普通玻璃？

（谢志雄）

实验 17　微孔滤膜过滤除菌

一、目的要求

1. 了解微孔滤膜过滤除菌的原理和应用范围。

2. 学习微孔滤膜过滤除菌的操作技术。

二、基本原理

过滤除菌是通过机械作用滤去液体或气体中细菌的方法。根据不同的需要选用不同的滤器和滤板材料。微孔滤膜过滤器是由上下两个分别具有出口和入口连接装置的塑料盖盒组成，出口处可连接针头，入口处连接针筒，使用时将滤膜装入两塑料盖盒之间，旋紧盖盒，当溶液从针筒注入滤器时，此滤器将各种微生物阻留在微孔滤膜上面，从而达到除菌的目的。根据待除菌溶液量的多少，可选用不同大小的滤器。此法除菌的最大优点是可以不破坏溶液中各种物质的化学成分，但由于过滤量有限，所以一般只适用于实验室中小量溶液的过滤除菌，较大量溶液的滤菌装置，如水的细菌学检查见第二部分的实验ⅩⅥ。

三、实验器材

1. 溶液和试剂

20 g/L 的葡萄糖溶液。

2. 仪器和其他用品

注射器，微孔滤膜过滤器，0.22 μm 滤膜，镊子等。

四、操作步骤

许多材料，例如血清、抗生素及糖溶液等用加热消毒灭菌方法，有效成分会被高温破坏，因此应采用过滤除菌的方法。应用最广泛的过滤器有：①蔡氏（Seitz）过滤器，该滤器是由石棉制成的圆形滤板和一个特制的金属（银或铝）漏斗组成，分上、下两节，过滤时，用螺旋把石棉板紧紧夹在上、下两节滤器之间，然后将溶液置于滤器中抽滤。每次过滤必须用一张新的滤板。根据其孔径大小滤板分为三种型号：K 型最大，作一般澄清用；EK 型滤孔较小，用来除去一般细菌；EK–S 型滤孔最小，可阻止大病毒通过，使用时可根据需要选用。蔡氏过滤器的结构如图 V–4。②微孔滤膜过滤器，其滤膜是用醋酸纤维酯和硝酸纤维酯的混合物制成的薄膜。按孔径微米值分为 0.025，0.05，0.10，0.20，0.22，0.30，0.45，0.60，0.65，0.80，1.00，2.00，3.00，5.00，7.00，8.00 和 10.00。过滤时，液体和

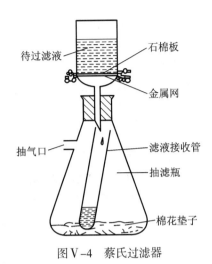

图 V–4 蔡氏过滤器

小分子物质通过，细菌则被截留在滤膜上。实验室中用于除菌的微孔滤膜孔径一般为 0.22 μm，但若要将病毒除掉，则需要更小孔径的微孔滤膜。微孔滤膜不仅可以用于除菌，还可用来测定液体或气体中的微生物。如水的微生物检查。

过滤除菌法应用十分广泛，除实验室用于某些溶液、试剂的除菌外，在微生物工业上所用的大量无菌空气以及微生物工作使用的净化工作台，都是根据过滤除菌的原理设计的。

1. 组装、灭菌：将 0.22 μm 孔径的滤膜装入清洗干净的塑料滤器中，旋紧压平，包装灭菌后待用（0.1 MPa，121℃灭菌 20 min）。

2. 连接：将灭菌滤器的入口在无菌条件下，以无菌操作方式连接于装有待滤溶液（20 g/L 葡萄糖溶液）的注射器上，将无菌针头与出口处连接并插入带橡皮塞的无菌试管中。见图 V–5。

3. 压滤：将注射器中的待滤溶液加压缓缓挤入、过滤到无菌试管中，过滤完毕，将针头拔出。

注意： 压滤时，用力要适当，不可太猛太快，以免细菌被挤压通过滤膜。如果没有明显过滤阻力，可能是滤膜没有安装好，需要更换新的灭菌滤器，重新过滤。

4. 无菌检查：无菌操作吸取除菌滤液 0.1 mL 于牛肉膏蛋白胨平板上，涂布均匀，置 37℃温室中培养 24 h，检查是否有菌生长。

5. 清洗：弃去塑料滤器上的微孔滤膜，将塑料滤器清洗干净，并换上一张新的微孔滤膜，组装包扎，再经灭菌后使用。

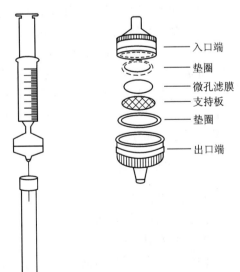

图 V–5 微孔滤膜过滤器装置

注意： 整个过程应在无菌条件下严格无菌操作，以防污染。过滤时应避免各连接处出现渗漏现象。

本实验成功的关键

采用过滤除菌法时应注意滤膜是否安装完好，另外，必须采用无菌操作，以防污染。

五、实验报告

1. 结果

检查微孔滤膜过滤除菌效果。

2. 思考题

（1）你做的过滤除菌实验效果如何？如果经培养检查有杂菌生长，你认为是什么原因造成的？

（2）如果你需要配制一种含有某抗生素的牛肉膏蛋白胨培养基，其抗生素的终质量浓度（或工作浓度）为 50 μg/mL，你将如何操作？

（3）过滤除菌应注意哪些事项？

（谢志雄）

实验技术相关视频

灭菌锅的使用

用报纸包培养皿

用报纸包移液管

VI | 微生物的纯培养

  自然界中各种微生物混杂生活在一起，即使取很少量的样品也是许多微生物共存的群体。人们要研究某种微生物的特性或要确定某些微生物菌株的分类地位，首先须使该微生物为纯培养。也就是说培养物中所有细胞只是微生物的某一个种或株，它们有着共同的来源，是同一细胞的后代。使用显微操作器（micromanipulator）挑取单个细胞培养可以直接得到纯培养。稀释涂布平板法、稀释混合平板法或平板划线法是分离与纯化微生物的常规方法。这几种方法不需要特殊的仪器设备，一般情况下都能顺利进行，达到好的效果。

  微生物的平板分离纯化技术自 1880 年 Koch 发明以来已有 100 多年的历史。该技术的建立与发展为人类获得丰富的微生物资源以及在工、农、医、环境以及动植物细胞培养等方面的应用做出了巨大的贡献。可见，一项新的微生物学方法与技术的建立会对整个生命科学以及其他相关学科带来革命性的变化。随着分子生物学的发展和各学科的相互渗透，微生物的分离鉴定技术将获得新的突破。目前发展的 PCR、16S rRNA（18S rRNA）探针杂交以及荧光抗体等技术已开始用于自然环境中某些特殊微生物的分离与鉴定，特别是对那些现在认为是未被培养（unculturable）的微生物。随着计算机的快速发展及其在生物学领域中应用的扩展，近年来已设计出的快速微生物分离器，30 s 内完成一次稀释涂布，培养后在一个平板上显示出连续稀释千倍的结果（图 VI –1），主要用于大规模的分离和筛选。一般情况下，仍采用常规的微生物分离与纯化技术，包括培养基的制备、消毒与灭菌、平板分离与纯化等。

  本部分除了介绍应用平板分离技术来获得微生物的纯培养外，还将对厌氧微生物、病毒（包括噬菌体）和食用真菌的纯培养技术进行详细介绍。

你知道原核生物有多少种吗?

　　截至 2005 年 12 月底，已描述过的微生物中古生菌 520 种，细菌 19 858 种，真核生物 120 336 种。实际上，真正得到国际上认定的古生菌、细菌和放线菌共有 7 329 种和 442 亚种，它们分别归为 58 纲（Class）、81 目（Order）和 1 399 属（Genu）。

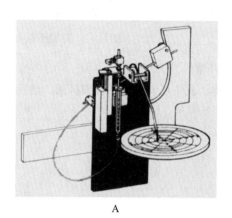
A

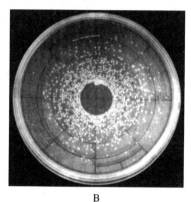
B

图Ⅵ-1　快速细菌自动稀释方法
A. 稀释仪　B. 平板菌落

实验 18　微生物的分离与纯化

一、目的要求

　　1. 掌握倒平板的方法和几种常用的分离纯化微生物的基本操作技术，学习分离纯化噬菌体的基本原理和方法。

　　2. 初步观察来自土壤中的三大类群微生物菌落和噬菌斑的形态特征。

二、基本原理

　　从混杂的微生物群体中获得只含有某一种或某一株微生物的过程称为微生物的分离纯化，实验室常用的方法是平板分离法。其基本原理是在合适的生长条件下，待分离的微生物在固体培养基上生长形成的单个菌落可达到仅由单个细胞繁殖而成的集合体。因此，可以通过挑取这种单菌落获得纯培养。同理，在适宜条件下，一个噬菌体感染宿主细胞后在软琼脂平板上形成一个肉眼可见的噬菌斑（图Ⅵ-2）。基于这种特点，人们可分离获得噬菌体，并进行纯化以及测定噬菌体效价。

　　需要指出的是从微生物群体中分离出来、生长在平板上的单个菌落或噬菌斑并不一定保证是纯培养。因此，纯培养的确定除观察其菌落或噬菌斑特征外，还需进一步检测。微生物菌落还需结合显微镜检测个体形态特征等综合结果判断，噬菌斑则需要进一步通过宿主进行纯化，直至噬菌斑形态大态一致。有些微生物的纯培养要经过一系列的分离与纯化过程和多种特征检测鉴定方能确定。

平板分离法主要有：①平板稀释涂布法；②平板划线分离法；③双层琼脂平板分离法。

土壤是微生物生存的大本营，所含微生物无论是数量还是种类都是极其丰富的。因此，土壤是微生物多样性的重要场所，是发掘微生物资源的重要基地。人们可以经过分离与纯化从中获得许多有价值的菌株。本实验将采用三种不同的培养基从土壤中分离不同类型的微生物。

自然界中凡有细菌分布的地方总可分离获得相应的噬菌体。例如，粪便与阴沟污水中含有大量的大肠杆菌。因此，在这种环境中很容易分离得到大肠杆菌噬菌体；乳牛场有较多的乳酸杆菌，也容易获得乳酸杆菌噬菌体。

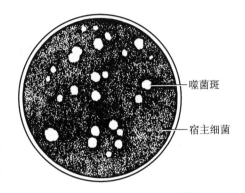

图Ⅵ–2 琼脂平板上的噬菌斑

三、实验器材

1. 菌种

大肠杆菌（*Escherichia coli*）。

2. 土壤样品

从校园或其他地方采集的土壤样品。

3. 阴沟污水

4. 培养基

（1）牛肉膏蛋白胨琼脂培养基、淀粉琼脂培养基（高氏Ⅰ号培养基）和马丁琼脂培养基。

（2）500 mL 三角烧瓶内装 3 倍浓缩的牛肉膏蛋白胨液体培养基 10 mL；试管液体培养基。上层琼脂培养基（琼脂粉约为 5 g/L，试管分装，每管 4 mL）；底层琼脂平板（含培养基 10 mL，琼脂 15 ~ 20 g/L）。

5. 溶液和试剂

100 g/L 酚，无菌水。

6. 仪器和其他用品

无菌玻璃涂棒，无菌移液管，接种环，无菌培养皿，链霉素和光学显微镜。

无菌小试管，带有玻璃珠的无菌三角烧瓶，无菌细菌过滤器（孔径 0.22 μm）、恒温水浴锅、蠕动泵和台式高速离心机等。

本实验为什么用上述菌种？

因为本实验除了从土壤样品中分离三大类群的微生物外，还要从阴沟污水中分离大肠杆菌噬菌体。使用大肠杆菌具有选择与富集作用，即只有感染大肠杆菌的噬菌体才能被富集和分离获得。

四、操作步骤

1. 平板稀释涂布法

（1）倒平板：将牛肉膏蛋白胨琼脂培养基、高氏Ⅰ号琼脂培养基和马丁琼脂培养基加热融化，冷至 55 ~ 60℃时，在高氏Ⅰ号琼脂培养基中加入 100 g/L 酚数滴，马丁培养基中加入链霉素溶液（终质量浓度为 30 μg/mL），混均匀后分别倒平板，每种培养基倒 3 皿。

倒平板的方法：右手持盛培养基的试管或三角烧瓶置火焰旁边，用左手将试管塞或瓶塞轻轻地拔出，试管口或瓶口保持对着火焰；然后用右手手掌边缘或小指与无名指（环指）夹住试管（瓶）塞（也可将试管塞或瓶塞放在左手边缘或小指与无名指之间夹住。如果试管内或三角烧瓶内的培养基一次用完，试管塞或瓶塞则不必夹在手中）。左手持培养皿并将皿盖在火焰旁打开一缝，迅速倒入培养基约 15 mL（图Ⅵ -3A），加盖后轻轻摇动培养皿，使培养基均匀分布在培养皿底部，然后平置于桌面上，待凝后即为平板。在需要倒大量的平板时，还可使用自动倒平板仪（图Ⅵ -3B）。

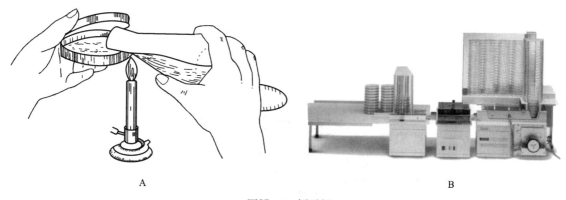

图Ⅵ -3　倒平板
A. 人工倒平板　B. 自动倒平板仪

（2）制备土壤稀释液：称取土样 10 g，放入盛 90 mL 无菌水并带有玻璃珠的三角烧瓶中，振摇约 20 min，使土样与水充分混合，使细胞分散。用一支 1 mL 无菌吸管吸取 1 mL 土壤悬液加入盛有 9 mL 无菌水的大试管中充分混匀，此为 10^{-1} 稀释液，以此类推制成 10^{-2}、10^{-3}、10^{-4}、10^{-5} 和 10^{-6} 几种稀释度的土壤溶液（图Ⅵ -4A）。

（3）涂布：将上述每种培养基的平板底部或培养皿盖周边用记号笔分别写上 10^{-4}、10^{-5} 和 10^{-6} 3 种稀释度字样，每种培养基每稀释度标记 3 皿，然后用无菌吸管分别由 10^{-4}、10^{-5} 和 10^{-6} 3 管土壤稀释液中吸取适量对号放入已写好稀释度的平板中央位置，每皿准确放入 0.2 mL（图Ⅵ -4B），用无菌玻璃涂棒按图Ⅵ -5 所示，在培养基表面轻轻地涂布均匀，其方法是将菌液先沿一条直线轻轻地来回推动，使之分布均匀，然后改变方向 90° 沿另一垂直线来回推动，平板内边缘处可改变方向用涂棒再涂布几次，室温下静置 5 ~ 10 min。

（4）培养：将含高氏Ⅰ号培养基和马丁培养基的平板倒置于 28℃温室中培养 3 ~ 5 d，牛肉膏蛋白胨平板倒置于 37℃温室中培养 1 ~ 2 d。

（5）挑菌落：将培养后长出的单个菌落分别挑取少许菌苔接种在上述 3 种培养基的斜面上（图

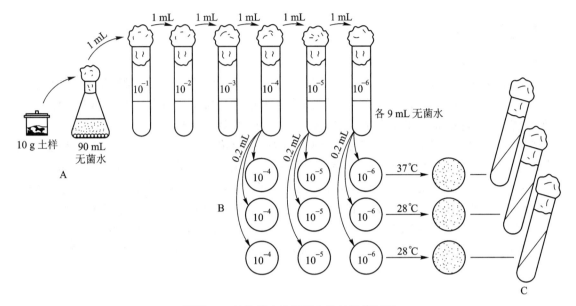

图Ⅵ-4　从土壤中分离微生物的操作过程
A. 制备土壤稀释液　B. 涂布　C. 挑菌落

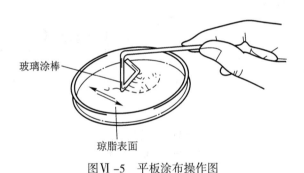

图Ⅵ-5　平板涂布操作图

Ⅵ-4C），分别置28℃和37℃温室培养；待菌苔长出后，检查其特征是否一致，同时将细胞涂片染色后用显微镜检查是否为单一的微生物细胞。若发现有杂菌，须再次进行分离与纯化，直到获得纯培养。

本实验成功的关键

（1）菌悬液细胞密度适宜。
（2）涂布均匀，培养后菌落在整个平板表面分散均匀。

---

2. 平板划线分离法
（1）倒平板：按稀释涂布平板法倒平板，并用记号笔标明培养基名称、土样编号和实验日期等。
（2）划线：在近火焰处，左手拿皿底，右手拿接种环，挑取上述10⁻¹的土壤悬液一环在平板上划线（图Ⅵ-6）。划线的方法很多，但无论采用哪种方法，其目的都是通过划线将样品在平板上进行稀释，培养后能形成单个菌落。本实验描述两种常用的划线方法。

① 用接种环按无菌操作挑取土壤悬液一环，先在平板培养基的一边作第一次平行划线 3~4 次，再转动平板约 70°，并将接种环上剩余物烧掉，待其冷却后穿过第一次划线部分进行第二次划线，再用同样的方法穿过第二次划线部分进行第三次划线或再穿过第三次划线部分进行第四次划线（图Ⅵ-7A）。划线完毕后，盖上培养皿盖，倒置于温室培养。

② 将挑取有样品的接种环在平板培养基上作连续划线（图Ⅵ-7B）。划线完毕后，盖上培养皿盖，倒置于温室培养。

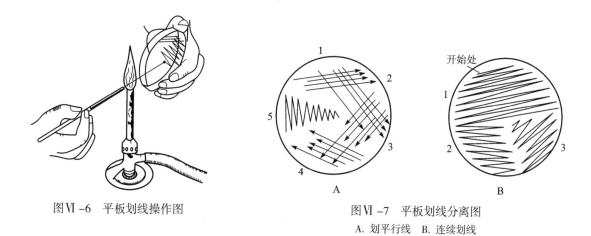

图Ⅵ-6　平板划线操作图

图Ⅵ-7　平板划线分离图
A. 划平行线　B. 连续划线

（3）挑菌落：从分离的平板上单个菌落挑取少许菌苔，涂在载玻片上，在显微镜下观察细胞的个体形态，结合菌落形态特征，综合分析。如不纯，仍需平板分离法进行纯化，直至确认为纯培养为止。

本实验成功的关键

（1）快速。接种环在平板上迅速划动。

（2）平行线之间的距离小，使划线次数增加。

（3）及时灼烧接种环上剩余的菌体。

3. 双层琼脂平板分离法

本实验是用双层琼脂平板分离法从阴沟污水中取样分离纯化大肠杆菌噬菌体。

（1）噬菌体的分离

① 宿主细胞培养：用接种环在斜面上挑取少许大肠杆菌菌苔接入盛有 5 mL 牛肉膏蛋白胨培养液的试管中，混合均匀后置 37℃振荡培养过夜。

② 噬菌体增殖：在盛有 10 mL 3 倍牛肉膏蛋白胨液体培养基的三角烧瓶中加入阴沟污水 20 mL 和大肠杆菌过夜培养物 0.3 mL，混合后置 37℃振荡培养 12~24 h。

③ 裂解液制备：将上述混合培养物倒入一支 50 mL 无菌离心管中，经 4 000 r/min 离心 15 min；将上清液小心地转入另一无菌离心管中，所得裂解液经 37℃培养过夜，以作无菌检查，此为噬菌体裂解液；还可加入几滴氯仿，稍作混合，备用。

安 全 警 示

本实验中要使用氯仿，但是注意，氯仿是易燃物，要远离火焰。

---

④ 噬菌体检测：在牛肉膏蛋白胨琼脂平板上加入 0.1 mL 大肠杆菌菌液，用无菌玻璃涂棒将菌液均匀地涂布在培养基表面上。

待平板菌液干后分别滴加数小滴裂解液于其上，置 37℃培养过夜。如果滴有裂解液处形成无菌生长的透明或浑浊噬菌斑，便证明裂解液中有大肠杆菌噬菌体。

（2）噬菌体的纯化

① 取上经证实的噬菌体裂解液 0.1 mL 于一支无菌试管中，再加入 0.1 mL 新鲜的大肠杆菌培养物，混合均匀。

② 取上层琼脂培养基溶化并冷却至 55℃（可预先溶化后置 50～55℃水浴锅内保温备用），加入 0.2 mL 上述噬菌体与细菌的混合液，混匀后快速倒入含底层培养基的平板上，铺匀，置 37℃培养 24 h。

注意：上层软琼脂的浓度十分重要。如果琼脂浓度过低，上层培养基滑动，不宜培养与观察到噬菌斑；琼脂浓度过高，难以形成正常的噬菌斑或根本不能形成噬菌斑。

指示菌细胞密度是在平板上获得清晰噬菌斑效果的重要因素之一，其细胞浓度控制在每毫升 1×10^7 个为宜。

③ 取出培养的平板仔细观察平板上噬菌斑的形态特征（如噬菌斑形状、大小、清亮程度等）。此过程制备的裂解液中往往有多种噬菌体，需要进一步纯化。

噬菌体纯化的程序较为简单，通常采用接种针（或无菌牙签）在单个噬菌斑中刺一下，蘸取少许噬菌体接入含有大肠杆菌的液体培养基中，置 37℃振荡培养，直至试管中菌悬液由浑浊变清；培养物经离心后取上清液，再重复本实验操作步骤②、③直到出现的噬菌斑形态一致为止。

（3）高效价噬菌体的制备

一般说来，开始从自然环境中分离得到的噬菌体效价不高，需将噬菌体进行增殖。将纯化的噬菌体裂解液与液体培养基按 1∶10 的比例混合，再加入大肠杆菌悬液适量（可与噬菌体裂解液等量或为其 1/2 的量），37℃培养，使噬菌体增殖，如此重复数次，便可得到高效价的噬菌体制品。

注意：以上①、②两步骤目的是在平板上得到单个噬菌斑。影响获得单个噬菌斑的因素较多，其中样品中噬菌体的浓度是关键。可在噬菌体感染宿主细胞培养后加入少量的氯仿，在旋涡器上振荡 1 min，室温静置 5 min，再经离心收集上清液，这样可提高噬菌体的浓度。

五、实验报告

1. 结果

（1）你所做的涂布平板法和划线法是否较好地得到了单菌落？如果不是，请分析其原因并重做。

（2）在三种不同的平板上你分离得到哪些类群的微生物？简述它们的菌落形态特征。

（3）利用双层琼脂平板分纯法是否得到了单个形态特征较一致的噬菌斑？如果不是，请分析其原因并重做。

2. 思考题

（1）如何确定平板上单个菌落是否为纯培养？请写出实验的主要步骤。

（2）为什么高氏 1 号培养基和马丁培养基中要分别加入酚和链霉素？如果用牛肉膏蛋白胨培养基分离一种对青霉素具有抗性的细菌，你认为应如何做？

（3）当你的平板上长出的菌落不是均匀分散的，而是集中在一起时你认为问题出在哪里？

（4）试比较分离纯化噬菌体与分离纯化细菌在基本原理和具体方法上的异同。

（5）某生产抗生素的工厂在发酵生产卡那霉素时发现生产不正常，主要表现为：发酵液变稀、菌丝自溶，氨态氮上升。你认为可能原因是什么？如何证实你的判断是否正确？

（6）在噬菌体感染宿主细胞实验中分别取 0.1 mL 宿主细胞与 0.1 mL 噬菌体液，轻轻混匀后置 37℃保温 20 min。如果在保温过程中剧烈摇动试管可能会产生什么样的结果，并说明其理由。

（方呈祥）

实验 19　厌氧微生物的培养

一、目的要求

学习几种培养厌氧微生物的方法。

二、基本原理

厌氧微生物在自然界中分布广泛，种类繁多，作用也日益引起人们的重视。由于它们不能代谢氧来进一步生长，且在多数情况下氧分子的存在对其机体有害，所以在进行分离、培养时必须处于除去了氧且低氧化还原电势低的环境中。

目前，根据物理、化学、生物或它们的综合的原理建立的各种厌氧微生物培养技术很多，其中有些操作十分复杂，对实验仪器也有较高的要求，如主要用于严格厌氧菌的分离和培养的 Hungate 技术、厌氧手套箱等。而有些操作相对简单，可用于那些对厌氧要求相对较低的一般厌氧菌的培养，如碱性焦性没食子酸法、厌氧罐法、庖肉培养基法等。本实验将主要介绍后面提到的 3 种，它们都属于最基本也是最常用的厌氧培养技术。

1. 碱性焦性没食子酸法

焦性没食子酸（pyrogallic acid）与碱溶液（NaOH，Na_2CO_3 或 $NaHCO_3$）作用后可形成极易被氧

化的碱性没食子盐（alkaline pyrogallate），后者在通过氧化作用而形成黑、褐色的焦性没食子橙从而除掉密封容器中的氧。这种方法的优点是无须特殊及昂贵的设备，操作简单，适于任何可密封的容器，可迅速建立厌氧环境。而其缺点是在氧化过程中会产生少量的一氧化碳，对某些厌氧菌的生长有抑制作用。同时，NaOH 的存在会吸收掉密闭容器中的二氧化碳，对某些厌氧菌的生长不利。用 NaHCO₃ 代替 NaOH，可部分克服二氧化碳被吸收问题，但却又会导致吸氧速率的减慢。

2. 厌氧罐培养法

利用一定方法在密闭的厌氧罐中生成一定量的氢气，而经过处理的钯或铂可作为催化剂催化氢与氧化合形成水，从面除掉罐中的氧而造成厌氧环境。由于适量的 CO_2（2%~10%）对大多数的厌氧菌的生长有促进作用，在进行厌氧菌的分离时可提高检出率，所以一般在供氢的同时还向罐内供给一定的 CO_2。厌氧罐中 H_2 及 CO_2 的生成可采用钢瓶灌注的外源法，但更方便的是利用各种化学反应在罐中自行生成的内源法，例如本实验中即是利用镁与氯化锌遇水后发生反应产生氢气，及碳酸氢钠加柠檬酸水后产生 CO_2。而厌氧罐中使用的厌氧度指示剂一般都是根据亚甲蓝在氧化态时呈蓝色，而在还原态时呈无色的原理设计的。

$$Mg + ZnCl_2 + 2H_2O \rightarrow MgCl_2 + Zn(OH)_2 + H_2 \uparrow$$

$$C_6H_8O_7 + 3NaHCO_3 \rightarrow Na_3(C_6H_5O_7) + 3H_2O + 3CO_2 \uparrow$$

目前，厌氧罐培养技术早已商业化，有多种品牌的厌氧罐产品（厌氧罐罐体、催化剂、产气袋、厌氧指示剂）可供选择，使用起来十分方便。图Ⅵ-8 显示了一般常用的厌氧罐的基本结构。

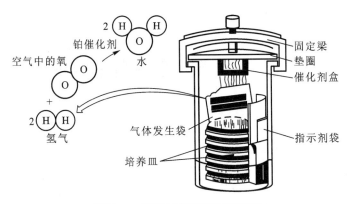

图Ⅵ-8　厌氧培养罐结构示意图

3. 庖肉培养基法

碱性焦性没食子酸法和厌氧罐培养法都主要用于厌氧菌的斜面及平板等固体培养，而庖肉培养基法则在对厌氧菌进行液体培养时最常采用。其基本原理是，将精瘦牛肉或猪肉经处理后配成庖肉培养基，其中既含有易被氧化的不饱和脂肪酸能吸收氧，又含有谷胱甘肽等还原性物质可形成负氧化还原电势差，再加上将培养基煮沸驱氧及用液体石蜡凡士林封闭液面，可用于培养厌氧菌。这种方法是保藏厌氧菌，特别是厌氧的芽孢菌的一种简单可行的方法。若操作适宜，严格厌氧菌都可获得生长，例如破伤风梭状芽孢杆菌（*Clostridium tetani*）。

三、实验器材

1. 菌种

巴氏梭状芽孢杆菌（ *Clostridum pasteurianum* ），荧光假单胞菌（ *Pseudomonas fluorescens* ）。

本实验为什么采用上述菌株？

通过本实验使同学们掌握几种培养厌氧菌的一般方法，因此本实验选用了只能在厌氧条件下生长的巴氏梭状芽孢杆菌来进行厌氧培养，同时也选用了绝对好氧的荧光假单胞菌作为对照。一方面使同学们通过实验观察到氧对这两种不同类型微生物的重要性，另一方面也可利用它们的生长状况来判断厌氧装置是否正确。

---

2. 培养基

牛肉膏蛋白胨琼脂培养平板，庖肉培养基。

3. 溶液和试剂

100 g/L NaOH，灭菌的石蜡凡士林（1∶1），焦性没食子酸等。

4. 仪器和其他用品

棉花，厌氧罐，催化剂，产气袋，厌氧指示袋，无菌的带橡皮塞的大试管，灭菌的玻璃板（直径比培养皿大 3 ~ 4 cm），滴管，烧瓶和小刀等。

四、操作步骤

安 全 警 示

焦性没食子酸对人体有毒，有可能通过皮肤吸收；100 g/L NaOH 对皮肤有腐蚀作用。因此操作时必须小心，并戴手套。

（一）碱性焦性没食子酸法

1. 大管套小管法

在一已灭菌、带橡皮塞的大试管中，放入少许棉花和焦性没食子酸。焦性没食子酸的用量按它在过量碱液中能吸收 100 mL 空气中的氧来估计，本实验用量约 0.5 g。先接种巴氏梭状芽孢杆菌在小试管肉膏蛋白胨琼脂斜面上，然后迅速滴入适量的 100 g/L 的 NaOH 到大管中，使焦性没食子酸润湿，并立即放入除掉棉塞已接种厌氧菌的小试管斜面（小试管口朝上），塞上橡皮塞，置30℃培养，定期观察斜面上菌种的生长状况并记录。

2. 培养皿法

取一块玻璃板或培养皿盖，洗净，干燥后灭菌，铺上一薄层灭菌脱脂棉或纱布，将 1 g 焦性没食子酸放在其上。用肉膏蛋白胨琼脂培养基倒平板，待凝固稍干燥后，在培养平板上一半划线接种巴氏梭状芽孢杆菌，另一半划线接种荧光假单胞菌，并在皿底用记号笔做好标记。滴加 100 g/L

NaOH 溶液约 2 mL 于焦性没食子酸上，切勿使溶液溢出棉花，立即将已接种的平板覆盖于玻璃板上或培养皿盖上，必须将脱脂棉全部罩住，而焦性没食子酸反应物不能与培养基表面接触。以融化的石蜡凡士林液密封皿与玻板或皿盖的接触处，置 30℃ 培养，定期观察平板上菌种的生长状况并记录。

切勿使 NaOH 溶液溢出棉花。加液后立即将已接种的平板覆盖于玻璃板上或培养皿盖上，必须将脱脂棉全部罩住，且焦性没食子酸反应物不能与培养基表面接触。

（二）厌氧罐培养法

① 在两个培养平板上均同时一半划线接种巴氏梭状芽孢杆菌，另一半接种荧光假单胞菌，并做好标记。取其中的一个平板置于厌氧罐的培养皿支架上，而后放入厌氧培养罐内，而另一个平板直接置 30℃ 温室培养。

② 将已活化的催化剂倒入厌氧罐罐盖下面的多孔催化剂盒内，旋紧。

③ 剪开气体发生袋的一角，将其置于罐内金属架的夹上，再向袋中加入约 10 mL 水。同时，由另一同学配合，剪开指示剂袋，使指示条暴露（还原态为无色，氧化态为蓝色），立即放入罐中。

④ 迅速盖好厌氧罐罐盖，将固定梁旋紧，置 30℃ 温室培养，观察并记录罐内情况变化及菌种生长情况。

必须在一切准备工作齐备后再往气体发生袋中注水，而加水后应迅速密闭厌氧罐，否则，产生的氢气过多地外泄，会导致罐内厌氧环境建立的失败。

（三）疱肉培养基法

1. 接种

将盖在疱肉培养基液面的石蜡凡士林先于火焰上微微加热，使其边缘融化，再用接种环将石蜡凡士林块拨成斜立或直立在液面上，然后用接种环或无菌滴管接种。接种后再将液面上的石蜡凡士林块在火焰上加热使其融化，然后将试管直立静置，使石蜡凡士林凝固并密封培养基液面。

刚灭完菌的新鲜疱肉培养基可先接种后再用石蜡凡士林封闭液面，这样可避免一些操作上的麻烦。在用火焰融化培养基液面上的石蜡凡士林时应注意不要使下面的培养基的温度也升得太高，以免烫死刚接入的菌种。

2. 培养

将按上述方法分别接种了巴氏芽孢梭菌和荧光假单胞菌的疱肉培养基置 30℃ 温室培养，并注意观察培养基肉渣颜色的变化和熔封石蜡凡士林层的状态。

对于一般的厌氧菌，接了种的疱肉培养基可直接放在温室里培养。而对于一些对厌氧环境要求比较苛刻的厌氧菌，接了种的疱肉培养基应先放在厌氧罐中，然后再送温室培养。

本实验成功的关键

（1）由于焦性没食子酸遇碱性溶液后即会迅速发生反应并开始吸氧，所以在采用此法进行厌氧微生物培养时必须注意只有在一切准备工作都已齐备后再向焦性没食子酸上滴加 NaOH 溶液，并迅速封闭大试管或平板。

（2）目前厌氧罐培养法中使用的催化剂是将钯或铂经过一定处理后包被于还原性硅胶或氧化铝小球上形成的"冷"催化剂，它们在常温下即具有催化活性，并可反复使用。由于在厌氧培养过程中形成水汽、硫化氢、一氧化碳等都会使这种催化剂受到污染而失去活性，所以这种催化剂在每次使用后都必须在 140~160℃的烘箱内烘 1~2 h，使其重新活化，并密封后放在干燥处直到下次使用。

（3）配好的庖肉培养基试管若已放置了一段时间，则接种前应将其置沸水浴中再加热 10 min，以除去溶入的氧。

五、实验报告

1. 结果

在你的实验中，好氧的荧光假单胞菌和厌氧的巴氏梭状芽孢杆菌在几种厌氧培养方法中的生长状况如何？请对在厌氧培养条件下出现的如下情况进行分析、讨论：

① 荧光假单胞菌不生长，而巴氏梭状芽孢杆菌生长。

② 荧光假单胞菌和巴氏梭状芽孢杆菌均生长。

③ 荧光假单胞菌生长，而巴氏梭状芽孢杆菌不生长。

2. 思考题

（1）在进行厌氧菌培养时，为什么每次都应同时接种一种严格好氧菌作为对照？

（2）根据你所做的实验，你认为这几种厌氧培养法各有何优、缺点？ 除此之外，你还知道哪些厌氧培养技术？请简述其特点。

（陈向东）

实验 20　病毒的培养

根据寄主的不同，可将病毒分为动物病毒（包括昆虫病毒）、植物病毒与细菌病毒——噬菌体等。由于病毒是专性寄生物，还不能用人工培养基进行培养，对病毒的培养与测定主要依靠实验性感染，例如细菌病毒（噬菌体）需要对特异性细菌进行感染、植物病毒进行实验性植物感染、昆虫病毒则用昆虫感染或组织培养增殖病毒，而动物病毒常用鸡胚培养和组织（细胞）培养来代替动物的实验性感染。

鸡胚培养比较容易成功，比接种动物方便，无饲养管理及隔离等特殊要求，且鸡胚一般无病毒隐性感染，同时它的敏感范围很广，多种病毒均能适应，是一种经济实用的病毒培养方法。近年来，随着细胞培养技术的日趋成熟，不同种属细胞系源源不断地建立鉴定，为病毒的培养提供了大量可供选择的敏感宿主细胞。加之诸如"非典"病毒、禽流感病毒、艾滋病病毒等高致病性病毒均可用细胞培养的方法培养，因此，病毒的细胞培养已发展成为现今最重要的病毒培养方法之一。所以，本实验主要介绍病毒的鸡胚培养和细胞培养技术与方法。

一、目的要求

1. 了解病毒鸡胚培养和细胞培养的意义及用途。

2. 初步掌握病毒鸡胚培养和细胞培养的基本方法。

二、基本原理

基于鸡胚和传代细胞系（株）作为病毒的敏感宿主，能支撑病毒完成从吸附到基因组复制、转录、蛋白质合成、装配、裂解的整个生命过程。因此，鸡胚培养和细胞培养方法广泛应用于病毒分离、增殖、毒力测定、疫苗制备等。病毒接种鸡胚均有其最适宜的途径，如羊膜腔、尿囊腔、绒毛尿囊膜和卵黄囊等，故应注意选择合适的鸡胚接种途径。通常病毒感染鸡胚和细胞后会出现不同程度的病变症状，如痘苗病毒接种鸡胚绒毛尿囊膜，经培养后产生肉眼可见的白色痘疮样病灶；流感病毒感染犬肾细胞（MDCK）后呈现细胞变圆、收缩脱壁等致细胞病变现象（cytopathic effect，CPE）。在实验条件下，病变的严重程度与病毒的毒力相关，故观察鸡胚和细胞的病变程度可评估病毒的感染及增殖情况。

三、实验器材

1. 病毒

痘苗病毒（vaccinia virus），鸡新城疫病毒（newcastle disease virus），A 型流感病毒（influenza virus A）。

2. 宿主细胞

犬肾细胞系 MDCK（canis familiaris）。

3. 培养基

DMEM 细胞培养基（含 100 g/L 新生牛血清，100 μg/mL 的青霉素、链霉素）。

4. 溶液和试剂

2.5% 碘酒，70% 乙醇，2.5 g/L 胰酶，Hank's 液等。

5. 仪器和其他用品

孵卵箱，检卵灯，齿钻，磨壳器，钢针，蛋座木架，橡皮胶头，注射器，镊子，剪刀，封蜡（固体石蜡加 1/4 凡士林，融化），灭菌培养皿，灭菌盖玻片，6 孔细胞培养板，可调式加样器，无菌试管，倒置显微镜和 CO_2 培养箱等。

6. 白壳受精卵（自产出后不超过 10 d，以 5 d 以内的卵为最好）。

四、操作步骤

安 全 警 示

（1）待检的病毒病料、实验用病毒材料均可能引起人感染或污染环境，实验需要在生物安全柜中进行，严格无菌操作。

（2）要规范操作，小心谨慎，防止带毒液体外溢。

（3）实验结束后，相关用具、台面和病毒废液要严格消毒灭菌。

（4）操作者需用消毒液洗手后方可离开实验室。

（一）病毒的鸡胚培养

1. 准备鸡胚

孵育前的鸡卵先用清水洗净以布擦干，放入孵卵箱进行孵育（36℃，相对湿度是 45% ~ 60%），孵育 3 d 后，鸡卵每日翻动 1 ~ 2 次。孵至第 4 d，用检卵灯观察鸡胚发育情况，未受精卵，只见模糊的卵黄黑影，不见鸡胚的形迹，这种鸡卵应淘汰。活胚可看到清晰的血管和鸡胚的暗影，比较大一些的还可以看见胚动。随后每天观察一次，对于胚动呆滞或没有运动的，血管昏暗模糊者，即可能是已死或将死的鸡胚，要随时加以淘汰。生长良好的鸡胚一直孵育到接种前，具体胚龄视所拟培养的病毒种类和接种途径而定。

鸡卵孵化期间，箱内应保持新鲜空气流通，特别是孵化 5 ~ 6 d 后，鸡胚发育加快，氧气需要量增大，如空气供应不足，会导致鸡胚大量死亡。

2. 接种

（1）绒毛尿囊膜接种

① 将孵育 9 ~ 10 d 的鸡胚放在检卵灯上，用铅笔勾出气室与胚胎略近气室端的绒毛尿囊膜发育得好的地方（图Ⅵ –9）。

② 用碘酒消毒气室顶端与绒毛尿囊膜记号处，并用磨壳器或齿钻在记号处的卵壳上磨开一三角形或正方形（每边 5 ~ 6 mm）的小窗，不可弄破下面的壳膜。在气室顶端钻一小孔。

③ 用小镊子轻轻揭去所开小窗处的卵壳，露出壳下的壳膜，但注意切勿伤及紧贴在下面的绒毛尿囊膜，此时滴加少许生理盐水自破口处流至绒毛尿囊膜，以利两膜分离。

④ 用针尖刺破气室小孔处的壳膜，再用橡皮乳头吸出气室内的空气，使绒毛尿囊膜下陷形成人工气室。

⑤ 用注射器通过窗口的壳膜窗孔滴 0.05 ~ 0.1 mL 痘苗病毒液于绒毛尿囊膜上。

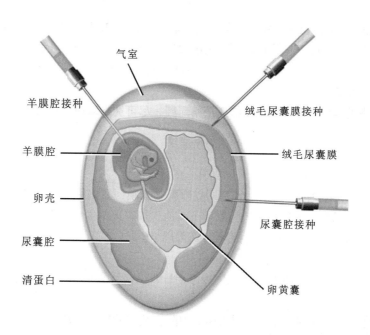

图Ⅵ –9　病毒鸡胚接种方式

⑥ 在卵壳的窗口周围涂上半凝固的石蜡，做成堤状，立即盖上消毒盖玻片。也可用揭下的卵壳封口，将卵壳盖上，接缝处涂以石蜡，但石蜡不能过热，以免流入卵内。将鸡卵始终保持人工气室在上方的位置进行 36℃ 培养，48～96 h 观察结果。

温度对痘苗病毒病灶的形成影响显著，应严格控制培养温度在 36℃，高于 40℃ 的培养温度则鸡胚不能产生典型病灶。

（2）尿囊腔接种

① 将鸡胚在检卵灯上照视，用铅笔画出气室与胚胎位置，并在绒毛尿囊膜血管较少的地方做记号（图Ⅵ-9）。

② 将鸡胚竖放在蛋座木架上，钝端向上。用碘酒消毒气室蛋壳，并用钢针在记号处钻一小孔。

③ 用带 18 mm 长针头的 1 mL 注射器吸取鸡新城疫病毒液，针头刺入孔内，经绒毛尿囊膜入尿囊腔，注入 0.1 mL 病毒液。

④ 用石蜡封孔后于 36℃ 孵卵器孵育 72 h 观察结果。

（3）羊膜腔接种

① 将孵育 9～10 d 的鸡胚照视，画出气室范围，并在胚胎最靠近卵壳的一侧做记号（图Ⅵ-9）。

② 碘酒消毒气室部位的蛋壳，齿钻在气室顶端磨一三角形、每边约 1 cm 的裂痕，注意勿划破壳膜。

③ 用灭菌镊子揭去蛋壳和壳膜，并滴加灭菌液体石蜡一滴于下层壳膜上，使其透明，以便观察，若将鸡胚放在检卵灯上，则看得更清楚。

④ 用灭菌尖头镊子，两页并拢，刺穿下层壳膜和绒毛尿囊膜没有血管的地方，并夹住羊膜从刚才穿孔处拉出来。

⑤ 左手用另一把无齿镊子夹住拉出的羊膜，右手持带有 26 号针头的注射器，刺入羊膜腔内，注入鸡新城疫病毒液 0.1 mL。针头最好用无斜削尖端的钝头，以免刺伤胚胎。

⑥ 用绒毛尿囊膜接种法的封闭方法将卵壳的小窗封住，于 36℃ 孵卵箱内孵育 48～72 h 观察结果，保持鸡胚的钝端朝上。

鸡胚接种病毒的操作过程及使用器械应严格无菌，尽可能在超净工作台上进行。

3. 收获

（1）收获绒毛尿囊膜

① 用碘酒消毒人工气室上卵壳，去除窗孔上的盖子。

② 将灭菌剪子插入窗内，沿人工气室的界限剪去壳膜，露出绒毛尿囊膜，再用灭菌眼科镊子将膜正中夹起，用剪刀沿人工气室边缘将膜剪下，放入加有灭菌生理盐水的培养皿内，观察病灶形状。然后或用于传代，或用 50% 甘油保存于 -20℃ 以下。

（2）收获尿囊液

① 将 36℃ 孵育 72 h 的鸡胚放在冰箱内冷冻半日或一夜，使血管收缩，以便得到无胎血的纯尿囊液。

② 用碘酒消毒气室处的卵壳，并用灭菌剪刀除去气室的卵壳。切开壳膜及其下面的绒毛尿囊膜，翻开到卵壳边上。

③ 将鸡卵倾向一侧，用灭菌吸管吸出尿囊液，一个鸡胚约可收获 6 mL 尿囊液，收获的尿囊液暂存于 4℃冰箱，经无菌试验合格后于 -20℃长期贮存。

收获尿囊液时勿损伤血管，否则病毒会吸附在红细胞上，使病毒滴度显著下降。

④ 观察鸡胚，看有无典型的病理症状。

（3）收获羊水

① 按收获尿囊液的方法消毒，去壳，翻开壳膜和尿囊膜。

② 先吸出尿囊液。

③ 再用镊子夹住羊膜，以尖头毛细血管插入羊膜腔，吸出羊水，放入无菌试管内，每鸡胚可吸 0.5 ~ 1.0 mL。经无菌试验合格后，保存于 -20℃以下低温中。

④ 观察鸡胚的症状。

（二）病毒的细胞培养

1. 宿主细胞培养

从液氮中取出冷冻的 MDCK 细胞管，37℃水浴迅速解冻，无菌操作将解冻的细胞接种于 T-25 培养方瓶中，加入 7 ~ 10 mL DMEM 培养液（含 100 g/L 的新生牛血清），充分混匀，置 37℃培养 2 ~ 3 d，待细胞形成致密单层备用。

2. 细胞悬液制备

MDCK 细胞培养单层一瓶，弃上清液，加 2.5 g/L 胰酶 1 mL，37℃消化 2 ~ 5 min，待细胞完全脱壁后加入 3 mL DMEM 培养液，充分分散细胞。取样显微计数，调整细胞浓度为（2 ~ 5）× 10^5/mL 备用。

3. 细胞接种

取 6 孔细胞培养板一块，于每孔中加 MDCK 细胞悬液 2 mL，补加 DMEM 培养液 2 mL。

4. 细胞培养增殖

细胞培养板置 37℃，5% CO_2 培养箱中培养 24 ~ 36 h，待细胞形成 70% 左右的单层后用于病毒接种。

5. 病毒稀释

于 -70℃冰箱取出冻存的 A 型流感病毒液，解冻后（滴加 2 ~ 3 滴 2.5 g/L 胰酶液）用 Hank's 液作 10 倍连续稀释（10^0，10^{-1}，10^{-2}，10^{-3}，10^{-4}，……）备用。

6. 病毒感染

从 CO_2 培养箱中取出 6 孔细胞板，弃细胞培养上清液，用 Hank's 液洗 2 次，分别于孔中加入 10^0、10^{-2}、10^{-4} 稀释的病毒液 0.5 mL（每稀释度至少加 3 个重复孔），对照孔以 0.5 mL Hank's 替代病毒液。37℃培养箱吸附 30 min，移去病毒液，每孔加新鲜的 DMEM 培养基（含 20 g/L 的新生牛血清）4 mL，置 CO_2 培养箱培养 48 ~ 72 h。

7. 观察

逐日用倒置显微镜观察 MDCK 细胞病变情况，如果病毒感染滴度适宜，培养 48 ~ 72 h 后 MDCK 细胞出现变圆、凝集收缩等典型的致细胞病变现象。

本实验成功的关键

（1）选择敏感的宿主细胞。

（2）病毒液务必作适当稀释。

（3）稀释病毒加入宿主细胞中要有足够的吸附时间（30~60 min）。

五、实验报告

1. 结果

（1）描述痘苗病毒在鸡胚绒毛尿囊膜上培养后，所出现的病变状况。

（2）描述鸡新城疫病毒接种鸡胚培养后，鸡胚所出现的变化。

（3）记录观察细胞病变（CPE）的结果于表Ⅵ–1中：

表Ⅵ–1 结果记录表

病毒稀释度	培养 24 h	培养 48 h	培养 72 h
10^0			
10^{-2}			
10^{-4}			
对照			

2. 思考题

（1）本实验所用的痘苗病毒和鸡新城疫病毒，除能在鸡胚中进行培养外，还能用哪些方法进行培养？试比较它们的优缺点。

（2）接种病毒后的鸡胚常出现非特异性的意外死亡和病毒感染引起的特异性死亡，如何判定死亡原因？

（3）A 型流感病毒感染引起人患流感疾病，为什么实验中不选用人的细胞作为该病毒的宿主？

（4）病毒接种时为何要作适当稀释？不稀释会出现什么结果？

（郑从义）

实验 21 食用真菌的培养

食用真菌是指可被人类食用的大型真菌（macroscopic fungi），即是指可供食用的蕈菌，又称为蘑菇，它能形成大型的肉质（或胶质）子实体或菌核组织，简称为食用菌，例如：平菇、草菇、金针菇、香菇、双孢蘑菇、木耳、银耳、猴头和蜜环菌等。食用菌绝大多数为担子菌，少数属于子囊菌。食用菌味道鲜美，风味独特，营养丰富，并具保健作用，又是重要的药用资源，用途日益增多，而且可利用农副产品及其废弃物为原料，进行多种多样方式的简易生产，因而越来越受到重视，特别是我国，从 20 世纪 90 年代以来，食用菌培养发展十分迅速，已成为一项新兴的行业，已上升到我国农业经济的第 6 位，仅次于粮、棉、油、果、菜，并跃居国际食用菌产销的第一位。

食用真菌的生产也可视为逐步地放大培养，它可分为母种、原种、栽培种和栽培 4 个培养步骤（或培养方式），前 3 个培养步骤可用固体培养，也可用液体培养，而最后一个培养步骤，大都是采用固体培养，即栽培，包括瓶栽、袋料栽培、室外栽培及段木露天栽培等大规模生产。实验室的实验，可根据不同的目的要求和条件，选择其中一种或两种培养步骤进行实验。

一、目的要求

1. 理解食用真菌的多种多样的培养方式，了解液体培养制备真菌菌丝的意义及用途，懂得食用真菌的生产过程。

2. 学习一种食用真菌的母种或原种或栽培种的培养技术，并掌握其基本的知识和技术方法。

二、基本原理

食用真菌全部都是化能异养型的，各种现成的有机物能满足其生长发育的需要，根据食用真菌不同种和培养步骤的需求，按培养基的配制原则制备培养基，在适宜温度和条件下可进行固体或液体培养。液体培养是研究食用真菌很多生化特征和生理代谢的最适方法。食用真菌菌丝在液体培养基里分散状态好，营养吸收和气体交换容易，生长快。发育成熟的菌丝及发酵液可制成药物、饮料和食品添加剂等。在固体栽培时，用液体菌种代替固体原种时，由于其流动性大，易分散，迅速地扩展，很快地生长，缩短了培养时间，促进了生产效率。

三、实验器材

1. 菌种

平菇（侧耳），香菇，木耳。

2. 培养基

马铃薯葡萄糖培养基（FDA 培养基），玉米粉蔗糖培养基，酵母膏麦芽汁琼脂，棉籽壳培养基。

3. 溶液和试剂

$1 \sim 2$ g/L 的升汞溶液，或 75% 乙醇，含 20 g/L 硫酸铵、8 g/L 酒石酸的溶液，无菌水等。

4. 仪器和其他用品

搪瓷盘（或玻璃大器皿），培养皿盖，三角烧瓶，灭菌玻璃珠，灭菌大口吸管，干燥小离心管，玻璃瓶或塑料袋，铁丝支架，有孔玻璃钟罩，旋转式恒温摇床，接种铲，接种针，镊子，小刀（铲）和滤纸等。

本实验为什么采用上述菌种?

食用真菌品种多，分布广，目前已报道的有 2 000 余种，能人工栽培的 50 余种，商业上大规模栽培的 20 多种，栽培方式也多种多样。本实验选用平菇（侧耳）、香菇、木耳作为试验菌种，这是因为：①它们分别具有不同栽培方式的代表性。②是国内外大规模栽培、销售最多的食用真菌。③取材容易，无论是在农贸市场、食用菌生产企业，还是从科研、教学单位，或野外采集，都能方便、迅速地得到。④实验室小试验培养简便容易，适宜于科学、科研的需求。

四、操作步骤

（一）母种的分离和培养

食用真菌母种的来源除原已保存的或从有关单位购买的外，则是自行分离。母种分离的方法，按其材料可分为：孢子分离法、组织分离法和菇（耳）木分离法。

1. 制备培养基和孢子收集器

马铃薯 200 g，葡萄糖（或蔗糖）20 g，水 1 000 mL。马铃薯去皮，切成小块，加 1 500 mL 水煮沸 30 min，双层纱布过滤，取滤液加糖，补充水至 1 000 mL，pH 自然，加 15 g/L 琼脂制成 FDA 斜面或平板。用搪瓷盘（或玻璃大器皿）、垫有润湿滤纸的培养皿盖、铁丝支架、有孔玻璃钟罩等制成孢子收集器（图Ⅵ-10），整个装置灭菌备用。

2. 孢子分离法

实验以平菇或香菇为例。从自然界或栽培地采集菇时，用小刀（铲）将子实体周围的土掘松，挖出子实体，以无菌操作，将子实体带泥土部分的菌柄切除，如菌褶未裸露，子实体浸入 1 ~ 2 g/L 的升汞溶液中消毒约 2 min，再放入无菌水中漂洗几次。如菌褶已外露，切除带泥土的菌柄部分后，则用 75% 乙醇擦菌盖和菌柄表面 3 次。然后将子实体固定在孢子收集器（如图Ⅵ-10 所示）的支架上，在搪瓷盘内垫衬几层在升汞溶液中浸过的纱布或滤纸，以防杂菌污染，盖上玻璃钟罩，塞上消毒棉塞，将装置移至适宜的温度下，平菇 13 ~ 20℃，香菇 12 ~ 18℃，培养 1 ~ 2 d，孢子便会自动弹落于培养皿盖中。用接种环蘸取培养皿盖中的孢子，用 5 mL 无菌水制成孢子悬液，用孢子悬液接种 FDA 斜面和划线 FDA 平板，适宜温度培养，挑取单个菌落接种 FDA 斜面，培养后即为母种。

3. 组织分离法

选取优良平菇或香菇的子实体，以无菌操作，将子实体的菌柄切除，用 75% 乙醇擦菌盖和菌柄表面 3 次，用小刀从菌盖中部纵切一刀，撕开菌盖，在菌盖与菌柄交界处切取一小块组织，移种在 FDA 斜面或平板上，放在 20℃左右的温度下，培养 3 ~ 5 d，待菌丝长满斜面，或再移种培养数次后，即为母种。

4. 菇（耳）木分离法

有的食用菌因子实体小而薄，或组织再生能力弱，难

图Ⅵ-10　孢子收集器示意图

（右侧标注，自上而下）
棉塞
钟罩
种菇子实体
铁丝支架
培养皿盖
搪瓷盘

用组织分离法获得母种，则用菇（耳）木分离法，它是分离生长在基质内的菌丝，所以也称为基内菌丝分离法。实验以木耳为例，选取菇（耳）整齐、肥厚的新鲜菇（耳）棒，截取长有子实体的约 1 cm 厚的一小段，无菌操作，切除表层部分，浸入 1～2 g/L 的升汞溶液中消毒约 2 min，再放入无菌水中漂洗几次，切成小木条，移种在 FDA 斜面或平板上，放在 20～25℃温度培养 3～15 d，待菌丝长满斜面，或再移种培养数次后，即为母种。

（二）原种和栽培种的固体培养

原种又可称为二级菌种，因食用菌的种类不同其培养基所用原料、培养条件差别较大。以平菇为例制作原种：棉籽壳 93 g，麸皮 5 g，过磷酸钙 1 g，石灰 1 g，料：水为 1:（1.3～1.5），将过磷酸钙和石灰先溶于水中，加入棉籽壳和麸皮，混匀，使其"手握成团，落地能散"，堆闷 4～6 h，装入玻璃瓶或塑料袋，边装边压实，装满压实后，用小棒打孔至瓶底，用纸包扎封口，121℃灭菌 90 min，冷却后，无菌操作将母种接入培养基的孔内。25～28℃培养约 20 d，保持好培养环境，经常检查，除去污染瓶，所得培养物即为原种。

栽培种的固体培养是较大规模地生产食用菌，进行食用菌栽培要求大量菌种。栽培种的固体培养即为原种的放大培养，其培养基的制作、接种、培养条件等操作技术，与固体培养原种的方法技术大同小异。主要区别是放大了培养，大多采用聚丙烯耐高压塑料筒状袋（15 cm×30 cm）装培养基，一瓶（袋）原种可接种 50 个左右的栽培的筒状袋。25～28℃培养 20 d 左右，待菌丝长好后即为栽培种。

（三）原种和栽培种的液体培养

（1）原已保存的，或购买的，或自行分离的平菇菌种，用无菌接种铲薄薄铲下培养基上平菇的菌丝 1 块，接种于马铃薯培养基斜面中部，26～28℃培养 7 d，得到的斜面菌种，也可称为母种。

（2）用无菌接种铲铲下马铃薯培养基斜面上约 0.5 cm² 的菌块，放入装有 50 mL 玉米粉蔗糖培养基的 250 mL 三角烧瓶中。由于静止培养，能促使铲断菌丝的愈合，有利于繁殖，所以 26～28℃静止培养 2 d，再置旋转式摇床，同样温度，150～180 r/min，培养 3 d，经检查，除去污染瓶，所得培养物可称为原种。这种摇瓶液体培养，也可收集培养的菌丝或培养液，进行研究或应用。

（3）扩大液体培养，即为原种的放大培养，将原种以 10% 接种量接入玉米粉蔗糖培养基中（培养基的用量视需要而定），25～28℃摇床培养 3～4 d。在菌丝球数量达到最高峰时（3 d 左右），放入一些灭菌玻璃珠，适度旋转摇动 5～10 min 均质菌丝，将这种均质化的菌丝片断悬液作为栽培种。也可将已培养好的液体培养物接种经洗净、浸泡和灭菌的麦粒，培养后成为菌液－麦粒栽培种，其菌龄一致，老化菌丝少，污染率低，生产周期短，可增产 5%～10%。

（四）食用菌的栽培

（1）将棉籽壳培养基装入玻璃瓶或塑料袋，边装边压实，底部料压得松一些，口部压紧些，用小棒在中央扎一直径约 1.5 cm 的孔，直至底部，用纸包扎封口，121℃灭菌 90 min。大生产也可用常压灭菌，100℃，6 h。

（2）待培养基温度降至 20～30℃时，如果接种固体栽培种，应除去表面老化菌丝，接种约 10%。若接种液体栽培种，用灭菌大口吸管接种 5%，或均质悬浮液 3%，也可接种菌液－麦粒栽培种。包扎好封口纸，移入培养室。

（3）栽培管理

① 发菌：即菌丝在营养基质中向四周的扩散伸长期，室温控制在 20～23℃，相对湿度 70%～75%。7 d 以后，温度可升至 25～28℃，室内 CO₂ 浓度升高，要早晚各通一次风，保持空气

新鲜。25～30 d后菌丝可长满全瓶（袋），及时给予散射光照，继续培养4～5 d。

② 桑葚期：菌丝成熟后给予200 lx左右散射光照，降室温至12～20℃培养，即低温刺激，一般3～5 d后，产生瘤状突起，这是子实体原基，形似桑葚，故又称桑葚期。适当通风，相对湿度要求80%～85%。

③ 珊瑚期：原基分化，形成菌柄，菌盖尚未形成，小凸起各自伸长，参差不齐，状似珊瑚。条件合适，只要1 d桑葚期就能转入珊瑚期。湿度控制90%左右，通气量也要逐步加大。

④ 菇蕾形成期：菌盖已形成，开始出现菌褶，保持90%左右的湿度，18～20℃培育温度。同上述给予散射光，通风良好。当菌盖充分展开，菌盖下凹处产生茸毛，则形成了菇蕾。

⑤ 采收期：出现一批菇蕾，即要立即不留茬基采收。从菇蕾发生到采收需7～8 d。采收后，继续培育，进行湿度、温度、通风和散射光的管理，直至又出现一批菇蕾，可采收第二茬菇，再继续，还可采收第三茬菇。

（五）食用菌的保鲜和保存

食用菌保鲜的方法很多，比较简便、成本低、保鲜程度高的方法有：将新鲜采收的平菇，经过整理后，将其浸入6 g/L的食盐水中，10 min，沥干，装入塑料袋保存，能保鲜4～6 d；金针菇、草菇等采收后，往新鲜菇上喷洒1 g/L的抗坏血酸液，装入非铁质容器内，可保鲜3～5 d；平菇采收后，立即洗掉泥沙，装入0.5 mm厚的无毒聚乙烯塑料袋内，密封包装，置于0℃的条件下，可保鲜15～20 d。许多食用菌使用烘干长期保存，例如香菇的烘干保存；鲜菇也可以采用速冻低温较长时间保存。

食用菌的栽培，虽然栽培原理和技术操作要领与栽培种的培养是相同的，但所用原料多，价格低廉，塑料筒状袋大，操作器具和场地等，都要符合生产规模的需要，要经过配料、拌料、堆料、装袋、接种、发菌、出菇和采菇等生产过程。许多生产中的技术和方法与实验室食用菌的培养是不相同的，具有其独特之处，而且，有的食用菌需建专用菇房栽培，有的在露地塑料大棚栽培，有的在山林中栽培，有的则与农作物套种栽培，还有的采用液体发酵罐生产。所以食用菌的栽培不仅是一门学科，也是一种重要的生产行业，只有严格地执行生产规程，精心地管理，才能获得优质、丰产的食用菌。

本实验成功的关键

食用真菌的培养技术似乎简单，但要获得成功，必须抓住下列关键：

（1）所用农副产品原料，不能有霉菌污染、病虫害和腐败，应该洁净、没有变质。

（2）把好灭菌和消毒关，该灭菌的原料和器具，必须保证无菌，所有用具都要消毒，培养室或场地要清洁，并防止杂菌污染或其他的毒害。

（3）食用菌的细胞分裂仅限于菌丝顶端细胞，若用接种环刮下表面菌苔接种，因切断菌丝，DNA流失严重，大多生长不好，因此，常采用接种铲接种和最初静止培养。

（4）平菇栽培时，注重三增、一降、一防，即增加湿度、光、气，降温，防不出菇或死菇。因为子实体的分化和发育必须有散射光，黑暗下不产生子实体，直射光不利于子实体的形成与生长。相对湿度在55%时子实体生长缓慢，40%～45%时小菇干缩，高于95%时菌盖易变色腐烂。在适宜的温度范围下，子实体发育快，个大，肉质厚。CO_2浓度高，缺氧不利于子实体形成，通风可保持空气新鲜。污染杂菌或病害，则不出菇或死菇。

五、实验报告

1. 结果

（1）试用简图说明生产平菇的主要过程。

（2）你的实验结果怎样？分析原因，并提出改进意见。

2. 思考题

（1）比较平菇的固体培养和液体培养的优、缺点。

（2）市场销售的食用真菌有哪些？生产它们能利用哪些农副产品及其废弃物为原料？

（3）我国食用真菌生产发展迅猛，试分析其技术优势和不足之处，并设想如何进一步发展我国的食用真菌产业。

（彭　方　彭珍荣）

实验技术相关视频

倒平板

微生物稀释涂布

微生物斜面接种培养技术

冻干管的开启和接种

滴水法开启冻干管

VII | 微生物数量的测定

单细胞微生物个体生长时间较短，很快进入分裂繁殖阶段，因此，个体生长难以测定，除非特殊目的，否则单个微生物细胞生长测定实际意义不大。微生物的生长与繁殖（个体数目增加）是交替进行的，它们的生长一般不是依据细胞的大小，而是以繁殖，即群体的生长作为微生物生长的指标。群体生长表现为细胞数目的增加或细胞物质的增加。测定细胞数目的方法有显微镜直接计数法（direct microscopic counting）、平板计数法（plate counting）、光电比浊法（turbidity estimation by spectrophotometer）、最大概率法（most probable number mothod，MPNM）以及膜过滤法（membrane filtration）等。测定细胞物质的方法有细胞干重的测定，细胞某种成分如氮的含量、RNA 和 DNA 的含量测定，代谢产物的测定等。总之，测定微生物生长量的方法很多，各有优缺点，工作中应根据具体情况要求加以选择。本实验主要介绍生产、科研工作中比较常用的显微镜直接计数法、平板计数法、光电比浊计数法，并用光电比浊计数法制作大肠杆菌生长曲线。此外，由于病毒的数量测定与其宿主紧密相关，其测定方法也不尽相同，因此本部分将用两个实验分别介绍流感病毒和细菌病毒（噬菌体）的数量测定。

实验 22　显微镜直接计数法

一、目的要求

学习并掌握使用血球计数板测定微生物细胞或孢子数量的方法。

二、基本原理

显微镜直接计数法是将适当浓度待测样品的悬浮液置于一种特殊载玻片上的有确定容积的小室中，于显微镜下直接观察、计数的方法。目前国内外常用的这类可进行显微计数的专用计菌器包括血球计数板、Peteroff-Hauser 计菌器以及 Hawksley 计菌器等，它们的基本原理相同，均可用于各种微生物单细胞（孢子）悬液的计数。其中血球计数板较厚，不能使用油镜，常用于个体相对较大的酵母细胞、霉菌孢子等的计数，而后两种计菌器较薄，可用油镜对细菌等较小的细胞进行观察和计数。除了用上述这些计菌器外，还有用已知颗粒浓度的样品如血液与未知浓度的微生物细胞（孢子）样品混合后根据比例推算后者浓度的比例计数法。显微计数法的优点是直观、快速、操作简单，缺点则是所测得的结果通常是死菌体和活菌体的总和，且难以对运动性强的活菌进行计数。目前已有一些方法可以克服这些缺点，如结合活菌染色，微室培养（短时间）以及加细胞分裂抑制剂等方法来达到只计数活菌体的目的，或用染色处理等杀死细胞以计数运动性细菌等。本实验以最常用的血球计数板为例对显微计数法的具体操作方法进行介绍。

血球计数板是一块特制的载玻片，其上由四条槽构成三个平台；中间较宽的平台又被一短横槽隔成两半，每一边的平台上各刻有一个方格网，每个方格网共分为九个大方格，中间的大方格即为计数室。血球计数板构造如图 VII –1a。计数室的刻度一般有两种规格，一种是一个大方格分成 25 个中方格，而每个中方格又分成 16 个小方格（图 VII –1b）；另一种是一个大方格分成 16 个中方格，而每个中方格又分成 25 个小方格，但无论是哪一种规格的计数板，每一个大方格中的小方格都是 400 个。每一个大方格边长为 1 mm，则每一个大方格的面积为 1 mm²，盖上盖玻片后，盖玻片与载玻片之间的高度为 0.1 mm，所以计数室的容积为 0.1 mm³（10⁻⁴ mL）。

计数时，通常数五个中方格的总菌数，然后求得每个中方格的平均值，再乘上 25 或 16，就得出一个大方格中的总菌数，然后再换算成 1 mL 菌液中的总菌数。以 25 个中方格的计数板为例，设五个中方格中的总菌数为 A，菌液稀释倍数为 B，则：

$$1 \text{ mL 菌液中的总菌数} = \frac{A}{5} \times 25 \times 10^4 \times B$$

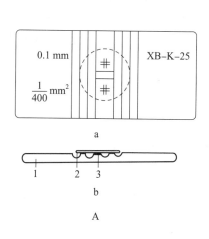

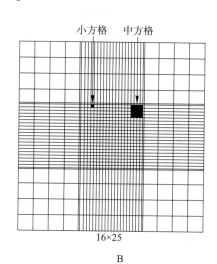

图 VII –1　血球计数板构造示意图

A. 计数板正面和侧面结构示意图：a. 正面图　b. 纵切面图（1. 血细胞计数板；2. 盖玻片；3. 计数室）

B. 计数板上的方格网，中间大方格为计数室

三、实验器材

1. 菌株：酿酒酵母（*Staphylococcus aureus*）、米曲霉（*Aspergillus oryzae*）培养斜面；
2. 溶液或试剂：生理盐水。
3. 仪器或用品：普通光学显微镜、血球计数板、盖玻片、擦镜纸、软布、接种环、酒精灯、毛细滴管、玻璃小漏斗、小玻璃珠、试管、脱脂棉、三角烧瓶等。

为什么本实验用上述菌株？

显微镜直接计数法适宜对能在液体中均匀分散的微生物细胞或孢子的数量进行直接计数。通常使用的血球计数板不适合使用油镜，因此本实验推荐采用个体较大的酵母菌细胞及霉菌孢子作为实验材料，以保证实验的观察效果，使学生能较快地掌握显微计数的原理和具体操作技术。

四、操作步骤

安 全 警 示

使用酒精灯时注意不要被火焰灼伤或烧到衣物；取放过微生物培养物的接种环在放回实验台前应记得再次在火焰上灼烧灭菌，以免造成实验台污染。

---

1. 菌悬液制备

将 5 mL 无菌生理盐水加到酿酒酵母或米曲霉培养斜面，用无菌接种环在斜面上轻轻来回刮取。将制备的悬液倒入盛有 5 mL 生理盐水和玻璃珠的三角瓶中，充分振荡使细胞（孢子）分散。米曲霉孢子液随后还应用无菌脱脂棉和玻璃漏斗过滤，去掉菌丝。上述悬液在使用前可根据需要适当稀释。

注意：用接种环在培养斜面上刮取时动作要轻，不要将琼脂培养基一起刮起。

2. 检查血球计数板

在加样前，应先对血球计数板的计数室进行镜检。若有污物，可用自来水冲洗，再用 95% 的乙醇棉球轻轻擦洗，然后用吸水纸吸干或用电吹风吹干。

注意：计数板上的计数室的刻度非常精细，清洗时切勿使用刷子等硬物，也不可用酒精灯火焰上烘烤计数板。

3. 加样品

将清洁干燥的血球计数板盖上盖玻片，再用无菌的毛细滴管将摇匀的酿酒酵母菌悬液或米曲霉孢子液由盖玻片边缘滴一小滴，让菌液沿缝隙靠毛细渗透作用自动进入计数室，再用镊子轻压盖玻片，以免因菌液过多将盖玻片顶起而改变了计数室的容积。加样后静止 5 min，使细胞或孢子自然沉降。

注意：取样时先要摇匀菌液；加样时计数室不可有气泡产生。

4. 显微镜计数

将加有样品的血球计数板置于显微镜载物台上，先用低倍镜找到计数室所在位置，然后换成高倍镜进行计数。若发现菌液太浓或太稀，需重新调节稀释度后再计数。一般样品稀释度要求每小格内有5～10个菌体细胞或孢子为宜。每个计数室选5个中格（可选4个角和中央的一个中格）中的菌体进行计数。位于格线上的菌体一般只数上方和右边线上的。如遇酵母出芽，芽体大小达到母细胞的一半时，即作为两个菌体计数。计数一个样品要从两个计数室中计得的平均数值来计算样品的含菌量。

5. 清洗

使用完毕后，将血球计数板及盖玻片按前面介绍的程序进行清洗、干燥，放回盒中，以备下次使用。

本实验成功的关键

（1）活细胞是透明的，因此在进行显微计数或悬滴法观察时均应当减低视野亮度，以增大反差。

（2）进行显微镜计数时应先在低倍镜下寻找大方格的位置，找到计数室后将其移至视野中央，再换高倍镜观察和计数。

五、实验报告

1. 结果

将显微计数的结果记录于表VII-1中，A表示五个中方格中总菌数；B表示菌液稀释倍数

表VII-1　显微计数结果记录表

		各中格菌数					A	B	二室平均值	菌（孢子）数/mL
		1	2	3	4	5				
酿酒酵母	第一室									
	第二室									
米曲霉	第一室									
	第二室									

2. 思考题

结合你的实验体会，总结哪些因素会造成血球计数板的计数误差，应如何避免？

（陈向东）

实验 23　平板计数法

一、目的要求

学习平板计数的基本原理和方法。

二、基本原理

平板计数法是将待测样品经适当稀释使微生物菌体充分分散成单个细胞，取一定量的菌稀释液涂布在平板上；经适宜条件下培养，平板上出现由细胞生长繁殖形成肉眼可见的菌落。基于一个单菌落代表原样品中的一个单细胞的原则统计菌落数，根据其稀释倍数和取样量即可换算出样品中的细胞的密度（菌数 /mL）。但是，由于待测样品往往不易完全分散成单个细胞，平板上形成的一个单菌落有可能来自样品中 2 个或 2 个以上的细胞，因此平板计数的结果往往低于待测样品中实际活菌数。为了清楚地表明平板计数的结果，使用菌落形成单位（colony forming unit，CFU）概念，而不以绝对菌落数来表示样品的活菌含量。

平板计数法主要有倒平板计数法和平板稀释涂布法，后者使用广泛。此方法操作较烦琐，易受多种因素的影响，其结果尚需培养一定时间后才能获得。由于平板计数法可以获得待测样品中实际活菌数量，平板稀释涂布法操作相对简单些，因而一直被广泛用于生物制品检验（如活菌制剂）、食品、饮料和水体（包括水源水）等方面含菌指数或污染程度的检测。

本实验选用平板稀释涂布法进行微生物学实验教学。

三、器材

1. 菌种

大肠杆菌（*Escherichia coli*）菌悬液

2. 培养基

牛肉膏蛋白胨琼脂培养基

3. 仪器或其他用具

1 mL 无菌移液管、无菌平皿、盛有 4.5 mL 无菌水的试管、试管架和恒温培养箱等。

四、操作步骤

1. 标记

取无菌平皿 9 套，分别用记号笔标明 10^{-4}、10^{-5} 和 10^{-6}（稀释度）各 3 套；另取 6 支盛有 4.5 mL 无菌水的试管，依次标记 10^{-1}、10^{-2}、10^{-3}、10^{-4}、10^{-5} 和 10^{-6}。

2. 倒平板

先将融化后冷却至 45℃左右的牛肉膏蛋白胨琼脂培养基倒入无菌培养皿中（约 15 mL/ 皿），立即摇匀，小心平放在实验台平面处；待培养基凝固后将平板倒置于实验室台面上，用待用。

3. 稀释

用 1 mL 无菌移液管吸取 1 mL 已充分混匀的大肠杆菌菌液（待测样品），精确地放 0.5 mL 至

10^{-1} 的试管中，此为 10 倍稀释；多余的菌液放回原菌液中。

将 10^{-1} 稀释管置试管振荡器上振荡，使菌液充分混匀；或另取一支 1 mL 无菌移液管插入 10^{-1} 试管中来回吹吸菌悬液 1～3 次，进一步将菌体分散，使其分布混匀。

吹吸菌液时不要太猛太快，吸时移液管伸入管底，吹时离开液面，以免将移液管中的过滤棉花浸湿或使试管内液体外溢。

用此移液管吸取 10^{-1} 菌液 1 mL，精确地放 0.5 mL 至 10^{-2} 试管中，即为 100 倍稀释；依次类推稀释至 10^{-6}，操作过程如图Ⅵ–4 所示。放菌液时移液管尖端不要碰到液面，否则影响计数的准确性。此外，每一支移液管只能接触一个稀释度的菌悬液，否则稀释不精确，导致结果误差较大。

4. 取样

用 3 支 1 mL 无菌移液管分别吸取 10^{-4}、10^{-5} 和 10^{-6} 的稀释菌悬液各 1 mL，对号放入相应的平板中央处，每个平皿放 0.1 mL 或 0.2 mL。

5. 涂布与培养

用无菌玻璃涂棒按图Ⅵ–5 所示在培养基表面轻轻地涂布均匀。其方法是将菌液先沿一条直线轻轻地来回推动，使之分布均匀；然后改变方向 90° 沿另一垂直线来回推动，平板内边缘处可改变方向用涂棒再涂布几次，室温下静置 5～10 min。将涂布有菌液的平板倒置于 37℃温室中培养 1～2 d。

6. 计数

培养 48 h 后取出平板，统计并计算出同一稀释度 3 个平板上的菌落平均数，再按下列公式进行计算出每毫升中菌落形成单位：

$$CFU = 同一稀释度三次重复的平均菌落数 \times 稀释倍数 \times 10$$

（如果放入菌液为 0.2 mL，则按平均菌落数 × 稀释倍数 ×5 计算）

选择平板上长有 30～300 个菌落的稀释度计算每毫升的含菌量较为合适。同一稀释度的 3 个重复对照的菌落数不应相差很大，否则表示试验不精确；同一稀释度重复 3 个平板上菌落数应相近；这样的统计数据方为可信。

平板计数法所选择的稀释度很重要。一般以 3 个连续稀释度中第 2 个稀释度在平板上所出现的平均菌落数在 50 个左右为宜，否则要调整涂布稀释度。

倾注倒平板与涂布平板方法操作基本相同，所不同的是后者先倒平板，再将菌液涂布在平板上；而前者是先将菌液放在平皿中央处，再倒入融化的培养基与菌液混合均匀。

涂布平板用的菌悬液量一般以 0.1 mL 为宜。如果菌液过少，不易涂布开；过多则在涂布完后或在培养时菌液仍会在平板表面流动，不易形成单菌落。

五、实验报告

1. 结果

将培养后菌落计数结果填入表Ⅶ–2。

表Ⅶ-2 平板计数结果记录

稀释度	10^{-4}				10^{-5}				10^{-6}			
平板编号	1	2	3	平均	1	2	3	平均	1	2	3	平均
菌落数												
CFU/mL												

2. 思考题

（1）为什么融化后的培养基要冷却至45℃左右才能倒平板？你如何判断倒入平皿的固体培养基已凝固，可以使用？

（2）要使平板计数准确，需要掌握哪几个关键？为什么？

（3）试比较平板计数法和显微镜下直接计数法的优缺点及应用。

（4）当平板上长出的菌落不是均匀分散，而是集中在一起，你认为问题出在哪里？

（方呈祥）

实验 24　光电比浊计数法

一、目的要求

1. 了解光电比浊计数法的原理
2. 学习与掌握光电比浊计数法的操作方法。

二、基本原理

当光线通过微生物菌悬液时由于菌体的散射与吸收作用使光线的透过量降低。在一定的范围内，微生物细胞浓度与透光度成反比，与光密度成正比；而光密度或透光度可以由光电池精确测出（图Ⅶ-2）。因此，可用一系列已知菌数的菌悬液测定光密度，做出光密度-菌数标准曲线。然后以样品液所测得的光密度，从标准曲线中查出对应的菌数。制作标准曲线时菌体计数可采用血球计数板计数、平板计数（见实验22、实验23）或细胞干重测定等方法。

本实验用分光光度计进行光电比浊，测定不同培养时间细菌悬浮液的OD值，也可以直接用试管（图Ⅶ-3）或带有测定管的三角烧瓶（Nephlo培养瓶，图Ⅶ-4）。测定"klett units"值的光度计，只要接种一支试管或一个带测定管的三角烧瓶进行测定。

光电比浊计数法的优点是简便与快速，可以连续测定，适合于自动控制。但是由于光密度或透光度除了受菌体浓度影响之外还受细胞大小、形态、培养液成分以及所采用的光波长等因素的影响。光电比浊计数光波的选择通常在400~700 nm之间，具体用于测定某种微生物细胞浓度时还需要经过最大吸收波长及其稳定性试验来确定。另外，对于颜色太深的样品或在样品中还含有其他干扰物质的悬浮液不适合用此法进行测定。

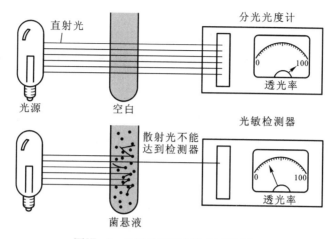

图VII-2　比浊法测定细胞密度的原理

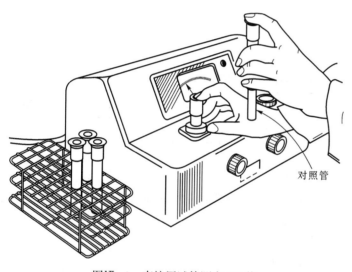

图VII-3　直接用试管测定 OD 值

图VII-4　带侧臂管的三角烧瓶

三、器材

1. 菌种

酿酒酵母培养液

2. 仪器或其他用具

721 型分光光度计、血球计数板、显微镜、试管、吸水纸、无菌移液管和无菌生理盐水等。

四、操作步骤

1. 标准曲线制作

（1）编号

取无菌试管 7 支，分别用记号笔将试管编号为 1、2、3、4、5、6 和 7。

（2）调整菌液浓度

用血球计数板计数已培养 24 h 的酿酒酵母菌悬液，并用无菌生理盐水分别稀释调整为每毫升含菌数为 1×10^6、2×10^6、4×10^6、6×10^6、8×10^6、10×10^6 和 12×10^6 菌悬浮液，然后分别装入已编号的 1 至 7 号无菌试管中。

（3）测 OD 值

将 1 至 7 号不同浓度的菌悬液摇均匀后于 560 nm 波长、1 cm 比色皿中测定 OD 值。比色测定时用无菌生理盐水作空白对照，并将 OD 值填入表Ⅶ–3。每管菌悬液在测定 OD 值时均须先摇匀后再倒入比色皿中测定。

2. 样品测定

将待测样品用无菌生理盐水进行适当稀释，摇均匀后用波长 560 nm、1 cm 的比色皿测定光密度，用无菌生理盐水作空白对照。

五、实验报告

1. 结果

（1）将测定的 OD_{560} 值填入表Ⅶ–3：

表Ⅶ–3　菌液 OD 值测定结果

培养时间 /h	对照	0	1.5	3	4	6	8	10	12	14	16	20
光密度值 OD_{560}												

（2）计算原培养液中每毫升菌数。

每毫升样品原液菌数 = 从标准曲线查得每毫升的菌数 × 稀释倍数

2. 思考题

（1）光电比浊计数的原理是什么？这种计数法有何优缺点？

（2）光电比浊计数在生产实践中有何应用价值？

（3）本实验为什么采用波长 560 nm 测定酵母菌悬液的光密度？如果实验中需要测定大肠杆菌生长的 OD 值，你将如何选择波长？

（方呈祥）

实验 25　大肠杆菌生长曲线的制作

一、目的要求

1. 通过细菌数量的测量了解大肠杆菌的生长特征与规律，绘制生长曲线。

2. 掌握光电比浊法测量细菌数量的方法。

二、基本原理

在合适的条件下，一定时期的大肠杆菌细胞每 20 min 分裂一次。将一定量的细菌转入新鲜培养液中，在适宜的培养条件下细胞要经历延迟期、对数期、稳定期和衰亡期 4 个阶段。以培养时间为横坐标，以细菌数量的对数或生长速率为纵坐标所绘制的曲线称为该细菌的生长曲线。不同的细菌在相同的培养条件下其生长曲线不同，同样的细菌在不同的培养条件下所绘制的生长曲线也不相同。测定细菌的生长曲线，了解其生长繁殖的规律，对于人们根据不同的需要，有效地利用和控制细菌的生长具有重要意义。

如前所述，测定微生物细胞数量的方法有几种（见实验 22 ~ 24）。本实验选用光电比浊法制作细菌的生长曲线是因为该方法操作简便、可重复性以及准确性等特点。近些年来，不断出现细胞密度实时检测系统而替代人工培养、测定与计算等操作。但由于这类仪器价格昂贵，所以普通实验室仍然是通过人工过程完成微生物生长曲线的制作。

光电比浊法的原理及其操作步骤详见实验 24。微生物生长曲线的制作首先是要了解待测菌株的生长特性，选择其生长过程中合适的时间点取样进行检测；另一方面要根据微生物种类的差异而选用不同的测定波长。光电比浊法适用于单细胞的原核生物、藻类和酵母菌，而形成菌丝的放线菌和丝状真菌则可应用细胞干重等方法制作相应的生长曲线。

三、实验器材

1. 菌种

大肠杆菌（*Escherichia coli*）菌悬液。

2. 培养基

LB 液体培养基 70 mL，分装 2 支大试管（5 mL/ 支），剩余装入三角烧瓶中。

3. 仪器和其他用品

722 型分光光度计，水浴振荡摇床，无菌试管和无菌吸管等。

本实验为什么采用上述菌株？

大肠杆菌是生物学实验广泛使用的菌种，其生长繁殖快，易培养；而且在其生长周期过程中个体形态较为稳定。同时，不同的大肠杆菌菌株已有标准的生长曲线，这样可以检验学生测定数据的可靠性。

四、操作步骤

1. 标记

取 11 支无菌试管，用记号笔分别标明培养时间，即 0、1.5、3、4、6、8、10、12、14、16 和 20 h。

2. 接种与培养

根据培养的方式将测定的培养物分为两种，即分开培养与统一培养。前者是将待测培养物分管接种与培养，按时将培养管取出样品测定，这种操作方便，避免污染；后者则是先将待测菌液培养在同一容器中，再分别按时取出培养物进行测定，其好处是避免在不同的试管中细菌生长速率不一而产生的误差。

（1）分开培养

分别用 5 mL 无菌移液管准确吸取 3.0 mL 大肠杆菌过夜培养液（培养 10~12 h）转入盛有 57 mL（5.0%，*V/V*）LB 液的三角烧瓶内，混合均匀后分别取 5 mL 混合液放入上述标记的 11 支无菌试管中。

将已接种的试管置摇床 37℃振荡培养（振荡频率 250 r/min），分别培养 0、1.5、3、4、6、8、10、12、14、16 和 20 h，将标有相应时间的培养管取出，立即放入冰箱内贮存，最后一同比浊测定其光密度值。

（2）统一培养

用 5 mL 无菌移液管准确吸取 5.0 mL 大肠杆菌过夜培养液（培养 10~12 h）转入盛有 95 mL（5.0%，*V/V*）LB 液的 250 mL 三角烧瓶内，混合均匀后置摇床 37℃振荡培养（振荡频率 250 r/min），分别在培养 0、1.5、3、4、6、8、10、12、14、16 和 20 h 时严格按无菌操作取样 0.5 mL 放入无菌小试管中，样品立即置冰箱内贮存，最后统一测定。取样后将三角烧瓶马上放回摇床，继续振荡培养，为后续取样用。

3. 比浊测定

用未接种的 LB 液体培养基作空白对照，选用 600 nm 波长进行光电比浊测定。从最早取出的培养液开始依次测定，对细胞密度大的培养液用 LB 液体培养基进行适当稀释后再测定，使其光密度值在 0.1~0.65 之内。

操作步骤 2~3 也可使用以下简便方法代替：

（1）用 1 mL 无菌移液管吸取 0.25 mL 大肠杆菌过夜培养液转入盛有 5 mL LB 液的试管，混匀后将试管直接插入分光光度计的比色槽中，比色槽上方用自制的暗盒将试管与比色暗室全部罩上，形成一个大的暗环境；另以一支盛有 LB 液但没有接种的试管调零点，测定样品中培养 0 小时的 OD 值。测定完毕后取出试管置 37℃继续振荡培养。

（2）分别在培养 1.5、3、4、6、8、10、12、14、16 和 20 h 时取出培养物样品后迅速按上述方法测定 OD 值。

此方法准确度高，操作简便。但须注意的是使用的 2 支试管要很干净，其透光程度愈接近，测定值的准确度愈高。

分别取样统一测定和分别取样及时测定两种方式各有利弊，可根据各实验室的实际情况而定。

本实验成功的关键

（1）比色杯或比色管要洁净；测定 OD 值前将待测定的培养液振荡，使细胞分布均匀。

（2）采用光电比浊法进行微生物细胞数量测定需将分光光度计指针调"0"。调零使用的溶液应与待测菌液的溶液一致。否则，获得的数据会出现误差。

五、实验报告

1. 结果

（1）将测定的光密度值 OD_{600} 填入表VII-4：

表VII-4　细菌培养液 OD 值测定结果

培养时间 /h	对照	0	1.5	3	4	6	8	10	12	14	16	20
光密度值 OD_{600}												

（2）绘制大肠杆菌的生长曲线：见图VII-5。

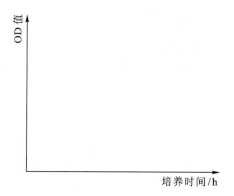

图VII-5　绘制生长曲线

2. 思考题

（1）如果用活菌计数法制作生长曲线，你认为与光电比浊法相比会有什么不同？两者各有什么优缺点？

（2）本实验中的分开培养与统一培养各有什么利弊？用光电比色法测定 OD 值时如何选择其波长？为什么要用未接种的 LB 液体培养基作空白对照？

（3）细菌生活周期中所经历的四个时期中哪个时期的代时最短？若细胞密度为 10^3 CFU/mL，培养 5 h 后其密度高达 2×10^8 CFU/mL，计算出其代时。

（4）微生物次生代谢产物的大量积累在哪个时期？根据细菌生长繁殖的规律，采用哪些措施可使次生代谢产物积累更多？

（方呈祥）

实验 26　$TCID_{50}$ 病毒定量法

一、目的要求

1. 了解 $TCID_{50}$ 测定法用于病毒定量的基本原理。

2. 初步掌握病毒定量的 $TCID_{50}$ 测定法。

二、基本原理

病毒感染性定量测定是病毒学研究中最常用的方法之一。通常采用测定实验动物的半数致死量（50% lethel dose，LD_{50}）和测定细胞培养物的半数组织（细胞）培养物感染量（50% tissue culture infectious dose，$TCID_{50}$）等方法对病毒进行定量。用细胞培养物测定病毒感染量的 $TCID_{50}$ 法较实验动物的 LD_{50} 法简便、经济，且易控制实验条件，加之细胞系的同质性高，敏感性比较一致，没有个体间的遗传差异。所以本实验介绍 $TCID_{50}$ 的测定方法。

溶细胞性病毒的感染量（毒力）与其致细胞病变的能力直接相关，固可用不同含量的病毒液接种敏感的宿主细胞培养物测定病毒的感染量。实验中病毒的感染量以其致细胞病变效应（cytopathic effect，CPE）的程度确定，即观察病毒致细胞病变的最高和最低量，以半数细胞病变为病毒感染剂量。然而，实验中所能观察到的是不同稀释病毒致细胞病变的定性结果，需要将结果统计处理，用 Reed-Muench 公式计算，才能获得病毒 $TCID_{50}$ 的定量（滴度或效价）结果。

为了便于理解，以一病毒致细胞病变的观察结果，介绍 Reed-Muench 公式的计算方法。

首先获得表表Ⅶ-5 的观察结果：

从表中可见，该病毒的 $TCID_{50}$ 在 10^{-3} 和 10^{-4} 稀释度之间。

表Ⅶ-5　病毒 CPE 观察结果

病毒稀释度	每一病毒稀释度的细胞孔数（重复 8 孔）		累计细胞孔数		细胞孔总数	出现 CPE 孔占总细胞孔 /%
	出现 CPE 的孔数	不出现 CPE 的孔数	出现 CPE 的孔数	不出现 CPE 的孔数		
10^{-1}	8	0	27	0	27	100（27/27）
10^{-2}	8	0	19	0	19	100（19/19）
10^{-3}	7	1	11	1	12	91.6（11/12）
10^{-4}	3	5	4	6	10	40（4/10）
10^{-5}	1	7	1	13	14	0.7（1/14）
10^{-6}	0	8	0	21	21	0（0/21）

根据 Reed-Muench 公式 "$TCID_{50}$ = 高于 50% CPE 百分率病毒稀释度的对数 + 比距 × 稀释因子的对数"（1）式中，比距 = $\dfrac{\text{高于 50\% CPE 百分率} - 50}{\text{高于 50\% CPE 百分率} - \text{低于 50\% CPE 百分率}}$（2），将表Ⅶ-5 中的数值代入（2）式中，则比距 = $\dfrac{91.6-50}{91.6-40}$ = 0.8。再将比距值代入（1）式中，$\lg 10^{-3} + 0.8 \times \lg 10^{-1}$ = -3.8，则 $\lg TCID_{50}$ = -3.8，即 $TCID_{50} = 10^{-3.8}$。查反对数得 6310，即该病毒 6310 倍稀释液 0.1 mL 等于 1 个 $TCID_{50}$。

三、实验器材

1. 病毒及宿主

甲型流感病毒（influenza virus A），传代犬肾细胞系 MDCK（canisfamiliaris）。

2. 培养基

DMEM 细胞培养液（含 10% 小牛血清，100 µg/mL 的青霉素、链霉素）。

3. 溶液或试剂

2.5 g/L 胰酶液，0.1 mol/L 的磷酸缓冲液（PBS，pH 7.2）。

4. 仪器或其他用具

96 孔细胞培养板，10 ~ 200 µL 可调式加样器，无菌小试管，血细胞计数器，倒置显微镜，普通显微镜，CO_2 培养箱。

四、操作步骤

安 全 警 示

（1）甲型流感病毒能引起人感染或污染环境，操作需在生物安全柜中进行，严格无菌操作，并防止病毒液体外溢。

（2）实验结束后，相关用具、台面和病毒废液要严格消毒灭菌。

（3）操作者需用消毒液洗手后方可离开实验室。

---

1. MDCK 细胞培养

常规复苏液氮冻存的 MDCK 细胞，接种于 T-25 细胞培养瓶中，加入 7 ~ 10 mL DMEM 培养液，充分混匀，置 37℃培养 2 ~ 3 d，待细胞形成致密单层备用。

2. 细胞悬液制备

取 MDCK 单层细胞一瓶，弃上清液，加 2.5 g/L 胰酶 1 mL，37℃消化 2 ~ 5 min，待细胞完全脱壁后加入 3 mL DMEM 培养液，充分分散细胞。取样显微计数，调整细胞浓度为（2 ~ 5）× 10^5/mL。

胰酶消化时间不宜过长，否则对细胞造成损伤。初学者可将细胞培养瓶置显微镜下观察，细胞变圆脱壁即可。

3. 细胞接种

取 96 孔塑料细胞培养板一块，用加样器分别向每孔加入细胞悬浮液 100 µL。

4. 细胞培养增殖

细胞培养板置 37℃，5% CO_2 培养箱中培养 24 h，细胞快速生长，形成 70% 左右的单层可用于病毒接种。

5. 病毒稀释

将病毒液在 5 mL 无菌试管内作连续 10 倍稀释，即用 1 mL 吸管吸取 0.2 mL 病毒液，加到装有 1.8 mL PBS 的第 1 支小试管内（10^{-1}），充分混匀后，更换吸管，吸取 0.2 mL 加入第 2 管内，连续如此操作继续第 3 支稀释，如此类推，稀释到第 6 管（10^{-6}）。

病毒液中务必滴加少量胰酶液（2.5 μg/mL），增强病毒的感染吸附能力。

6. 病毒感染

从 CO_2 培养箱中取出 96 孔细胞板，弃上清液，用 PBS 洗 2 次，于每孔加入不同稀释度的病毒 100 μL，每稀释度重复 8 孔。对照组以 100 μL PBS 代替病毒液。96 孔细胞板置 CO_2 培养箱中病毒吸附 30 min，弃病毒液，然后每孔加新鲜的 DMEM 培养液 100 μL，置 CO_2 培养箱中继续培养。

7. 观察

逐日用倒置显微镜观察细胞病变情况，至少观察一周。

本实验成功的关键

（1）选择病毒敏感的宿主细胞，了解 CPE 形成的形态特征。

（2）病毒液稀释要准确，且一定要出现病毒感染的最小剂量孔。

（3）稀释病毒加入宿主细胞中要有足够的吸附时间（30～60 min）。

五、实验报告

1. 结果

（1）观察并记录致细胞病变（CPE）的结果于表Ⅶ-6 中：

表Ⅶ-6　致细胞病变（CPE）的结果

病毒稀释度	每一病毒稀释度的细胞孔数（重复 8 孔）		累计细胞孔数		细胞孔总数	出现 CPE 孔占总细胞孔/%
	出现 CPE 的孔数	不出现 CPE 的孔数	出现 CPE 孔数	不出现 CPE 的孔数		
10^{-1}						
10^{-2}						
10^{-3}						
10^{-4}						
10^{-5}						
10^{-6}						

（2）用 Reed–Muench 公式计算 A 型流感病毒的 $TCID_{50}$ 效价。

2. 思考题

（1）噬菌体效价测定和动物病毒 $TCID_{50}$ 测定的原理是否相同，为什么？

（2）$TCID_{50}$ 是动物病毒定量测定的常用方法，它是否适用于任何一种动物病毒，为什么？

（郑从义）

实验 27　噬菌体的效价测定

一、目的要求

学习并掌握噬菌体效价测定的技术。

二、基本原理

噬菌体的效价就是 1 mL 样品中所含噬菌体颗粒的总数。效价测定的方法一般应用双层软琼脂平板法，在含有特定宿主细胞的软琼脂平板上形成噬菌斑，能方便地进行噬菌体计数。因此，亦将用于观察噬菌斑或测定效价用的宿主菌称之为指示菌（indicator strain）；感染时噬菌体与宿主细胞的数量比值称之为感染复数（multiplicity of infection，MOI），即平均每个细胞感染噬菌体的数量。从噬菌体感宿主细胞到最后形成噬菌斑整个过程中涉及的因素较多，噬菌斑计数方法与其实际效率难以达到 100%。如同平板计数一样，在分离过程中平板上形成的一个噬菌斑不一定就只是一个噬菌体感染宿主细胞后产生的结果。所以样品中细菌病毒的浓度（效价或滴度）一般不用病毒颗粒的绝对数量表示，而是用噬斑形成单位或噬菌斑形成单位（plague forming unit，简写为 PFU）。

三、实验器材

1. 菌种

大肠杆菌（*Escherichia coli*）

大肠杆菌噬菌体（10^{-2} 稀释液）

2. 培养基

0.9 mL 液体培养基的小试管 4 支；上层琼脂培养基（琼脂粉约为 5 g/L，试管分装，每管 4 mL）5 管；底层琼脂平板（含培养基 10 mL，琼脂 15～20 g/L）5 个。

3. 仪器或其他用具

无菌小试管 5 支、无菌 1 mL 吸管 10 支和 48℃水浴箱等。

四、操作步骤

（1）噬菌体液的稀释

① 将 4 管含 0.9 mL 液体培养基的试管分别标明 10^{-3}，10^{-4}，10^{-5} 和 10^{-6} 字样。

② 用 1 mL 无菌吸管吸 0.5 mL 10^{-2} 大肠杆菌噬菌体液，放出 0.1 mL 于 10^{-3} 的试管中，混合均匀。

③ 用另一支无菌吸管从 10^{-3} 管中吸 0.5 mL，放出 0.1 mL 加入 10^{-4} 管中，混匀；余此类推，稀释至 10^{-6} 管（见图Ⅶ–6）。

（2）噬菌体与菌液混合

① 将 12 支无菌空试管分别标记为 10^{-4}、10^{-5}、10^{-6} 和对照各 3 支。

② 用无菌吸管分别取 10^{-4}、10^{-5}、10^{-6} 3 种噬菌体稀释液各 0.1 mL 分别加入相应标记的无菌空试管内（每种稀释液各 3 支同样管）（图Ⅶ–6），再加入 0.1 mL 大肠杆菌于其中（采用低感染复

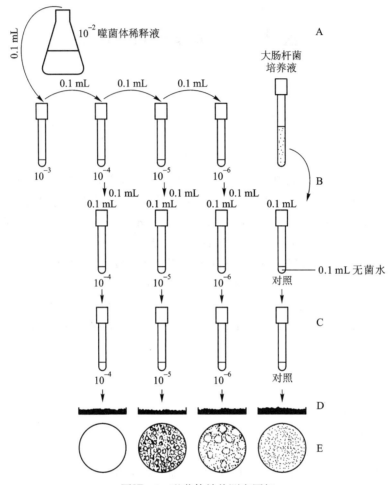

图Ⅶ-6 噬菌体效价测定图解

A. 噬菌体 B. 加入大肠杆菌和噬菌体 C. 将混合液加入融化的上层培养基内
D. 将已接种的上层培养基倒入底层平板，37℃培养 E. 观察并计数噬菌斑

数），对照管中只加入 0.1 mL 菌液和 0.1 mL 无菌水，轻轻混合。

（3）混合液与上层培养基混合

① 将上层培养基融化，分别标记 10^{-3}、10^{-4}、10^{-5}、10^{-6} 和对照字样各 3 支，使其冷却至 55℃，并放入 55℃水浴锅内保温。

② 根据标号分别将混合管和对照管加入上层培养基，立即旋摇混匀，再快速将试管中所有的培养基和菌液对号倒在含底层培养基的平板上，放在台面上摇匀，使上层培养基铺满平板。

③ 凝固后，置 37℃培养 24 h。

（4）统计 PFU：仔细观察平板上形成的噬菌斑，记录结果，根据下列公式计算出样品中噬菌体的效价：

$$噬菌体效价 = PFU 数 \times 稀释倍数 \times 10/mL$$

本实验成功的关键

（1）琼脂的浓度：过高或过低的琼脂含量均不能达到好的效果。

（2）噬菌体与细胞的比例：测定噬菌体效价应采用低感染复数。

（3）指示菌密度是在平板上获得清晰噬菌斑效果的重要因素之一，其细胞密度不宜过高。一般控制在 1×10^7 个细胞 /mL 为宜。

五、实验报告

1. 结果

（1）仔细观察和比较平板上出现的不同噬菌斑的形态特性。

（2）将噬菌体效价测定的结果填入表VII –7。

表VII –7　样品中噬菌体效价的测定

噬菌体液稀释度	10^{-3}	10^{-4}	10^{-5}	10^{-6}	对照
PFU（统计数 / 皿）					
PFU（平均数 / 皿）					
效价（PFU/mL）					

2. 思考题

（1）什么因素决定噬菌斑的大小？

（2）测定噬菌体的效价，操作时要注意些什么才能测定准确？

（3）如果在你的测定平板上偶尔出现其他细菌的菌落，是否影响你的噬菌体效价测定？

（4）统计 PFU：仔细观察平板上形成的噬菌斑，记录结果，根据下列公式计算出样品中噬菌体的效价：

$$噬菌体效价 = PFU 数 \times 稀释倍数 \times 10/mL$$

（方呈祥）

环境因素对微生物生长的影响

微生物的生长繁殖受外界环境因素的影响，环境条件适宜时微生物生长良好，环境条件不适宜时微生物生长受到抑制甚至死亡。物理、化学、生物及营养等不同环境因素影响微生物生长繁殖的机制不尽相同，而不同类型微生物对同一环境因素的适应能力也有差别。

实验 28　化学因素对微生物生长的影响

一、目的要求

了解常用化学消毒剂对微生物生长的影响，学习测定石炭酸系数的方法。

二、基本原理

常用化学消毒剂包括有机溶剂（酚、醇、醛等）、重金属盐、卤族元素及其化合物、染料和表面活性剂等。有机溶剂使蛋白质（酶）和核酸变性失活，破坏细胞膜；重金属盐也可使蛋白质（酶）和核酸变性失活，或与细胞代谢产物螯合使之变为无效化合物；碘与蛋白质酪氨酸残基不可逆结合而使蛋白质失活，氯在与水作用产生强氧化剂使蛋白质氧化变性；低浓度染料可抑制细菌生长，革兰氏阳性菌比革兰氏阴性菌对染料更加敏感；表面活性剂可改变细胞膜透性，也能使蛋白质变性。通常以石炭酸（即苯酚）为标准确定化学消毒剂的杀（抑）菌能力，用石炭酸系数（酚系数）表示。将某种消毒剂作系列稀释，在一定时间及条件下，该消毒剂杀死全部试验菌的最高稀释倍数与达到同样效果的石炭酸最高稀释倍数的比值被称为该消毒剂的石炭酸系数。石炭酸系数数值越大，说明该消毒剂对试验菌杀（抑）菌能力越强。

巴斯德、李斯特与外科消毒

在 19 世纪早期消毒剂发明之前，由于伤口感染使外科手术患者死亡率高达 50% ~ 80%，手术室成了殡仪馆的前厅。基于对微生物的深刻认识，巴斯德首次提出了细菌致病理论。他认为细菌存在于空气中、手术医生手上、手术器械及纱布上，很容易感染伤口，建议外科医生将手术器械消毒（灼烧）后使用，他的建议遭到法国医学会一些老医生的嘲笑。但是，却引起了英国外科医生李斯特（Barron Joseph Lister，1827—1912）的重视，李斯特将巴斯德的细菌致病理论运用于外科临床。他用石炭酸对手术器械、纱布、手术室等进行消毒和清洗伤口，成功地挽救了一名被马车压断腿的 11 岁男童，避免了严重的坏疽。消毒剂被广泛应用于医院外科手术中，外科手术患者死亡率很快下降到 15%，李斯特开启了无菌外科手术的时代，被称为"现代外科手术之父"。

三、实验器材

1. 菌种

大肠杆菌（*Escherichia coli*）和金黄色葡萄球菌（*Staphylococcus aureus*）。

本实验为什么采用上述菌株？

大肠杆菌和金黄色葡萄球菌是实验室常用菌株，常用化学消毒剂作用于这两种菌通常能获得非常好的阳性或阴性结果，它们还常被用来作为测定化学消毒剂的石炭酸系数的试验菌株。

2. 培养基

牛肉膏蛋白胨琼脂培养基，牛肉膏蛋白胨液体培养基。

3. 溶液和试剂

无菌生理盐水，无菌去离子水，2.5% 碘酒，1 g/L 升汞，50 g/L 石炭酸（即苯酚），75% 乙醇，100% 乙醇，1% 来苏尔，2.5 g/L 新洁尔灭，0.05 g/L 结晶紫，0.5 g/L 结晶紫等。

4. 仪器及其他用品

酒精灯，接种环，镊子，无菌平皿，无菌吸管，三角涂棒，试管，三角瓶，无菌滤纸片（直径 5 mm），尺等。

四、操作步骤

安 全 警 示

（1）使用酒精灯时注意安全，避免烧（灼）伤。

（2）禁止用嘴吹（吸）吸管。

（3）实验完毕后洗手。

1. 滤纸片法

① 菌液制备：无菌操作将金黄色葡萄球菌接种至装有 5 mL 牛肉膏蛋白胨液体培养基的试管中，37℃培养 18 h。

② 倒平板：将牛肉膏蛋白胨琼脂培养基融化后倒平板，注意平皿中培养基厚度均匀。

③ 涂平板：无菌操作吸取 0.2 mL 金黄色葡萄球菌菌液加入到上述平板，用无菌三角涂棒涂布均匀。

④ 标记：将上述平板皿底用记号笔划分成 4～6 等份，分别标明一种消毒剂名称。

⑤ 贴滤纸片：无菌操作，用酒精灯烧灼镊子灭菌，待镊子冷却后用镊子取无菌滤纸片分别浸入各种消毒剂润湿，在容器内壁沥去多余溶液，再将滤纸片分别贴在平板上相应位置，在平板中央贴上浸有无菌生理盐水的滤纸片作为对照（图Ⅷ-1）。

⑥ 培养、观察：将上述平板倒置于 37℃保温 24 h，观察并测量记录抑（杀）菌圈的直径（图Ⅷ-2）。

图Ⅷ-1　贴滤纸片

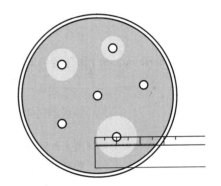

图Ⅷ-2　观察并记录抑（杀）菌圈的大小

本实验成功的关键

（1）制备平板厚度均匀，滤纸片形状大小一致，不要在培养基表面拖动滤纸片，避免消毒剂不均匀扩散。

（2）涂布平板要均匀，使细菌均匀分散。

（3）消毒剂名称标记清楚，避免混乱。

---

2. 石炭酸系数测定

① 菌液制备：无菌操作将大肠杆菌接种至装有 30 mL 牛肉膏蛋白胨液体培养基的三角烧瓶中，37℃振荡培养 18 h。

② 消毒剂稀释和分装：将石炭酸用无菌去离子水稀释配成 1/50、1/60、1/70、1/80 及 1/90 等不同浓度；将来苏尔用无菌去离子水稀释配成 1/150、1/200、1/250、1/300 及 1/500 等不同浓度。各取 5 mL 分别装入试管并做好标记。

③ 液体培养基试管准备和标记：取 30 支装有 5 mL 牛肉膏蛋白胨液体培养基的试管，将其中

15 支标明石炭酸 5 种浓度，每种浓度 3 管（分别标记 5、10 及 15 min）；另外 15 支标明来苏尔 5 种浓度，每种浓度 3 管（分别标记 5、10 及 15 min）。

④ 消毒剂处理及接种：在装有不同浓度石炭酸和来苏尔的试管中分别加入 0.5 mL 大肠杆菌菌液并摇匀，分别于 5、10 及 15 min 时用接种环无菌操作从各试管中取一环菌液，接入已标记好的相应牛肉膏蛋白胨液体培养基的试管中。

⑤ 培养和观察：将上述试管置于 37℃温室，48 h 后观察并记录细菌生长状况。

⑥ 石炭酸系数计算：找出大肠杆菌用消毒剂处理 5 min 后仍生长、而处理 10 min 和 15 min 后不生长的来苏尔和石炭酸的最大稀释倍数，计算二者比值。例如，若来苏尔和石炭酸在 10 min 内杀死大肠杆菌的最大稀释倍数分别为 250 和 70，则来苏尔的石炭酸系数为 250/70 = 3.6。

本实验成功的关键

（1）消毒剂稀释倍数要准确，消毒剂试管及液体培养基试管标记清楚。

（2）将大肠杆菌菌液充分摇匀后再吸取菌液，保证每个试管中接入的菌量一致。

五、实验报告

1. 结果

（1）将采用滤纸片法检测的各种化学消毒剂对金黄色葡萄球菌的作用效果填入表Ⅷ–1。

表Ⅷ–1 化学消毒剂对金黄色葡萄球菌的作用

消毒剂	抑（杀）菌圈直径 /mm	消毒剂	抑（杀）菌圈直径 /mm
2.5% 碘酒		1% 来苏尔	
1 g/L 升汞		2.5 g/L 新洁尔灭	
5 g/L 石炭酸		0.05 g/L 龙胆紫	
75% 乙醇		0.5 g/L 龙胆紫	
100% 乙醇			

（2）将以大肠杆菌为实验菌进行测定的来苏尔的石炭酸系数结果填入表Ⅷ–2（试管内培养液出现浑浊的以"+"表示细菌生长，培养液澄清的以"−"表示细菌不生长）。

表Ⅷ–2 来苏尔的石炭酸系数测定结果

消毒剂	稀释倍数	生长状况			石炭酸系数
		5 min	10 min	15 min	
石炭酸	50				
	60				

续表

消毒剂	稀释倍数	生长状况			石炭酸系数
		5 min	10 min	15 min	
	70				
	80				
	90				
来苏尔	150				
	200				
	250				
	300				
	500				

2. 思考题

（1）在你的实验中，浓度为75%和100%的乙醇对金黄色葡萄球菌的作用效果有无差别？医院用作消毒剂的乙醇浓度是多少？为何采用该浓度乙醇作为消毒剂？

（2）利用滤纸片法测定化学消毒剂对微生物生长的影响时，影响抑（杀）菌圈大小的因素有哪些？抑（杀）菌圈大小能否准确反映化学消毒剂抑（杀）菌能力的强弱？

（3）设计一个简单实验，证明某化学消毒剂对某试验菌是起抑菌作用还是杀菌作用。

（唐晓峰）

实验 29　紫外线对微生物生长的影响

一、目的要求

了解紫外线对微生物生长的影响。

二、基本原理

紫外线特别是短波紫外线（如 260 nm 波长的紫外线）容易被 DNA 吸收，导致 DNA 形成胸腺嘧啶二聚体，从而抑制 DNA 的复制和功能。较长波长的紫外线（近紫外线，如 325～400 nm 波长的光）能使色氨酸变为有毒的光产物，这些毒性光产物和近紫外线一起作用能导致 DNA 链的断裂。细胞具有修复 DNA 的功能，但过量的紫外照射使细胞来不及进行 DNA 修复，最终导致细胞的死亡。

紫外线穿透能力很弱，玻璃、纸片等都能阻止紫外线的穿透。紫外线一般用于对物体表面和空气的灭菌，如对无菌操作台内部、接种室等的消毒。被紫外线照射的细胞具有光修复作用，因此紫外消毒后应该避光处理。

三、实验器材

1. 菌种

大肠杆菌（*Escherichia coli*）。

2. 培养基

牛肉膏蛋白胨液体和固体培养基。

3. 仪器及其他用品

酒精灯，无菌平皿，无菌吸管，无菌三角涂棒，试管。

四、操作步骤

安 全 警 示

（1）使用酒精灯时注意安全，避免烧（灼）伤。

（2）实验完毕后洗手。

---

1. 菌液制备

无菌操作将大肠杆菌接种至装有 5 mL 牛肉膏蛋白胨液体培养基的试管中，37℃振荡培养 18 h。

2. 倒平板

将牛肉膏蛋白胨琼脂培养基融化后倒平板。培养基凝固后，取 2 套平板，用记号笔在皿底将平皿均等划分为 2 个区域。将一个平板标记为 1 min，另一个标记为 15 min。

3. 接种

无菌操作向每个平板中加入 0.2 mL 大肠杆菌菌液，用无菌三角涂棒涂布均匀。

4. 培养、观察

待菌液吸收后，将 2 个平板置于紫外灯下，距离紫外灯 30 cm，打开皿盖，用硬纸板盖住半面平板，分别照射 1 min 和 15 min。照射完成后，移去硬纸板，盖上皿盖，用黑布包裹平皿，37℃倒置培养过夜。取出平皿，观察细菌生长状况并记录。

实验 30　温度对微生物生长的影响

一、目的要求

了解温度对微生物生长的影响。

二、基本原理

温度对微生物细胞的生物大分子（蛋白质及核酸等）的稳定性、酶的活性、细胞膜的流动性和完整性等方面有重要影响，过高温度会导致蛋白质（酶）及核酸变性失活、细胞膜破坏等，而过低温度会使酶活性受抑制，细胞新陈代谢活动减弱。因此，每种微生物只能在一定温度范围内生长，都具有自己的最低、最适和最高生长温度。嗜冷微生物（psychrophiles）可在 0 ~ 20℃生长，最适生长温度约为 15℃；嗜温微生物（mesophiles）最低生长温度为 15 ~ 20℃，最高生长温度约为 45℃，最适生长温度为 20 ~ 45℃，大多数微生物都属于这一类；嗜热微生物（thermophiles）可在 45 ~ 85℃生长，通常最适生长温度为 55 ~ 65℃；极端嗜热微生物（hyperthermophiles）最适生长温度为 85 ~ 113℃，通常 55℃以下不能生长。

三、实验器材

1. 菌种

荧光假单胞菌（*Pseudomonas fluorescens*），金黄色葡萄球菌（*Staphylococcus aureus*），大肠杆菌（*Escherichia coli*），嗜热脂肪芽孢杆菌（*Bacillus stearothermophilus*）。

本实验为什么采用上述菌株？

荧光假单胞菌、金黄色葡萄球菌、大肠杆菌和嗜热脂肪芽孢杆菌的最适生长温度分别为 25 ~ 30℃、30 ~ 37℃、37℃及 60 ~ 65℃，通过检测这几种微生物在不同温度条件下的生长状况，可以了解温度对不同类型微生物生长的影响。

---

2. 培养基

牛肉膏蛋白胨琼脂培养基。

3. 仪器及其他用品

酒精灯，接种环，无菌平皿。

四、操作步骤

安 全 警 示

（1）使用酒精灯时注意安全，避免烧（灼）伤。

（2）实验完毕后洗手。

---

1. 倒平板

将牛肉膏蛋白胨琼脂培养基融化后倒平板，厚度为一般平板的 1.5 ~ 2 倍。

2. 标记

取 12 套平板，分别用记号笔在皿底划分为 4 个区域，标记上荧光假单胞菌、金黄色葡萄球菌、大肠杆菌和嗜热脂肪芽孢杆菌。

3. 接种

无菌操作用接种环分别取上述 4 种菌，在平板相应位置划线接种。

4. 培养、观察

各取 3 套平板倒置于 4℃、20℃、37℃和 60℃条件下保温 24 ~ 48 h，观察细菌生长状况并记录。

本实验成功的关键

（1）用于在高温（60℃）条件下培养微生物的平板厚度为一般平板的 1.5～2 倍，避免高温导致培养基干裂。

（2）无菌操作必须严格，避免将不同菌种混杂。

五、实验报告

1. 结果

（1）比较荧光假单胞菌、金黄色葡萄球菌、大肠杆菌和嗜热脂肪芽孢杆菌在不同温度条件下的生长状况（"－"表示不生长，"+"表示生长较差，"++"表示生长一般，"+++"表示生长良好），结果填入表VIII–3。

表VIII–3　温度对细菌生长的影响

菌名	荧光假单胞菌			金黄色葡萄球菌			大肠杆菌			嗜热脂肪芽孢杆菌		
平板	1	2	3	1	2	3	1	2	3	1	2	3
4℃												
20℃												
37℃												
60℃												

2. 思考题

（1）你认为嗜热微生物能否感染人类？为什么？

（2）请设计一个实验确定某种微生物是嗜冷微生物还是嗜温微生物。

（3）在什么地方有可能分离到嗜冷微生物或嗜热微生物？

（4）试列举几个在日常生活中人们利用温度抑制微生物生长的例子。

（唐晓峰）

实验 31　渗透压对微生物生长的影响

一、目的要求

了解渗透压对微生物生长的影响。

二、基本原理

微生物在等渗溶液中可正常生长繁殖；在高渗溶液中细胞失水，生长受到抑制；在低渗溶液中，细胞吸水膨胀，因为大多数微生物具有较为坚韧的细胞壁，细胞一般不会裂解，可以正常生长，但低渗溶液中溶质（包括营养物质）含量低，在某些情况下也会影响微生物的生长。另一方面，不同类型微生物对渗透压变化的适应能力不尽相同，大多数微生物在 5～30 g/L NaCl 条件下正常生长，在 100～150 g/L 以上 NaCl 浓度条件下生长受到抑制，但某些极端嗜盐菌可在 300 g/L 以上 NaCl 浓度条件下正常生长。

三、实验器材

1. 菌种

大肠杆菌（*Escherichia coli*），金黄色葡萄球菌（*Staphylococcus aureus*），盐沼盐杆菌（*Halobacterium salinarium*）。

本实验为什么采用上述菌株？

盐沼盐杆菌在 200～300 g/L（3.5～5.2 mol/L）NaCl 条件下生长良好，在低于 90 g/L（1.5 mol/L）NaCl 条件下细胞开始裂解，金黄色葡萄球菌可以在 150 g/L（2.5 mol/L）NaCl 条件下生长，而大肠杆菌在 5～30 g/L NaCl 条件下生长良好，因此可以通过检测这几种微生物对不同 NaCl 浓度耐受性来了解渗透压对微生物生长的影响。

---

2. 培养基

分别含 NaCl 8.5、50、100、150 及 250 g/L 的胰胰豆胨琼脂培养基。

3. 仪器及其他用品

酒精灯，接种环，无菌平皿。

四、操作步骤

安 全 警 示

（1）使用酒精灯时注意安全，避免烧（灼）伤。

（2）实验完毕后洗手。

---

1. 倒平板

将含 NaCl 8.5、50、100、150 及 250 g/L 的胰胰豆胨琼脂培养基融化后分别倒平板。

2. 标记

各取 3 套上述平板（共 15 套），分别用记号笔在皿底划分为 3 个区域，标记上盐沼盐杆菌、金黄色葡萄球菌和大肠杆菌。

3. 接种

无菌操作用接种环分别取上述 3 种菌，在平板相应位置划线接种。

4. 培养、观察

将上述平板倒置于30℃保温2～4 d，观察微生物生长状况并记录。

本实验成功的关键

（1）NaCl浓度和菌名要标记清楚，以免因平板较多造成混乱。

（2）无菌操作必须严格，避免将不同菌种混杂。

五、实验报告

1. 结果

（1）比较盐沼盐杆菌、金黄色葡萄球菌和大肠杆菌在不同NaCl浓度条件下的生长状况（"－"表示不生长，"+"表示生长较差，"++"表示生长一般，"+++"表示生长良好），结果填入表VIII –4。

表VIII –4　不同浓度 NaCl 对微生物生长的影响

NaCl 质量浓度（g·L^{-1}）	8.5			50			100			150			250		
平板	1	2	3	1	2	3	1	2	3	1	2	3	1	2	3
盐沼盐杆菌															
金黄色葡萄球菌															
大肠杆菌															

2. 思考题

（1）根据你的实验结果，盐沼盐杆菌生长的NaCl浓度范围如何？为什么该菌能在较高NaCl浓度条件下生长？

（2）为什么一般微生物在低渗溶液中可以生长（或存活），而盐沼盐杆菌在NaCl浓度低于1.5 mol/L时细胞开始发生裂解？

（3）试列举几个在日常生活中人们利用渗透压抑制微生物生长的例子。

（唐晓峰）

实验 32　pH 对微生物生长的影响

一、目的要求

了解pH对微生物生长的影响。

二、基本原理

pH过高或过低会使蛋白质、核酸等生物大分子所带电荷发生变化，影响其生物活性，甚至导致蛋白质等变性失活，还可以引起细胞膜电荷变化，影响细胞对营养物质的吸收，同时还改变环境中营养物质的可给性及有害物质的毒性。因此，微生物都只能在一定的 pH 范围内生长。嗜酸微生物（acidophiles）、嗜中性微生物（neutrophiles）和嗜碱微生物（alkalophiles）的最适生长 pH 分别为 0.0 ~ 5.5、5.5 ~ 8.0 和 8.5 ~ 11.5。一般细菌和放线菌最适生长 pH 为 6.5 ~ 7.5，霉菌和酵母最适生长 pH 一般为 4 ~ 6。

三、实验器材

1. 菌种

大肠杆菌（*Escherichia coli*），酿酒酵母（*Saccharomyces cerevisiae*），粪产碱杆菌（*Alcaligenes faecalis*）。

本实验为什么采用上述菌株？

酿酒酵母、大肠杆菌和粪产碱杆菌的最适生长 pH 分别为 5.6、6.0 ~ 7.0 和 7.0，它们可被用来检测 pH 对不同微生物生长的影响。

---

2. 培养基

胰胨豆胨液体培养基（用 1 mol/L NaOH 或 1 mol/L HCl，将 pH 分别调至 3、5、7 和 9）。

3. 溶液和试剂

无菌生理盐水。

4. 仪器及其他用品

酒精灯，接种环，无菌吸管，试管，1 cm 比色杯，722 型分光光度计。

四、操作步骤

安 全 警 示

（1）使用酒精灯时注意安全，避免烧（灼）伤。

（2）禁止用嘴吹（吸）吸管。

（3）实验完毕后洗手。

---

1. 菌悬液制备

无菌操作吸取适量无菌生理盐水分别加入到酿酒酵母、大肠杆菌和粪产碱杆菌新鲜斜面培养物试管中制成均匀菌悬液，用无菌生理盐水调整菌悬液 OD_{600} 值均为 0.05。

2. 接种

无菌操作吸取 0.1 mL 上述 3 种菌悬液，分别接种至装有 5 mL pH 为 3、5、7 和 9 的胰胨豆胨液体培养基试管中。

3. 培养

将接种有大肠杆菌和粪产碱杆菌的试管置于 37℃ 振荡培养 24~48 h，将接种有酿酒酵母的试管置于 28℃ 振荡培养 48~72 h。

4. 培养物菌浓度测定

将上述试管取出，以未接种菌的胰胨豆胨液体培养基为对照，利用 722 型分光光度计测定培养物的 OD_{600} 值。

本实验成功的关键

（1）pH 和菌名要标记清楚，以免因试管较多造成混乱。

（2）吸取菌液接种时要将菌悬液吹打均匀，保证每个试管中接种量一致。

（3）必须将培养后菌悬液完全混匀后再测定 OD_{600} 值。

（4）无菌操作必须严格，避免将不同菌种混杂。

五、实验报告

1. 结果

将酿酒酵母、大肠杆菌和粪产碱杆菌在不同 pH 条件下生长后测定的培养物 OD_{600} 值填入表Ⅷ–5。

表Ⅷ–5　pH 对微生物生长的影响

菌名	OD_{600}			
	pH = 3	pH = 5	pH = 7	pH = 9
酿酒酵母				
大肠杆菌				
粪产碱杆菌				

2. 思考题

（1）试列举几个在日常生活中人们利用 pH 抑制微生物生长的例子。

（2）为什么在培养微生物的时候需要在培养基中加入缓冲剂？试列举几种常用缓冲系统。

（唐晓峰）

实验 33　生物因素（抗生素）对微生物生长的影响

一、目的要求

了解抗生素对微生物生长的影响，学习抗菌谱试验的基本方法。

二、基本原理

在自然界中普遍存在微生物间的拮抗现象，许多微生物可以产生抗生素，能选择性地抑制或杀死其他微生物。不同抗生素的抗菌谱是不同的，例如青霉素和多粘菌素分别作用于革兰氏阳性菌和革兰氏阴性菌，属于窄谱抗生素；四环素和氯霉素对许多革兰氏阳性菌和革兰氏阴性菌都有作用，属于广谱抗生素。了解某种抗生素的抗菌谱在临床治疗上有重要意义，利用滤纸条法可初步测定抗生素的抗菌谱。当滤纸条上的抗生素溶液在琼脂平板上向四周扩散后可形成抗生素浓度由高到低的梯度，将不同试验菌与滤纸条垂直划线接种、培养后，根据抑菌带的长短可判断该抗生素对不同试验菌生长的影响程度，初步确定其抗菌谱。

三、实验器材

1. 菌种

大肠杆菌（*Escherichia coli*），金黄色葡萄球菌（*Staphylococcus aureus*），枯草芽孢杆菌（*Bacillus subtilis*）。

本实验为什么采用上述菌株？

分析某种抗生素的抗菌谱常选用有代表性的非致病菌（或条件致病菌）代替对人类和动物有较大危害性的致病菌，金黄色葡萄球菌、枯草芽孢杆菌和大肠杆菌是用于抗生素筛选的常用试验菌株，分别代表革兰氏阳性球菌、革兰氏阳性杆菌和革兰氏阴性肠道菌这3种类型的微生物。

---

2. 培养基
牛肉膏蛋白胨琼脂培养基。

3. 溶液和试剂
青霉素溶液（80万单位/mL），氨苄青霉素溶液（80万单位/mL）。

4. 仪器及其他用品
酒精灯，接种环，镊子，无菌平皿，无菌滤纸条。

四、操作步骤

安 全 警 示

（1）使用酒精灯时注意安全，避免烧（灼）伤。

（2）实验完毕后洗手。

---

1. 倒平板
将牛肉膏蛋白胨琼脂培养基融化后倒平板，注意平皿中培养基厚度均匀。

2. 贴滤纸条

无菌操作，用镊子取无菌滤纸条分别浸入青霉素溶液和氨苄青霉素溶液润湿，在容器内壁沥去多余溶液，再将滤纸条分别贴在两个平板上（图Ⅷ-3）。

3. 接种

无菌操作，用接种环分别取金黄色葡萄球菌、枯草芽孢杆菌和大肠杆菌，从滤纸条边缘分别垂直向外划线接种（图Ⅷ-3），在皿底标记菌名。

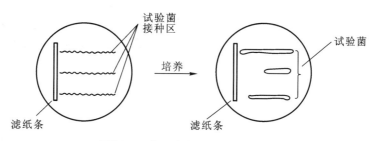

图Ⅷ-3 抗生素抗菌谱试验示意图

4. 培养、观察

将上述平板倒置于37℃保温24 h，观察细菌生长状况并记录。

本实验成功的关键

（1）制备平板厚度均匀，滤纸条形状要规则，不要在培养基表面拖动滤纸条，避免抗生素溶液不均匀扩散。

（2）划线接种尽量靠近滤纸条，但不要接触，以免接种环将滤纸条上抗生素带到其他部位。

（3）无菌操作必须严格，避免将不同菌种混杂。

五、实验报告

1. 结果

根据你所观察到的结果，绘图表示并说明青霉素和氨苄青霉素对金黄色葡萄球菌、枯草芽孢杆菌和大肠杆菌的抑（杀）菌效能，解释其原因。

2. 思考题

（1）某实验室获得一株产抗生素的菌株，试设计一个简单实验，初步测定此菌株所产抗生素的抗菌谱。

（2）根据青霉素的抗菌机制，你的实验平板上出现的抑（杀）菌带是致死效应还是抑制效应？若抑（杀）菌带在隔一段时间后又长出少数菌落，该现象如何解释？

（唐晓峰）

IX | 微生物鉴定中常用的生理生化试验

在所有生活细胞中存在的全部生物化学反应称之为代谢。代谢过程主要是酶促反应过程。具有酶功能的蛋白质多数在细胞内，称为胞内酶（endoenzymes）。许多细菌产生胞外酶（exoenzymes），这些酶从细胞中释放出来，以催化细胞外的化学反应。各种微生物在代谢类型上表现出很大的差异，如表现在对大分子糖类和蛋白质的分解能力以及分解代谢的最终产物的不同，反映出它们具有不同的酶系和不同的生理特性，这些特性可被用作为细菌鉴定和分类的内容。

在这部分试验中，通过细菌对大分子物质的水解、糖发酵试验、鉴定肠道菌的不同生化反应等几个试验，来证明不同细菌生理生化功能的多样性。

此外，为了使利用生理生化反应鉴定微生物的工作更准确、简便、迅速和微量化，将介绍利用 API-20、Enterotube 等鉴定系统快速鉴定的方法。

实验 34　大分子物质的水解试验

一、目的要求

1. 证明不同微生物对各种有机大分子物质的水解能力不同，从而说明不同微生物有着不同的酶系统。

2. 掌握进行微生物大分子物质水解试验的原理和方法。

二、基本原理

微生物对大分子物质如淀粉、蛋白质和脂肪不能直接利用，必须依靠产生的胞外酶将大分子物质分解后，才能被微生物吸收利用。胞外酶主要为水解酶，通过加水裂解大分子物质为较小化合物，使其能被运输至细胞内。如淀粉酶水解淀粉为小分子的糊精、双糖和单糖，脂肪酶水解脂肪为甘油和脂肪酸，蛋白酶水解蛋白质为氨基酸等，这些过程均可通过观察细菌菌落周围的物质变化来证实。如淀粉遇碘液会产生蓝色，但细菌水解淀粉的区域，用碘液测定时，不再产生蓝色，表明细菌产生淀粉酶。脂肪水解后产生脂肪酸可改变培养基的 pH，使 pH 降低，加入培养基的中性红指示剂会使培养基从淡红色转变为深红色，说明细胞外存在脂肪酶。

微生物除了可以利用各种蛋白质和氨基酸作为氮源外，当缺乏糖类物质时，亦可用它们作为能源。明胶是由胶原蛋白水解产生的蛋白质，在 25℃以下可维持凝胶状态，以固体形式存在，而在 25℃以上明胶会液化。有些微生物可产生一种称作明胶酶的胞外酶，水解这种蛋白质，而使明胶液化，甚至在 4℃仍能保持液化状态。

还有些微生物能水解牛奶中的蛋白质酪素，酪素的水解可用石蕊牛奶来检测。石蕊牛奶培养基由脱脂牛奶和石蕊配制而成，是浑浊的蓝色，酪素水解成氨基酸和肽后，培养基会变得透明。石蕊牛奶也常被用来检测乳糖发酵，因为在酸存在下，石蕊会转变为粉红色，而过量的酸可引起牛奶的固化（凝乳形成），氨基酸的分解会引起碱性反应，使石蕊变为紫色。此外，某些细菌能还原石蕊，使试管底部变为白色。

尿素是由大多数哺乳动物消化蛋白质后分泌在尿液中的废物。尿素酶能分解尿素释放出氨，这是一个分辨细菌很有用的诊断试验。尽管许多微生物都可以产生尿素酶，但它们利用尿素的速度比变形杆菌属的细菌要慢，因此，尿素酶试验被用来从其他非发酵乳糖的肠道微生物中快速区分这个属的成员。尿素琼脂含有尿素、葡萄糖和酚红，酚红在 pH6.8 时为黄色，而在培养过程中，产生尿素酶的细菌将分解尿素产生氨，使培养基的 pH 升高，在 pH 升至 8.4 时，指示剂就转变为深粉红色。

三、实验器材

1. 菌种

枯草芽孢杆菌（*Bacillus subtilis*），大肠杆菌（*Escherichia coli*），金黄色葡萄球菌（*Staphylococcus aureus*），铜绿假单胞菌（*Pseudomonas aeruginosa*），普通变形杆菌（*Proteus vulgaris*）

2. 培养基

固体油脂培养基，固体淀粉培养基，明胶培养基试管，石蕊牛奶试管，尿素琼脂试管。

3. 溶液和试剂

卢戈碘液等。

4. 仪器和其他用品

无菌平板，无菌试管，接种环，接种针和试管架等。

本实验为什么采用上述菌种？

不同的微生物具有不同的酶系统，这是各种微生物特殊的生理生化特征。因此，可以利用其生理生化特性进行分类鉴定。之所以使用上述菌种，是因为它们具有不同的酶系，因而表现出对不同大分子物质如淀粉、油脂、明胶、乳糖或尿素等的水解能力不同。

四、操作步骤

安 全 警 示

在使用酒精灯时要特别注意。70%的乙醇可以燃烧，所以要远离明火。

---

1. 淀粉水解试验

（1）将固体淀粉培养基融化后冷却至50℃左右，无菌操作制成平板。

（2）用记号笔在平板底部划成4部分。

（3）将枯草芽孢杆菌、大肠杆菌、金黄色葡萄球菌和铜绿假单胞菌分别在不同的部分划线接种，在平板的反面分别在4部分写上菌名。

（4）将平板倒置在37℃温箱中培养24 h。

（5）观察各种细菌的生长情况，打开平板盖子，滴入少量卢戈碘液于平板中，轻轻旋转平板，使碘液均匀铺满整个平板。

如菌苔周围出现无色透明圈，说明淀粉已被水解，为阳性。透明圈的大小可初步判断该菌水解淀粉能力的强弱，即产生胞外淀粉酶活力的高低。

2. 油脂水解试验

（1）将融化的固体油脂培养基冷却至50℃左右时，充分摇荡，使油脂均匀分布，无菌操作倒入平板，待凝。

（2）用记号笔在平板底部划成4部分，分别在4部分标上菌名。

（3）用无菌操作将枯草芽孢杆菌、大肠杆菌、金黄色葡萄球菌和铜绿假单胞菌分别划十字线接种于平板的相对应部分的中心。

（4）将平板倒置，37℃温箱中培养24 h。

（5）取出平板，观察菌苔颜色。

如出现红色斑点，说明脂肪水解，为阳性反应。

3. 明胶水解试验

（1）取3支明胶培养基试管，用记号笔标明各管欲接种的菌名。

（2）用接种针分别穿刺接种（图Ⅸ–1）枯草芽孢杆菌、大肠杆菌和金黄色葡萄球菌。

（3）将接种后的试管置20℃中培养2～5 d。

（4）观察明胶液化情况（图Ⅸ–2）。

4. 石蕊牛奶试验

（1）取2支石蕊牛奶培养基试管，用记号笔标明各管欲接种的菌名。

（2）分别接种普通变形杆菌和金黄色葡萄球菌。

（3）将接种后的试管置35℃中培养24～48 h。

（4）观察培养基颜色变化。

石蕊在酸性条件下为粉红色，碱性条件下为紫色，而被还原时为白色。

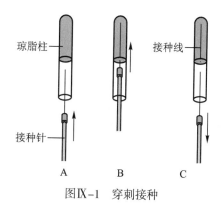

图IX-1　穿刺接种

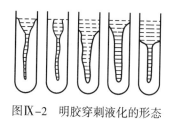

图IX-2　明胶穿刺液化的形态

5. 尿素试验

（1）取 2 支尿素培养基斜面试管，用记号笔标明各管欲接种的菌名。

（2）分别接种普通变形杆菌和金黄色葡萄球菌。

（3）将接种后的试管置 35℃中培养 24 ~ 48 h。

（4）观察培养基颜色变化。

尿素酶存在时为红色，无尿素酶时为黄色。

本实验成功的关键

　　（1）要认真按照实验步骤进行操作，如在淀粉水解试验中，观察各种细菌的生长情况时，滴入少量卢戈碘液于平板中，应该轻轻旋转平板，使碘液均匀铺满整个平板；在油脂水解试验中，制备固体油脂培养基时，应充分摇荡，使油脂均匀分布等。

　　（2）注意在接种之前用记号笔做好标记，接种时一定要认真检查标记，对号接种，以免接错菌种，造成混乱。

五、实验报告

1. 结果

将结果填入表IX-1。"+"表示阳性，"-"表示阴性。

表IX-1　结果记录表

菌　　名	淀粉水解试验	油脂水解试验	明胶水解试验	石蕊牛奶试验	尿素试验
枯草芽孢杆菌					
大肠杆菌					
金黄色葡萄球菌					
铜绿假单胞菌					
普通变形杆菌					

2. 思考题

（1）你如何解释淀粉酶是胞外酶而非胞内酶？

（2）不利用碘液，你能否证明淀粉水解的存在？

（3）接种后的明胶可以在35℃培养，在培养后你必须做什么才能证明水解的存在？

（4）请解释在石蕊牛奶中的石蕊为什么能起到氧化还原指示剂的作用。

（5）为什么尿素试验可用于鉴定变形杆菌属细菌？

（曹军卫）

实验 35　糖发酵试验

一、目的要求

1. 了解糖发酵的原理和在肠细菌鉴定中的重要作用。
2. 掌握通过糖发酵鉴别不同微生物的方法。

二、基本原理

糖发酵试验是常用的鉴别微生物的生化反应，在肠道细菌的鉴定上尤为重要，绝大多数细菌都能利用糖类作为碳源，但是它们在分解糖类物质的能力上有很大的差异，有些细菌能分解某种糖产生有机酸（如乳酸、醋酸、丙酸等）和气体（如氢气、甲烷、二氧化碳等），有些细菌只产酸不产气。例如，大肠杆菌能分解乳糖和葡萄糖产酸并产气；伤寒杆菌分解葡萄糖产酸不产气，不能分解乳糖；普通变形杆菌分解葡萄糖产酸产气，不能分解乳糖。发酵培养基含有蛋白胨、指示剂（溴甲酚紫）、倒置的德汉小管和不同的糖类。当发酵产酸时，溴甲酚紫指示剂可由紫色（pH6.8）转变为黄色（pH5.2）。气体的产生可由倒置的德汉小管中有无气泡来证明，如图Ⅸ-3所示。

三、实验器材

1. 菌种

大肠杆菌、普通变形杆菌斜面各一支。

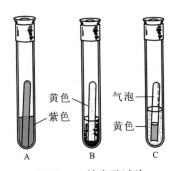

黄色
紫色

气泡
黄色

A　　　　B　　　　C

图Ⅸ-3　糖发酵试验

A. 培养前的情况　B. 培养后产酸不产气　C. 培养后产酸产气

2. 培养基

葡萄糖发酵培养基试管和乳糖培养基试管各 3 支（内装有倒置的德汉小管）。

3. 仪器和其他用品

试管架，接种环等。

本实验为什么采用上述菌株？

使用大肠杆菌和普通变形杆菌进行糖发酵试验，是因为它们对不同糖的分解能力不同，并且分解相同的糖类会产生不同的代谢产物。如大肠杆菌能分解乳糖和葡萄糖产酸并产气；普通变形杆菌分解葡萄糖产酸产气，不能分解乳糖。

四、操作步骤

1. 用记号笔在各试管外壁上分别标明发酵培养基的名称和所接种的细菌菌名。

2. 取葡萄糖发酵培养基试管 3 支，分别接入大肠杆菌、普通变形杆菌，第三支不接种，作为对照。另取乳糖发酵培养基试管 3 支，同样分别接入大肠杆菌、普通变形杆菌，第三支不接种，作为对照。**在接种后，轻缓摇动试管，使其均匀，防止倒置的小管进入气泡。**

3. 将接过种和作为对照的 6 支试管均置 37℃ 中培养 24 ~ 48 h。

4. 观察各试管颜色变化及德汉小管中有无气泡。

本实验成功的关键

在接种后，应轻缓摇动试管，使其均匀，防止倒置的小管进入气泡。否则会造成假象，得出错误的结果。

五、实验报告

1. 结果

将结果填入表IX –2。"+"表示产酸或产气，"–"表示不产酸或不产气。

表IX –2　结果记录表

糖类发酵	大肠杆菌	普通变形杆菌	对照
葡萄糖发酵			
乳糖发酵			

2. 思考题

假如某些微生物可以有氧代谢葡萄糖，发酵试验应该出现什么结果？

（曹军卫）

实验 36　IMViC 试验

一、目的要求

了解 IMViC 与硫化氢反应的原理及其在肠道细菌鉴定中的意义和方法。

二、基本原理

IMViC 是吲哚（indol test）、甲基红（methyl red test）、伏 – 普（Voges-Prokauer test）和柠檬酸盐（citrate test）4 个试验的缩写，i 是在英文中为发音方便而加上去的。这 4 个试验主要是用来快速鉴别大肠杆菌和产气肠杆菌，多用于水的细菌检查。大肠杆菌虽非致病菌，但在饮用水中如超过一定数量，则表示水质受粪便污染。产气肠杆菌也广泛存在于自然界中，因此检查水时，要将两者分开。

硫化氢试验也是检查肠道细菌的生化试验。

吲哚试验是用来检测吲哚的产生，有些细菌产生色氨酸酶，分解蛋白胨中的色氨酸，产生吲哚和丙酮酸。吲哚与对二甲基氨基苯甲醛结合，形成红色的玫瑰吲哚。但并非所有的微生物都具有分解色氨酸产生吲哚的能力，因此吲哚试验可以作为一个生物化学检测的指标。

色氨酸水解反应：

吲哚与对二甲基氨基苯甲醛反应：

大肠杆菌吲哚反应阳性，产气肠杆菌为阴性。

甲基红试验是用来检测由葡萄糖产生的有机酸，如甲酸、乙酸、乳酸等。当细菌代谢糖产生酸时，培养基就会变酸，使加入培养基中的甲基红指示剂由橙黄色（pH6.3）转变为红色（pH4.2），即甲基红反应。尽管所有的肠道微生物都能发酵葡萄糖产生有机酸，但这个试验在区分大肠杆菌和产气肠杆菌上仍然是有价值的。这两个细菌在培养的早期均产生有机酸，但大肠杆菌在培养后期仍能维持酸性 pH4，而产气肠杆菌则转化有机酸为非酸性末端产物，如乙醇、丙酮酸等，使 pH 升至大约 6。因此，大肠杆菌为阳性，产气肠杆菌为阴性。

伏 – 普试验是用来测定某些细菌利用葡萄糖产生非酸性或中性末端产物的能力，如丙酮酸。丙酮酸进行缩合、脱羧生成乙酰甲基甲醇，此化合物在碱性条件下能被空气中的氧气氧化成二乙酰。二乙酰与蛋白胨中精氨酸的胍基作用，生成红色化合物，即伏 – 普反应阳性，不产生红色化合物者为反应阴性。有时为了使反应更为明显，可加入少量含胍基的化合物，如肌酸等。产气肠杆菌为阳性反应，大肠杆菌为阴性反应。其化学反应过程如下：

$$
\text{葡萄糖} \longrightarrow 2 \begin{array}{c} CH_3 \\ | \\ CO \\ | \\ COOH \end{array} \xrightarrow{-CO_2} \begin{array}{c} CH_3 \\ | \\ CO \\ | \\ COHCOOH \\ | \\ CH_3 \end{array} \xrightarrow{-CO_2} \begin{array}{c} CH_3 \\ | \\ CO \\ | \\ CHOH \\ | \\ CH_3 \end{array} \xrightarrow{2H} \begin{array}{c} CH_3 \\ | \\ CHOH \\ | \\ CHOH \\ | \\ CH_3 \end{array}
$$

丙酮酸　　　　乙酰乳酸　　　乙酰甲基甲醇　　2,3 – 丁二醇

$$
\xrightarrow[-2H]{+OH^-} \begin{array}{c} CH_3 \\ | \\ CO \\ | \\ CO \\ | \\ CH_3 \end{array}
$$

二乙酰

$$
\begin{array}{c} CH_3 \\ | \\ CO \\ | \\ CO \\ | \\ CH_3 \end{array} + HN=C \begin{array}{c} NH_2 \\ \\ NH_2 \end{array} \longrightarrow HN=C \begin{array}{c} N=C-CH_3 \\ | \\ N=C-CH_3 \end{array} + 2H_2O
$$

二乙酰　　　胍基　　　　　　　红色化合物

柠檬酸盐试验是用来检测柠檬酸盐是否被利用。有些细菌利用柠檬酸盐作为碳源，如产气肠杆菌；而另一些细菌不能利用柠檬酸盐，如大肠杆菌。细菌在分解柠檬酸盐及培养基中的磷酸铵后，产生碱性化合物，使培养基的 pH 升高，当加入 1% 溴麝香草酚蓝指示剂时，培养基就会由绿色转变为深蓝色。溴麝香草酚蓝的指示范围为：pH 小于 6.0 时呈黄色，pH 在 6.5 ~ 7.0 时为绿色，pH 大于 7.6 时呈蓝色。

硫化氢试验是检测硫化氢的产生，也是用于肠道细菌检查的常用生化试验。有些细菌能分解含硫的有机物如胱氨酸、半胱氨酸、甲硫氨酸等产生硫化氢，硫化氢一遇培养基中的铅盐或铁盐等，就形成黑色的硫化铅或硫化亚铁沉淀物。

以半胱氨酸为例，其化学反应过程如下：

$$
CH_2SHCHNH_2COOH + H_2O \longrightarrow CH_3COCOOH + H_2S\uparrow + NH_3\uparrow
$$

$$
H_2S + Pb(CH_3COO)_2 \longrightarrow PbS\downarrow + 2CH_3COOH
$$

（黑色）

大肠杆菌为阴性，产气肠杆菌为阳性。

三、实验器材

1. 菌种

大肠杆菌，产气肠杆菌。

2. 培养基

蛋白胨水培养基，葡萄糖蛋白胨水培养基，柠檬酸盐斜面培养基，醋酸铅培养基。

在配制柠檬酸盐培养基时，其 pH 不要偏高，以淡绿色为宜。吲哚试验中用的蛋白胨水培养基中宜选用色氨酸含量高的蛋白胨，如用胰蛋白胨水解酪素得到的蛋白胨为好。

3. 溶液和试剂

甲基红指示剂，400 g/L KOH，50 g/L α- 萘酚，乙醚和吲哚试剂等。

四、操作步骤

1. 接种与培养

（1）用接种针将大肠杆菌、产气肠杆菌分别穿刺接入 2 支醋酸铅培养基中（硫化氢试验），置 37℃培养 48 h。

（2）将上述两菌分别接入 2 支蛋白胨水培养基（吲哚试验）、2 支葡萄糖蛋白胨水培养基（甲基红试验和伏 – 普试验）和 2 支柠檬酸盐斜面培养基（柠檬酸盐试验）中，置 37℃培养 48 h。

2. 结果观察

（1）硫化氢试验：培养 48 h 后，观察黑色硫化铅的产生。

（2）吲哚试验：于培养 48 h 后的蛋白胨水培养基内加入 3 ~ 4 滴乙醚，摇动数次，静置 1 min，待乙醚上升后，沿试管壁徐徐加入 2 滴吲哚试剂。在乙醚和培养物之间产生红色环状物为阳性反应。

配蛋白胨水培养基，所用的蛋白胨最好用含色氨酸高的，如用胰酶水解酪素得到的蛋白胨中色氨酸含量较高。

（3）甲基红试验：培养 48 h 后，将 1 支葡萄糖蛋白胨水培养基，加入甲基红试剂 2 滴，培养基变为红色者为阳性，变为黄色者为阴性。

（4）伏 – 普试验：培养 48 h 后，将另 1 支葡萄糖蛋白胨水培养基加入 5 ~ 10 滴 400 g/L KOH，然后加入等量的 50 g/L α- 萘酚溶液，用力振荡，再放入 37℃温箱中保温 15 ~ 30 min，以加快反应速度，若培养物呈红色者，为伏 – 普反应阳性。

（5）柠檬酸盐试验：培养 48 h 后观察柠檬酸盐斜面培养基上有无细菌生长和是否变色，蓝色为阳性，绿色为阴性。

本实验成功的关键

（1）吲哚试验中，注意加入 3 ~ 4 滴乙醚，摇动数次，静置 1 min，待乙醚上升后，再沿试管壁徐徐加入 2 滴吲哚试剂。否则就会观测不到在乙醚和培养物之间产生的红色环状物。

（2）甲基红试验中，应该注意甲基红试剂不要加得太多，以免出现假阳性。

五、实验报告

1. 结果

将试验结果填入表IX –3。"+"表示阳性反应,"–"表示阴性反应。

表IX –3 结果记录表

菌名	IMViC 试验				
	吲哚试验	甲基红试验	伏 – 普试验	柠檬酸盐试验	硫化氢试验
大肠杆菌					
产气肠杆菌					
对照					

2. 思考题

（1）讨论 IMViC 试验在医学检验上的意义。

（2）解释在细菌培养中吲哚检测的化学原理,为什么在这个试验中用吲哚的存在作为色氨酸酶活性的指示剂,而不用丙酮酸?

（3）为什么大肠杆菌是甲基红反应阳性,而产气肠杆菌为阴性?这个试验与伏 – 普试验最初底物与最终产物有何异同处?为什么会出现不同?

（4）说明在硫化氢试验中醋酸铅的作用,可以用哪种化合物代替醋酸铅?

（曹军卫）

实验 37　快速、简易的检测微生物技术

　　微生物学实验采用以培养基和无菌操作为基础的分离、培养、检测等传统技术,不仅烦琐、费时、费事,而且准确性差、敏感性低,为了改变这种状况,如何使微生物学技术快速、简易和自动化,一直是微生物学工作者研究的热点,随着物理、化学、微电子、计算机和分子生物学等先进技术向微生物学的渗透和多学科的交叉,这方面已取得了突破性进展,主要表现在:①利用物理、化学领域已通常使用的仪器和设备,例如:气相色谱仪、高压液相色谱仪、质谱仪、激光显微镜等,能快速准确地进行多种微生物学的实验。②利用飞速发展的微电子、计算机等现代技术,已研制出许多微生物学实验专用的自动化程度很高的仪器,如微生物传感器测量仪、阻抗测定仪、放射测定仪、微量量热计、生物发光测量仪、自动微生物检测仪(AMS)和药敏自动测定仪等。③涌现出众多的各种类型的多项微量简易鉴定或检测系统,例如:3M 检测纸片(3M petrifilm aerobic count plates)、API–20NE、Biolog 全自动和手动细菌鉴定系统等。④随着分子生物学和免疫学的日新月异,各种各样的酶联免疫吸附测定法(ELISA)、DNA 探针、聚合酶链反应(PCR)技术、全自动免疫诊断系统(VIDAS)、DNA 芯片和微型生物芯片实验室等,在微生物学领域广泛地被采用,较好地做到了快速、简易和自动化。⑤计算机在微生物学中越来越多的应用,例如:数据的分析、处

理，图像的分析、制作，发酵的自动控制，菌种和资源的分类鉴定及保藏，文献检索、情报搜集，实验设计、结果处理等，特别是计算机国际网络的联通，"人机对话"的实现，生物信息学的飞速发展，更促进了微生物学技术的快速、简易和自动化。

这些微生物学新技术的突出优点是：精确性比常规技术更高，敏感性最好的可达 10^{-12} g，或一个细菌的水平；快速性有的只需几秒钟；简易性有的可随身携带，很简便地完成试验；有的可直接用样品（如血、尿、土壤等）试验，摆脱了分离、纯培养、无菌操作等传统微生物学技术的烦琐而费时的实验操作；有的技术或仪器还具有多种用途和多方面的优越性，并实现了全自动化。这些先进技术成果，大多数已标准化、系统化、商品化和付诸实际应用，此无论对微生物学理论方面的研究，还是微生物生物技术实际的应用，无疑地都起了巨大的推动作用，而且方兴未艾，迅速地发展。但各种技术、仪器或设备，还具有不同程度的缺陷和问题，其优、缺点也各不相同，有的快速、全自动化，但价格昂贵，有的简易、价廉，但精确性和快速性较差，这有待于取长补短，相互促进，进一步改进和创新。

采用 API-20NE 鉴定系统为一试验实例，学习快速、简易地鉴定细菌。

一、目的要求

1. 了解多项微量简易鉴定或检测技术的原理及其应用上的优越性。
2. 学习使用 API-20NE 的操作技术和怎样判断鉴定结果。

二、基本原理

采用各种微量反应物进行一次试验就能检测多项试验反应，或几十项试验反应，使微生物能很快地、简易地被鉴定或检测，这种技术称为多项微量简易鉴测技术，或简易诊检技术，或数码分类鉴定法。其基本原理是针对微生物的生理生化特性，配制各种培养基、反应底物、试剂等，分别微量地（约 0.1 mL）加入各个分隔室中（或用小圆纸片吸收），脱水或不脱水，各分隔室在同一塑料条或板上构成鉴定卡。试验时加入待鉴定（检测）的某一种菌液，培养 2 ~ 48 h，观察鉴定卡上各项反应，按判定表判定试验结果，用此结果编码，查检索表（根据数码分类鉴定的原理编制成）判断微生物的鉴定结果，或用电脑判断（软件也是根据数码分类鉴定的原理编制），并打印出鉴定结果。

多项微量简易鉴测技术已广泛用于动植物检疫、食品卫生、环境保护、药品检查、化妆品监控、发酵控制和生态研究等方面，尤其是临床和食品检验中深受欢迎，迅猛发展。国内外此类技术的产品，种类繁多，大同小异。多项微量简易鉴测技术优点突出，不仅能快速、敏感、准确、重复性好地鉴定（检测）微生物，而且简易，节省人力、物力、时间和空间，缺点是各系统差异较大，有的价格昂贵，有的个别反应不准，重复性差、难判定，但毫无疑问，它是微生物学技术方法向快速、简易和自动化发展的重要方向之一。

生物–梅里埃公司在快速、简易地鉴定细菌方面，对传统的技术进行了一次标准化、微量化的变革。依据该公司自有的 20 000 多株标准菌株，约 1 000 种不同生化试验，应用在细菌代谢方面和生产技术上，研制和生产出 API 系列产品，如今，已有 15 个鉴定系列，它几乎能鉴定临床医学领域发现的所有细菌。API-20NE 系统是 API 系列产品中最早和最重要的产品，也是国际上应用最多的系统，主要用来鉴定非肠杆菌科细菌，革兰氏阴性非自养杆菌。该系统的鉴定卡是一块有 20 个分隔室的塑料条，分隔室由相连通的小管和小杯组成，各小管中含不同的脱水培养基、试剂或底物等，每一分隔室可进行一种生化反应，个别的分隔室可进行两种反应，如图IX -4 所示。

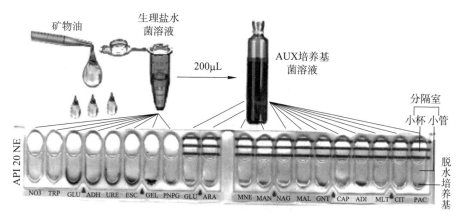

图IX -4　API-20NE 鉴定卡

三、实验器材

1. API-20NE 系统包括：鉴定卡，反应需添加的试剂、培养基，反应判定表，检索表，或编码本，或电脑软件。

2. 无菌水，矿物油，灭菌毛细滴管等。

3. 待检验的非肠杆菌革兰氏阴性杆菌纯菌株。

本实验为什么用上述菌株？

由于 API-20NE 鉴定卡各小管中所含不同的脱水培养基、试剂，或底物等，是根据非肠杆菌革兰氏阴性杆菌的生理生化反应特征而设计的，主要用来鉴定非肠杆菌革兰氏阴性杆状细菌，而且是分纯了的菌株。因此，选用待检验的菌株是非大肠菌科的纯菌株。

四、操作步骤

1. 选择待检验的单菌落，确定是否为单一纯菌株。

2. 取其中一个菌落进行氧化酶检测：在玻片上放上张滤纸片，在滤纸上滴一滴水，取一个菌落涂在滤纸上，加一滴 OX 试剂，如在 1 ~ 2 min 内呈现深紫色，则为阳性反应。记录结果于报告单上成为除鉴定卡上 20 个反应之外的第 21 个测试结果。

3. 将 API-20NE 鉴定卡的密封膜拆除，在卡上标明检验菌号、日期和试检者。

4. 用接种针从分离物的平板上挑取 1 ~ 4 个单菌落至 2 mL 8.5 g/L NaCl 溶液（已灭菌）中，混合均匀，使菌悬液浓度达到 0.5 个麦氏单位标准浊度。用无菌毛细管或移液枪分别接种盐水菌悬液从 API-20NE 鉴定卡上的 NO3 到 PNPG 试剂管（120 uL/ 管）。其中的 GLU，ADH，URE 三管用矿物油覆盖。

5. 将剩余的 200 μL 生理盐水菌悬液加至 API AUX 培养基中，仔细混匀，注满 API-20NE 鉴定卡上的 GLU 至 PAC 管（250 μL/管），管的表面必使其成平的或稍凸，不能呈凹或新月形，否则高或低于表面都将影响结果。

注意： 菌液沿小管内壁稍微倾斜地缓缓加入小管中，装满各个小管，而对鉴定卡上的试验名称加有方框线条的小杯，则要加满菌液至凸起，对试验名称下有一条横线的小杯，则要加液体石腊覆盖菌液表面。加菌液时避免形成气泡，如果形成了气泡，则轻轻摇动除去，切勿用吸有菌液的毛细管除去气泡。

6. 将接种的鉴定卡放入装有少量水的塑料盒或浅瓷盘中（防反应液蒸发），置 28℃ 或 37℃ 培养。

7. 培养 24 h 后，分别将一滴 NIT 1 和 NIT 2 试剂加入到 API-20NE 鉴定卡上的 NO3 杯中，5 min 后，红色表示阳性反应。阴性反应的，为排除 N_2 的影响，加入 2~3 mg 锌粉 5 min，保持无色表明阳性反应，记录于报告单。如颜色改变为粉红色，表明硝酸盐（nitrates）仍存在，被锌（Zn）还原至亚硝酸盐（Nitrite），反应结果为阴性。

用于细菌鉴定的反应是硝酸盐还原。当上述两个反应（产生 NO_2 或 N_2）任何一个是阳性时硝酸盐还原反应则为阳性。

8. 将 JAMES 试剂加入 API-20NE 鉴定卡上的 TRP 杯中，立即显现粉红色为阳性反应。

9. 同化试验：观察细菌生长，不透明杯部表明阳性反应。偶尔有的管显示为弱生长，如果这样在和其他同代试验浊度比较后，结果可记录成 +/- 或 -/+。

10. 其他试验结果观察鉴定卡上各项反应的变色情况，根据反应判定表（表Ⅸ-4），判定各项反应是阳性或阴性反应。

表Ⅸ-4 API-20NE 反应判定表

分隔室号			反应结果	
分隔室	代号	项目名称	阴性	阳性
1	NO3	硝酸盐还原到亚硝酸盐 $NO_3 \rightarrow NO_2$	NIT1 + NIT2/5 min	
			无色	粉红/红色
		硝酸盐还原到氮 $NO_3 \rightarrow N_2$	Zn/5 min	
			粉红色	无色
2	TRP	吲哚	James/立即	
			无色/浅绿/黄色	粉红色
3	GLU	酸化葡萄糖	兰或绿	黄色
4	ADH	精氨酸双水介酶	黄色	橙/粉红色/红色
5	URE	脲酶	黄色	橙/粉红色/红色
6	ESC	水解七叶灵（β-葡萄糖甙酶）	黄色	灰/棕色/黑色
7	GEL	水解明胶（蛋白酶）	无色素扩散	黑色素扩散
8	PNPG	β-半乳糖甙酶	无色	黄色
9	GLU	同化葡萄糖	透明	不透明
10	ARA	同化阿拉伯糖	透明	不透明

续表

号分 隔室	鉴定卡上的反应项目		反应结果	
	代号	项目名称	阴性	阳性
11	MNE	同化甘露糖	透明	不透明
12	MAN	同化甘露醇	透明	不透明
13	NAG	同化 N–乙酰–葡萄糖胺	透明	不透明
14	MAL	同化麦芽糖	透明	不透明
15	GNT	同化葡萄糖酸盐	透明	不透明
16	CAP	同化癸酸	透明	不透明
17	ADI	同化己二酸	透明	不透明
18	MLT	同化苹果酸	透明	不透明
19	CIT	同化柠檬酸	透明	不透明
20	PAC	同化苯乙酸	透明	不透明
21	OX	细胞色素氧化酶	（OX/1 ~ 2 min）	
			无色	紫色

详细反应和判定按 API–20NE 产品的说明书进行。

6. 按鉴定卡上反应项目的顺序，每三个反应项目编为一组，共编为七组，每组中每个反应项目定为一个数值，依次是 1、2、4，各组中反应阳性者以"+"表示，则写下其所定的数值，反应阴性者以"–"表示，则写为 0，每组中的数值相加，便是该组的编码数，这样便形成了 7 位数字的编码。如：表Ⅸ–5 所示，试验结果所得的编码数为 1154575。

7. 用 7 位数字的编码查检索表，或输入电脑检索，则能将检验的细菌鉴定为什么菌种。例如：表Ⅸ–2 所示的编码数为 1154575，用此 7 位数字的编码查检索表，便得到了所鉴定的细菌是：铜绿假单胞菌（*Pseudomonas aeruginosa*）。

表Ⅸ–5 API–20NE 举例说明

分隔室号	1	2	3	4	5	6	7	8	9	10	11	12	13	14	15	16	17	18	19	20	21
项目名称	NO3	TRP	GLU	ADH	URE	ESC	GEL	PNPG	GLU	ARA	MNE	MAN	NAG	MAL	GNT	CAP	ADI	MLT	CIT	PAC	OX
所定数值	1	2	4	1	2	4	1	2	4	1	2	4	1	2	4	1	2	4	1	2	4
试验结果	+	–	–	+	–	–	+	–	+	–	–	+	+	–	+	+	+	+	+	–	+
记下数值	1	0	0	1	0	0	1	0	4	0	0	4	1	0	4	1	2	4	1	0	4
编号	1			1			5			4			5			7			5		
检索结果	1154575 *Pseudomonas aeruginosa*																				

本实验成功的关键

（1）待鉴定的细菌一定是已经分纯了的纯培养物，即是纯菌株，不是混合菌种。

（2）API 如今已有 15 个鉴定系列产品，不同产品用于鉴定不同的微生物。API-20NE 主要用来鉴定非肠杆菌科细菌，鉴定其他种的微生物则要选择相应的 API 系列产品。

（3）试验操作加菌液时，避免形成气泡，如果形成了气泡，则轻轻摇动除去，或用灭菌后的接种针搞破，不能用吸有菌液的毛细管除去气泡。

五、实验报告

1. 结果

根据 API-20NE 鉴定卡上试验所观察的变色情况，判定各项反应项目是阳性还是阴性，记下 "+" 或 "–"，写下每组中各个反应项目所定的数值，并编成 7 位数字的编码。采用表格，填写上述结果。

用所得的编码查 API-20NE 检索表，写出检验菌株的鉴定结果，或将编码输入电脑，打印出检验菌株的鉴定结果。

2. 思考题

（1）根据你的实验，多项微量简易鉴测技术的优点是什么？有什么不足之处？

（2）试设计检测饮用水中大肠杆菌总数的检测卡。

（3）鉴定大肠杆菌的鉴定卡与鉴定假单胞菌的鉴定卡，主要不同点是什么？按 API-20NE 的模式，试设计一鉴定大肠杆菌的鉴定卡。

（彭　方　彭珍荣）

实验技术相关视频

细菌生理生化鉴定 API-20NE

微生物的基因突变及基因转移

微生物是研究遗传学基本理论问题的最好对象和实验材料。微生物细胞的基因组（或染色体）多数为单倍体，有利于进行遗传信息表达的研究和各种性状的检测；微生物生长繁殖快，便于通过众多的世代繁衍来观测遗传特性的改变和传递；容易培养，便于采用各种较为简单的实验方法来获取突变体。

生物的遗传信息的改变是通过基因突变、基因重组和基因转移来进行的。基因突变，又称点突变（point mutation），包括自发突变和诱发突变，前者是未经人为施加诱变剂处理而发生的突变，后者是经人为施加诱变剂处理而获得的突变。两种突变都是由于一个或几个碱基的增加、缺失或置换而引起的，因此本质相同，不同的只是诱发突变的频率比自发突变的频率要高得多。这一部分的实验中，以紫外线和亚硝基胍为例介绍了物理因素和化学因素对细菌的诱变作用，同时也介绍了利用回复突变来检测环境中致突变物（致癌物）的 Ames 试验。

基因重组是指基因的重新排列而形成一个新的重组体。微生物不同个体之间的基因重组是以基因的遗传转移为前提的，这种转移可以通过接合、转导和转化来进行。这一部分的实验中介绍了细菌的接合作用和噬菌体的转导。

实验 38　微生物的诱发突变

一、目的要求

通过实验观察紫外线和亚硝基胍等理化因素对枯草芽孢杆菌 BF7658 的诱变效应，并掌握基本方法。

二、基本原理

基因突变可分为自发突变和诱发突变。许多物理因素、化学因素和生物因素对微生物都有诱变作用，这些能使突变率提高到自发突变水平以上的因素称为诱变剂。

紫外线（UV）是一种最常用的物理诱变因素。它的主要作用是使 DNA 双链之间或同一条链上两个相邻的胸腺嘧啶间形成二聚体，阻碍双链的分开、复制和碱基的正常配对，从而引起突变。紫外线照射引起的 DNA 损伤，可由光复活酶的作用进行修复，使胸腺嘧啶二聚体解开恢复原状。因此，为了避免光复活，用紫外线照射处理以及处理后的操作应在红光下进行，并且将照射处理后的微生物放在暗处培养。

亚硝基胍（NTG，N-甲基-N-硝基-亚硝基胍）是一种有效的诱变剂，在低致死率的情况下也有很强的诱变作用，故有超诱变剂之称。它的主要作用是引起 DNA 链中 GC → AT 的转换。亚硝基胍也是一种致癌因子，在操作中要特别小心，切勿与皮肤直接接触。凡有亚硝基胍的器皿，都要用 1 mol/L NaOH 溶液浸泡，使残余的亚硝基胍分解破坏，然后清洗。

本实验分别以紫外线和亚硝基胍作为单因子诱变剂处理产生淀粉酶的枯草芽孢杆菌 BF7658，根据试验菌诱变后在淀粉培养基上透明圈直径的大小来指示诱变效应。一般来说，透明圈越大，淀粉酶活性越强。

三、实验器材

1. 菌株
枯草芽孢杆菌 BF7658。
2. 培养基
淀粉培养基，LB 液体培养基。
3. 溶液和试剂
亚硝基胍，碘液，无菌水，无菌生理盐水等。
4. 仪器和其他用品
1 mL 无菌吸管，无菌试管，玻璃涂棒，血细胞计数板，显微镜，紫外线灯（15 W），磁力搅拌器，台式离心机，振荡混合器等。

> **本实验为什么用上述菌株?**
>
> 本实验中，学生将筛选出胞外淀粉酶的高产菌株。为此目的，特选择枯草芽孢杆菌 BF7658 作为出发菌株。这一菌株在淀粉培养基平板上能产生分解淀粉的淀粉酶，加碘液后，菌落周围会出现透明圈。根据透明圈直径与菌落直径的比值（HC 比值），可初步确定胞外淀粉酶的高产菌株。因为出发菌株分别受到了紫外线和亚硝基胍的诱变处理，所以称为诱发突变。

四、操作步骤

（一）紫外线对枯草芽孢杆菌 BF7658 的诱变效应
1. 菌悬液的制备
① 取培养 48 h 生长丰满的枯草芽孢杆菌 BF7658 斜面 4~5 支，用 10 mL 左右的无菌生理盐水将菌苔洗下，倒入一支无菌大试管中。将试管在振荡混合器上振荡 30 s，以打散菌块。

安 全 警 示

（1）酒精易燃，让酒精瓶远离点燃的酒精灯；不要把点燃的涂棒放进酒精中。

（2）不要用嘴吸吸管。

（3）盛放培养液的试管应直立在试管架上。

（4）紫外线伤眼睛，操作者应戴上玻璃眼罩。

（5）凡有亚硝基胍的器皿，都要置于通风处用 1 mol/L NaOH 溶液浸泡，使残余的亚硝基胍分解破坏，然后清洗。

---

② 将上述菌液离心（3 000 r/min，10 min），弃去上清液。用无菌生理盐水将菌体洗涤 2 ~ 3 次，制成菌悬液。

③ 用显微镜直接计数法计数，调整细胞浓度为 10^8 个 /mL。

2. 平板制作

将淀粉琼脂培养基融化，倒平板 27 套，凝固后待用。

3. 紫外线处理

① 将紫外线灯开关打开，预热约 20 min。

② 取直径 6 cm 无菌平皿 2 套，分别加入上述调整好细胞浓度的菌悬液 3 mL，并放入一根无菌搅拌棒或大头针。

③ 上述 2 套平皿先后置于磁力搅拌器上，打开皿盖，在距离为 30 cm，功率为 15W 的紫外灯下分别搅拌照射 1 min 和 3 min。盖上皿盖，关闭紫外灯。

照射计时从开盖起，加盖止。先开磁力搅拌器开关，再打开皿盖照射，使菌悬液中的细胞接受照射均等。

4. 稀释

用 10 倍稀释法把经过照射的菌悬液在无菌水中稀释成 10^{-1} ~ 10^{-6}。

5. 涂平板

取 10^{-4}、10^{-5} 和 10^{-6} 3 个稀释度涂平板，每个稀释度涂 3 套平板，每套平板加稀释菌液 0.1 mL，用无菌玻璃涂棒均匀地涂满整个平板表面。以同样的操作，取未经紫外线处理的菌液稀释涂平板作为对照。

从紫外线照射处理开始，直到涂布完平板的几个操作步骤都需在红灯下进行。

6. 培养

将上述涂匀的平板，用黑色的布或纸包好，置 37℃培养 48 h。注意每个平板背面要事先标明处理时间和稀释度。

7. 计数

将培养好的平板取出进行细菌计数。根据对照平板上 CFU 数，计算出每毫升菌液中的 CFU 数。同样计算出紫外线处理 1 min 和 3 min 后的 CFU 数及致死率。

$$存活率 = \frac{处理后每毫升 CFU 数}{对照每毫升 CFU 数} \times 100\%$$

$$致死率 = \frac{对照每毫升\,CFU\,数 - 处理后每毫升\,CFU\,数}{对照每毫升\,CFU\,数} \times 100\%$$

8. 观察诱变效应

选取 CFU 数在 5~6 个的处理后涂布的平板观察诱变效应：分别向平板内加碘液数滴，在菌落周围将出现透明圈。分别测量透明圈直径与菌落直径并计算其比值（HC 比值）。与对照平板相比较，说明诱变效应，并选取 HC 比值大的菌落移接到试管斜面上培养。此斜面可作复筛用。

（二）亚硝基胍对枯草芽孢杆菌 BF7658 的诱变效应

1. 菌悬液的制备

① 将试验菌斜面菌种挑取一环接种到含 5 mL 淀粉培养液的试管中，置 37℃振荡培养过夜。

② 取 0.25 mL 过夜培养液至另一支含 5 mL 淀粉培养液的试管中，置 37℃振荡培养 6~7 h。

2. 平板制作

将淀粉琼脂培养基融化，倒平板 10 套，凝固后待用。

3. 涂平板

取 0.2 mL 上述菌液放到一套淀粉培养基平板上，用无菌玻璃涂棒将菌液均匀地涂满整个平板表面。

4. 诱变

① 在上述平板稍靠边的一个位点上放少许亚硝基胍结晶，然后将平板倒置于 37℃恒温箱中培养 24 h。

② 在放亚硝基胍的位置周围将出现抑菌圈（图 X –1）。

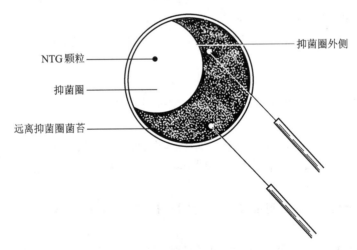

图 X –1　亚硝基胍平板诱变

5. 增殖培养

① 挑取紧靠抑菌圈外侧的少许菌苔到盛有 20 mL LB 液体培养基的三角烧瓶中，摇匀，制成处理后菌悬液，同时挑取远离抑菌圈的少许菌苔到另一盛有 20 mL LB 液体培养基的三角烧瓶中，摇匀，制成对照菌悬液。

② 将上述 2 只三角烧瓶置 37℃振荡培养过夜。

6. 涂布平板

分别取上述两种培养过夜的菌悬液 0.1 mL 涂布淀粉培养基平板。处理后菌悬液涂布 6 套平板，对照菌悬液涂布 3 套平板。涂布后的平板，置 37℃恒温箱中培养 48 h。实际操作中可根据两种菌液的浓度适当地用无菌生理盐水稀释。注意每套平板背面做好标记，以区别经处理的和对照。

7. 观察诱变效应

分别向 CFU 数在 5～6 个的处理后涂布的平板内加碘液数滴，在菌落周围将出现透明圈。分别测量透明圈直径与菌落直径并计算其比值（HC 比值）。与对照平板相比较，说明诱变效应。并选取 HC 比值大的菌落移接到试管斜面上培养。此斜面可作复筛用。

凡有亚硝基胍的器皿，都要置于通风处用 1 mol/L NaOH 溶液浸泡，使残余的亚硝基胍分解破坏，然后清洗。

本实验成功的关键

（1）紫外线照射处理前和亚硝基胍平板诱变后的菌液浓度要控制好，否则难以获得单个分散的菌落。

（2）亚硝基胍平板诱变时，应将少许亚硝基胍结晶放在平板靠边的位置，否则难以区别诱变和对照结果。

（3）紫外线诱变时，一定要在红光下进行，在暗环境下培养。

五、实验报告

1. 结果

（1）将紫外线诱变结果填入表 X –1。

表 X –1　紫外线诱变结果

处理时间 /min	平均 CFU 数 / 皿			存活率 /%	致死率 /%
	稀释倍数 10^{-4}	稀释倍数 10^{-5}	稀释倍数 10^{-6}		
0（对照）					
1					
3					

（2）观察诱变效应，并填表 X –2。

表 X-2　诱变效应记录表

诱变剂	HC 比值						
	菌落 1	菌落 2	菌落 3	菌落 4	菌落 5	菌落 6	……
UV							
NTG							
对照							

2. 思考题

（1）本实验中用亚硝基胍处理细胞应用了一种简易有效的方法，并减少了操作者与亚硝基胍的接触。能否用本实验结果计算亚硝基胍的致死率？为什么？如果不能，你能设计其他方法使能计算致死率吗？

（2）用紫外线进行诱变时，为什么要打开皿盖？为什么要在红光下操作，暗环境下培养？

（3）分析你的实验结果：

① 你是否获得了比对照株产淀粉酶更高的突变株？试分析其可能的原因。

② 从你的实验结果中，说明致死率与诱变效应的相关性。

③ 试比较在你所用的条件下，紫外线和亚硝基胍的诱变效果是否相同？如果要得到高产突变株，你认为重复使用同一诱变剂或交替使用不同的诱变剂是否会更有效，为什么？

（安志东）

实验 39　细菌的接合作用

一、目的要求

1. 了解细菌接合导致遗传重组的基本原理。
2. 学习掌握细菌接合实验的基本方法。

二、基本原理

细菌接合是指供体菌与受体菌的完整细胞在直接接触时供体菌的 DNA 向受体菌单向传递而导致基因重组的现象。大肠杆菌的接合配对是由致育因子（F 因子）的存在所决定的。没有 F 因子的细胞作为受体，称为 F⁻，含有 F 因子的细胞作为供体。如果 F 因子是染色体外的细胞质遗传物质，这种细胞称为 F⁺。如果 F 因子整合到染色体上，这种细胞称为高频重组（Hfr, high frequency recombination）细胞。整合在染色体上的 F 因子有时也会通过不规则杂交而脱离染色体重新成为游离状态的 F 因子，但由于 F 因子在脱离染色体时往往会附带着一段染色体片段，这个染色体片段和 F 因子构成一个整体，随 F 因子一起复制，含有这种 F 因子的细胞称为 F′。在 Hfr×F⁻杂交中，F 因子上包括先导区在内的一部分 DNA 片段结合着染色体 DNA 向受体细胞转移，F 因子的大部分

DNA 处于转移染色体的末端，而且转移过程中随时可以发生中断，因此接合后的 F⁻ 细胞虽然接受了某些 Hfr 基因，但一般不可能接受 F 因子而成为 F⁺ 状态。图 X–2 简示大肠杆菌的遗传图谱。

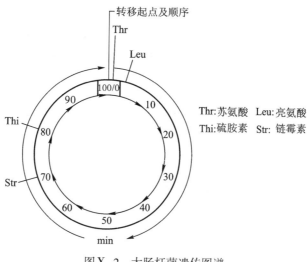

图 X–2　大肠杆菌遗传图谱

三、实验器材

1. 菌株

供体：大肠杆菌（Hfr Strˢ）。

受体：大肠杆菌（F⁻ Thr⁻ Leu⁻ Thi⁻ Strʳ）。

2. 培养基

LB 液体培养基，链霉素硫胺素基本固体培养基平板。

3. 仪器和其他用品

无菌试管，1 mL 无菌吸管，盛有酒精的烧杯，玻璃涂棒，振荡混合器等。

本实验为什么用上述菌株？

本实验中，学生将完成一项细菌接合实验。为此，特选用大肠杆菌的两个菌株作为供体和受体。供体是野生型 Hfr 菌株，对链霉素呈敏感性，受体是营养缺陷型突变体，不能合成苏氨酸、亮氨酸和硫胺素，对链霉素呈抗性。这两个菌株的重组体会含有供体和受体的不同性状组合，很容易用选择平板检出。

四、操作步骤

1. 分别将供体菌和受体菌接种在 2 支盛有 5 mL LB 液的试管中，37℃振荡培养 12 h。

2. 分别用不同的 1 mL 无菌吸管吸取 0.3 mL 供体菌培养液和 1 mL 受体菌培养液至同一无菌试管中。

受体菌是过量的，这样可以保证每一个供体菌有相同的机会和受体菌接合。

3. 用两只手掌轻轻搓转试管，使试管内供、受体菌混匀。

4. 将供、受体菌混合培养物置37℃保温30 min。

5. 倒3个链霉素硫胺素固体培养基平板。冷凝后，用玻璃记号笔分别做好标记：2个平板分别用于供体菌和受体菌培养物作为对照，第3个平板用于供、受体菌混合培养物。

6. 吸取0.1 mL供体菌放到一个做好标记的对照平板上，用无菌的玻璃涂棒将平板上的供体菌液涂布到整个平板表面。同样吸取0.1 mL受体菌涂布到另一个做好标记的对照平板上。

7. 供、受体菌混合培养物保温30 min后，将这支试管剧烈振荡。

8. 吸取0.1 mL混合培养物，如上述方法涂布到做好标记的平板上。

9. 将所有的平板倒置于37℃培养48 h。

本实验成功的关键

掌握好供体菌和受体菌配对和中断的操作要领：

（1）配对：当供、受体菌加入试管中后，切勿剧烈振荡，动作要轻柔，使供、受体菌既要充分接触，又要避免刚接触的配对又分开（见步骤3）。

（2）中断：在步骤7中，动作要剧烈，可用振荡混合器振荡几秒钟，使供、受体菌之间的性菌毛断开，从而中止基因的遗传转移。

五、实验报告

1. 结果

观察所有的平板，将结果记录于表 X–3。"+"表示生长，"–"表示不生长。

表 X–3　结果记录表

	供体菌	受体菌	混合培养物
生长情况			

2. 思考题

（1）在你的实验中，分别涂布有供、受体菌的两个对照平板上，是否有个别菌落形成？说明有或没有的原因。

（2）在你的实验中，涂布有供、受体混合菌液的平板上是否出现了较多的菌落？如果对照平板上有个别菌落出现，在本实验条件下，你将如何判断涂有混合菌液的平板上的这些菌落是否都是重组体？

（3）亲本菌株中链霉素标记的意义是什么？

（4）现有两株大肠杆菌 A 和 B，A 是 F$^+$，含有对青霉素具有抗性的 R 因子；B 是 F$^-$，对所有抗生素敏感，但它是一株工程菌株，携带有能使菌落出现绿色的基因。将 A、B 菌混合 10 min 后，置振荡混合器上振荡几秒钟，以中断接合。取一滴上述混合物涂布到不含抗生素的平板上，取另一滴涂布到含有青霉素的平板上，经培养后，你认为在这两个平板上会出现什么样的生长状况？简述理由。

突变型菌株的遗传标记

（1）基因型用斜体小写的 3 个英文字母表示，如乳糖发酵基因，用 *lac* 表示。

（2）在容易引起误会的情况下，可在基因符号右上角加上"+"或"–"号或其他符号来表示相应的突变型或野生型。如：用 *his*⁻ 表示某一组氨酸缺陷型基因，用 *his*⁺ 表示相应的野生型基因；用 *str*ʳ 表示链霉素抗性突变型基因，用 *str*ˢ 表示相应的敏感野生型基因。

（3）遗传表型或某基因表达的产物用 3 个相应的英文字母表示，但第一个字母大写。如：用 Lac⁻ 表示乳糖发酵缺陷型的表型符号，用 Strʳ 表示 *str*ʳ 的相应表型。

（4）当染色体上存在缺失时，可用希腊字母 Δ 表示，缺失的部分表示在 Δ 符号后的括号中。如：Δ（*lac pro*）表示染色体上乳糖发酵基因到脯氨酸基因这一段染色体发生了缺失。

（安志东）

实验 40　噬菌体的转导

一、目的要求

1. 了解噬菌体转导的基本原理。
2. 学习掌握利用 P1 噬菌体进行普遍性转导实验的基本方法。
3. 学习掌握利用 λ 噬菌体进行局限性转导实验的基本方法。

二、基本原理

细菌病毒（噬菌体）分为烈性噬菌体和温和噬菌体。烈性噬菌体感染细菌后，伴随着细胞裂解会释放出新的子代噬菌体颗粒。被温和噬菌体感染的细菌或是裂解，释放出新的子代噬菌体颗粒，或是成为溶源状态，噬菌体的基因组整合到细菌染色体上，与细菌染色体一起复制，这时的噬菌体基因组称为原噬菌体（prophage）。

转导是指以噬菌体作为媒介将一个细胞的遗传物质传递给另一个细胞的过程。转导可分为局限性转导（specialized transduction）和普遍性转导（generalized transduction），前者只能转导与原噬菌体整合位点相邻接的少数寄主细胞染色体基因，而后者能转导寄主细胞的任何一个基因。

在局限性转导中 λ 原噬菌体经诱导，包装释放出的噬菌体中极少数（约 10^{-6}）带有邻近的 *gal* 基因，而噬菌体本身失去了部分染色体，这种噬菌体称为缺陷性半乳糖转导噬菌体（λdg），这些转导噬菌体所进行的转导称为低频转导（LFT，low frequency transduction）。用这种低频转导噬菌体裂解液以高感染复数（m.o.i.，multiplicity of infection）感染另一非溶源性 Gal⁻ 受体菌，在 λdg 感染的同时，会有许多正常（辅助）λ 参与感染。由于前者的缺陷被后者补偿，λdg 非但能进入细胞，和正常 λ 一起整合到受体细胞染色体上去，使成双重溶源菌，而且经诱导后同样能复制并释放出约占噬菌体总数一半的 λdg。这些转导噬菌体所进行的转导称为高频转导（HFT，high frequency transduction）。

普遍性转导噬菌体 P1 几乎只包装寄主细胞的染色体片段。P1 噬菌体的 DNA 相对分子质量为 5.8×10^7，大约相当于大肠杆菌染色体的 2%。把大肠杆菌染色体全长定为 100 min，那么 P1 噬菌体包装的 DNA 片段上可以带有相隔 2 min 范围内的寄主基因，而不大可能带有相隔 2 min 以上的基因。

本实验包括 P1 噬菌体的普遍性转导和 λ 噬菌体的局限性转导。P1 噬菌体的普遍性转导试验中含有噬菌体裂解液的制备，裂解液效价的测定以及转导频率的测定。λ 噬菌体的局限性转导试验中，除了进行噬菌体裂解液的制备，裂解液效价的测定以及转导频率的测定外，还可在 EMB–Gal 平板上直接观察转导现象。

三、实验器材

1. 菌株和噬菌体

（1）用于 P1 噬菌体的普遍性转导

供体：大肠杆菌（*Escherichia coli*）Hfr　T_6^r。

受体：大肠杆菌（*Escherichia coli*）F^- Trp^- Lac^-。

噬菌体 P1*cml*，*clr*100 裂解液。

（2）用于 λ 噬菌体的局限性转导

供体：大肠杆菌（*Escherichia coli*）K_{12}（λ）Gal^+，带有原噬菌体 λ 和缺陷噬菌体 λdg。

受体：大肠杆菌（*Escherichia coli*）$K_{12}S$　Gal^-。

2. 培养基

（1）用于 P1 噬菌体的普遍性转导

盛 5 mL LB 液试管，LB 培养基平板，盛 3 mL LB 半固体培养基试管，乳糖色氨酸基本培养基平板，葡萄糖基本培养基平板，葡萄糖色氨酸基本培养基平板。

（2）用于 λ 噬菌体的局限性转导

盛 3 mL 加倍 LB 液试管，盛 5 mL LB 液的 100 mL 三角烧瓶，盛 4.5 mL LB 液试管，盛 4.5 mL LB 液的 100 mL 三角烧瓶，盛 4.5 mL LB 半固体培养基试管，LB 培养基平板，EMB–Gal 培养基平板。

3. 溶液和试剂

（1）用于 P1 噬菌体的普遍性转导

无菌生理盐水，0.1 mol/L $CaCl_2$，氯仿等。

（2）用于 λ 噬菌体的局限性转导

0.1 mol/L pH7.0 磷酸缓冲液（0.1 mol/L Na_2HPO_4 61 mL 与 0.1 mol/L NaH_2PO_4 39 mL 混匀，用二者之一调 pH7.0），1 mol/L $MgSO_4 \cdot 7H_2O$，无菌生理盐水，氯仿等。

4. 仪器和其他用品

（1）用于 P1 噬菌体的普遍性转导

无菌试管，无菌三角烧瓶，无菌吸管，台式离心机及无菌离心管，振荡混合器等。

（2）用于 λ 噬菌体的局限性转导

无菌试管，无菌吸管，直径 6 cm 无菌平皿，台式离心机及无菌离心管，紫外线灯（15 W），磁力搅拌器，振荡混合器等。

本实验为什么用上述菌株和噬菌体？

学生将在本实验中进行噬菌体 P1cml, clr100 的普遍性转导实验。为此目的，特选择 P1 噬菌体对供体菌（野生型）进行感染，以获得 P1 转导噬菌体。然后用 P1 转导噬菌体对受体菌（Trp⁻ Lac⁻）进行感染，以期获得色氨酸或乳糖的转导子。本实验所用的转导噬菌体是 P1cml, clr100，带有氯霉素抗性标记（cml），在 42℃ 能形成透明的噬菌斑（clr），在 32℃ 则形成混浊的噬菌斑。因此，在含氯霉素的培养基上很容易选得带该噬菌体的溶源菌，溶源菌经 42℃ 高温诱导就可以释放出 P1 噬菌体。

学生还将进行 λ 噬菌体的局限性转导实验。为此目的，特选择带有原噬菌体 λ 和缺陷噬菌体 λdg 的双重溶源菌作为供体，Gal⁻ 菌作为受体。供体经紫外线诱导后，可获取能转导半乳糖发酵基因的高频转导噬菌体裂解液，然后让这些转导噬菌体把 gal 基因转移到受体 Gal⁻ 菌中去，以获得转导子。

四、操作步骤

安 全 警 示

（1）紫外线伤眼睛，操作者应戴上玻璃眼罩。

（2）氯仿（三氯甲烷）被吸入或经皮肤吸收会引起急性中毒，操作时要戴上手套，皮肤接触后立即用大量流水清洗。

（一）P1 噬菌体的普遍性转导

1. P1 cml, clr100 裂解液的制备

（1）接种供体菌于 5 mL LB 培养液中，30℃ 振荡培养过夜。

（2）将培养过夜的供体菌液按 1∶5 稀释于 5 mL LB 液体中，30℃ 振荡培养 2 h。

（3）吸取 0.2 mL 菌液与 10^{-2} 的 P1 cml, clr100 噬菌体原液 0.1 mL 于 3 mL 上层 LB 半固体琼脂中，混匀后倒在底层 LB 固体培养基上，待凝固后置 37℃ 恒温箱培养过夜（共做 4 皿）。同时做 1 皿不加噬菌体的对照。

噬菌体原液的效价应为每毫升 10^9 左右，细菌和噬菌体数的比大约是 20∶1，以保证每个噬菌体都有机会感染一个细菌。半固体琼脂应先融化，然后保温在 45℃ 左右，使之既不凝固，又不烫死细胞。

（4）将噬菌体已增殖的上层半固体培养基琼脂刮到无菌三角瓶中，加入 5～10 mL LB 液体并加入几滴氯仿，剧烈振荡 20 s 后离心，上清液即为 P1 cml, clr100 裂解液。将上清液移到无菌试管中，加入几滴氯仿，再次剧烈振荡 20 s 即可。

2. P1 *cml*, *clr*100 裂解液噬菌体效价的测定

可参照实验 27 噬菌体的效价测定的实验步骤。

在转导时要求噬菌体与细菌之比（即感染复数，m.o.i.，multiplicity of infection）要小于 1，因此，在进行转导实验之前需对噬菌体裂解液进行效价测定。

（1）将 30℃中培养过夜的供体菌液按 1：5 加到 2 支盛有 5 mL LB 液体的试管中，30℃振荡培养 3 h 后，混合 2 支试管中的菌液。

（2）分别吸取 0.9 mL 菌液于 11 支无菌试管中，然后吸取如上制得的噬菌体裂解液 0.1 mL 于第一支菌液中，用 10 倍稀释法稀释成 10^{-1} ~ 10^{-10}。在稀释的同时，取不同稀释度的噬菌体细菌混合液 0.2 mL 加到 3 mL 的 LB 半固体中（融后保温在 45℃左右），摇匀后倒在 LB 固体培养基平板上。其中一支菌液不加噬菌体裂解液，倒一皿作为对照。平板冷凝后置 37℃恒温箱培养过夜。

噬菌体裂解液中加氯仿是为防止细胞污染，一般放冰箱 4℃保存。在吸取裂解液时，不要把吸头伸到试管底部，以免吸进沉在底部的氯仿。

（3）取出平板进行噬菌斑计数，然后算出每毫升噬菌体原液中 P1 噬菌体的数目。

3. 转导

（1）接种受体菌于 5 mL LB 液体中，30℃振荡培养过夜。

（2）将上述过夜培养液按 1：5 稀释于 5 mL LB 液体中，30℃振荡培养 2 ~ 3 h 后，在培养液中加入 $CaCl_2$，使之终浓度为 5×10^{-3} mol/L（Ca^{2+} 有助于 P1 噬菌体对受体细胞的吸附）。

（3）取如上制得的噬菌体裂解液（滴定度约为 10^{10}/mL），用无菌生理盐水稀释到 10^{-3}，取 10^{-1}、10^{-2}、10^{-3} 稀释度裂解液 1.5 mL 分别加入无菌试管，对每支试管再加入 1.5 mL 含有 $CaCl_2$ 的受体菌培养液。

（4）37℃保温 20 min，取出后离心（3 500 r/min，15 min），弃去上清液后加入 1 mL 无菌生理盐水重新悬浮。

（5）分别取重新悬浮液 0.1 mL 涂布在两种选择培养基上（乳糖色氨酸基本培养基各涂 2 皿，葡萄糖基本培养基各涂 1 皿），并取未经噬菌体处理的受体菌液在两种选择培养基上各涂一皿作为对照，置 37℃恒温箱培养 2 d。

（6）同时将含有 $CaCl_2$ 的受体菌液用无菌生理盐水稀释到 10^{-6}，取 10^{-5} 和 10^{-6} 稀释菌液涂布在葡萄糖色氨酸基本培养基上，每皿涂布 0.1 mL，每稀释度涂布 3 皿，置 37℃恒温箱培养 2 d。

（7）取出平板，进行菌落计数，计算转导频率。

（二）λ 噬菌体的局限性转导

1. λ 噬菌体裂解液的制备

（1）接种供体菌于盛 5 mL LB 液的 100 mL 三角烧瓶中，37℃振荡培养 16 h。

（2）吸取 0.5 mL 供体菌液放入盛 4.5 mL LB 液的 100 mL 三角烧瓶中，37℃继续振荡培养 4 ~ 6 h。

保存剩余供体菌液于冰箱 4℃备用。

（3）继续振荡培养 4 ~ 6 h 后的供体菌液经 3 500 r/min，10 min 离心后，弃去上清液，加入 4 mL 0.1 mol/L pH7.0 磷酸缓冲液，振荡成菌悬液。

（4）吸取 3 mL 菌悬液放入直径 6 cm 无菌平皿中。用 15 W 的紫外灯于距离为 40 cm 处打开皿盖照射 15 s，边照射边搅拌。向平皿中加入 3 mL 加倍 LB 液，平皿用黑布包裹，置 37℃避光

培养 2~3 h。

照射计时从开盖起，加盖止；从紫外线照射处理开始，直到用黑布包裹几个操作步骤都需在红灯下进行；平皿正放，不要让里面的菌液溢出。

（5）将平皿内菌液全部吸入一支无菌试管中，加入 5~6 滴氯仿，剧烈振荡 30 s，静置 5 min。小心地将上层清液倒入无菌离心管，3 500 r/min 离心 10 min。小心地将上清液吸入另一支无菌试管中，此即为 λ 噬菌体裂解液。加入一滴氯仿，混匀，置冰箱 4℃ 保存。

注意防止氯仿毒害。

2. λ 噬菌体裂解液效价的测定

Mg²⁺ 有助于 λ 噬菌体对受体细胞的吸附，可在"λ 噬菌体裂解液效价的测定"中用到的培养基（液）中加入 MgSO₄·7H₂O，使之终浓度为 1×10^{-2} mol/L。

（1）接种受体菌于盛 5 mL LB 液的 100 mL 三角烧瓶中，37℃ 振荡培养 16 h。

（2）吸取 0.5 mL 培养液放入盛 4.5 mL LB 液的 100 mL 三角烧瓶中，37℃ 继续振荡培养 4 h。
保存剩余受体菌液于冰箱 4℃ 备用。

（3）吸取 λ 噬菌体裂解液 0.5 mL（不要吸到底部氯仿），用 4.5 mL LB 液稀释到 10^{-8}。
保存剩余 λ 噬菌体裂解液于冰箱 4℃ 备用。

（4）分别吸取 0.1 mL 10^{-6}、10^{-7} 和 10^{-8} 稀释度裂解液和 0.1 mL 继续振荡培养 4 h 后的受体菌液放入每支无菌试管中，混匀，静置 10 min。每稀释度各做 3 支，共做 9 支。

（5）将融化后保温在 45℃ 的 4.5 mL LB 半固体培养基一对一地倒入上述静置好的试管，迅速搓匀后倒在 LB 培养基平板上，使它铺满底层。每稀释度各倒 3 皿，共倒 9 皿。平板冷凝后倒置于 37℃ 恒温箱培养过夜。

（6）取出培养过夜的平板进行 PFU 计数，然后算出每毫升噬菌体裂解液中的 PFU 数，即为 λ 噬菌体裂解液的效价。

3. 转导现象的观察（点滴法）

（1）取 EMB-Gal 平板 2 皿（重复一皿），在皿底按图 X-3 样子画好。

（2）用保存的受体菌液涂一条带，再用保存的供体菌液涂另一条带，待干。

（3）用保存的 λ 噬菌体裂解液先在两个圆圈后在两个方格涂抹。
可用已烧圆滑的玻璃涂棒尾部涂抹；用一次后蘸酒精在酒精灯上点燃，离开酒精灯烧完后再进行下一次涂抹。

（4）将 EMB-Gal 平板倒置于 37℃ 恒温箱培养，2 d 后观察转导现象。

4. 转导频率的测定

（1）分别吸取 0.25 mL 保存的受体菌液和 0.25 mL 保存的 λ 噬菌体裂解液放入一支无菌试管中，混匀；分别吸取 0.5 mL 保存的受体菌液和 0.5 mL 保存的 λ 噬菌体裂解液放入各自的无菌试管中；3 支试管置 37℃ 水浴保温 15 min。

（2）分别吸取 0.1 mL 受体菌和噬菌体混合液涂布每皿 EMB-Gal 平板，涂布 2 皿；分别吸取 0.1 mL 受体菌液和

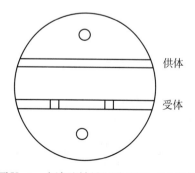

图 X-3　点滴法转导试验 EMB-Gal 平板

0.1 mL 噬菌体裂解液各自涂布 EMB-Gal 平板，各涂布 2 皿，作为对照。

若受体菌液浓度较高，可将保温后的受体菌和噬菌体混合液用无菌生盐水适当稀释，然后涂平板。

（3）将 EMB-Gal 平板倒置于 37℃ 恒温箱培养，2 d 后进行转导子 CFU 计数，计算转导频率。

本实验成功的关键

（1）普遍性转导时要求噬菌体与细菌之比要小于 1，以保证每个噬菌体都有机会感染一个细菌。

（2）上层半固体培养基融化后，应保温在 45℃ 左右，使之既不凝固，又不烫死细菌；在倒上层半固体培养基时，动作要快，以免过早凝固，不能布满底层。

（3）在局限性转导中用到的 EMB-Gal 平板上，表现 Gal$^+$ 性状的细菌长成带有金属光泽的紫红色，而表现 Gal$^-$ 性状的细菌长成淡淡的粉红色。

五、实验报告

（一）Pl 噬菌体的普遍性转导

1. 结果

（1）将 P1 噬菌体裂解液效价测定的结果填入表 X-4。

表 X-4　P1 噬菌体裂解液效价测定的结果记录表

裂解液稀释度	10^0	10^{-1}	10^{-2}	10^{-3}	10^{-4}	10^{-5}	10^{-6}	10^{-7}	10^{-8}	10^{-9}	对照
第 1 组*											
第 2 组											
第 3 组											
PFU 数 / 组											
PFU 数 /mL											

*可将 3 个组的数据放在一起计算。

（2）将色氨酸和乳糖发酵基因转导频率测定的结果填入表 X-5。

表 X-5　转导频率测定的结果记录表

培养基	转导标记	转导子数 / 皿	转导子数 /mL	受体菌数 /mL	转导频率*
MM** + 葡萄糖	Trp			/	
MM+ 乳糖 +Trp	Lac			/	
MM+ 葡萄糖 +Trp	活菌 CFU 计数	/	/		/

$$* 转导频率 = \frac{每毫升转导子数}{噬菌体裂解液效价} \times 100\%$$

** 基本培养基

2. 思考题

（1）为什么将表X-5中3种培养基用于转导频率的测定？

（2）转导过程中，噬菌体和受体细胞混合保温后，为什么要采取离心和重新悬浮实验步骤？还有什么方法代替这些步骤？

（3）噬菌体和受体细胞在半固体培养基中混合倒平板后，为什么培养过夜就要进行PFU计数？多培养几天行不行？

（4）查阅资料并设计一个实验方案，用以测定Lac和T_6^r这两个标记的并发转导（共转导，cotransduction）频率。

提示：常用的方法是选取某一选择性标记的转导子，然后测定另一基因的出现频率，根据公式计算，确定它们之间的连锁关系。

可取T_6噬菌体裂解液涂布在LB培养基平板上，室温下待裂解液吸干。用灭菌牙签挑取100～200个在乳糖色氨酸基本培养基平板上长出的单菌落，点种在上述涂布T_6噬菌体的平板上。37℃培养后进行CFU计数，即可计算共转导频率。

（二）λ噬菌体的局限性转导

1. 结果

（1）将λ噬菌体裂解液效价测定的结果填入表X-6。

表X-6 λ噬菌体裂解液效价测定的结果记录表

	10^{-6}	10^{-7}	10^{-8}
皿 1			
皿 2			
皿 3			
PFU 数 / 皿			
PFU 数 /mL			

（2）将转导频率测定的结果填入表X-7。

表X-7 转导频率测定的结果记录表

	裂解液 + 受体菌 （A）		受体菌对照 （B）		裂解液对照 （C）	
第 1 组 [*]						
第 2 组						
第 3 组						
转导子 CFU 数 /mL						
转导频率 [**]						

[*] 可将 3 个组的数据放在一起计算。

[**] 转导频率 $= \dfrac{每毫升转导子数（A-B-C）}{噬菌体裂解液效价} \times 100\%$

（3）用图 X-3 表示转导现象观察结果。

2. 思考题

（1）EMB-Gal 平板检出转导子的原理是什么？谈谈你制备和使用这种平板的体会。

（2）根据图 X-3 结果，说明出现这种结果的原因。

（3）你的实验结果中噬菌体裂解液效价和转导频率在正常范围内吗？如果不正常，分析错误产生的原因或者提出改进实验的方案。

（4）λ 噬菌体在转导 *gal* 基因的同时也可能转导生物素基因 *bio*。谈谈你在选择 λdb 转导子实验中的初步设想。

（安志东）

实验 41 Ames 致突变和致癌试验

一、目的要求

1. 学习了解 Ames 试验的基本原理。
2. 掌握 Ames 试验点试法的操作要领和评价方法。

二、基本原理

Ames 试验又称鼠伤寒沙门氏菌 / 哺乳动物微粒体试验，它是由 Bruce Ames 在美国加利福尼亚大学建立的。这种试验是目前国内外公认并首选的一种检测环境致突变物的短期生物学试验方法，其阳性结果与致癌物吻合率高达 83%。一旦测出某种物质能引起突变，可将这种物质用于动物试验，以确证其致癌性。

Ames 试验是利用鼠伤寒沙门氏菌的组氨酸营养缺陷型菌株（His⁻）发生回复突变的性能来检测待测物的致突变率；让试验菌株在缺乏组氨酸的培养基上培养并接触待测物，然后测定这种培养基上长成的原养型（His⁺）菌落数。

本实验使用的菌株是鼠伤寒沙门氏菌 TA98。这一菌株不但是组氨酸缺陷型，还缺乏 DNA 修复酶，可防止 DNA 损伤的正确修复。以往的试验中还要加入哺乳动物肝微粒体酶系，使待测物活化，表现出致癌活性。本实验省略了这一酶的加入，因其制备条件要求较高。学生可在以后的实验训练中，参阅有关资料后进行这种酶系加入的实验。本实验在没有加入这种酶系的情况下，用 4- 硝基 -O- 苯二胺作为阳性对照物，采用点试法（还有一种方法是掺入法，多用于待测物作用的数量分析），也会取得良好的效果。

三、实验器材

1. 菌株

鼠伤寒沙门氏菌 TA98。

2. 培养基

营养肉汤：牛肉膏 5 g/L，蛋白胨 10 g/L，NaCl 5 g/L，pH7.2，121℃高压蒸汽灭菌 20 min。

底层葡萄糖基本培养基平板：MgSO$_4$ · 7H$_2$O 0.2 g，柠檬酸（C$_6$H$_8$O$_7$ · H$_2$O）2.0 g，K$_2$HPO$_4$ 10 g，磷酸氢铵钠（NaHNH$_4$PO$_4$ · 4H$_2$O）3.5 g，蒸馏水 200 mL，121℃高压蒸汽灭菌 20 min，此为 Vogel–Bonner 培养基 E；配 200 g/L 葡萄糖 100 mL，113℃高压蒸汽灭菌 30 min；15 g 琼脂粉加 700 mL 蒸馏水，121℃高压蒸汽灭菌 20 min。以上 3 种溶液分开灭菌后，80℃左右时在 2 L 的无菌三角烧瓶中混匀各组分，倒入每平皿约 25 mL，冷凝后即成。

上层琼脂培养基试管：琼脂粉 0.6 g，NaCl 0.5 g，蒸馏水 100 mL，将上述各组分混合，加热溶化后再加入 10 mL 的 0.5 mmol/L L–组氨酸 +0.5 mmol/L D–生物素混合液（1.22 mg D–生物素、0.77 mg L–组氨酸溶于 10 mL 温热蒸馏水中即成），加热混匀后趁热分装入小试管，每管装 2.5 mL，121℃高压蒸汽灭菌 20 min。

3. 溶液、试剂及待测物质

无菌水，4–硝基 –O– 苯二胺溶液（4-NOPD，10 μg/mL），未知的可能致癌物溶液，从家里带来的待测物。

4. 仪器和其他用品

振荡混合器，无菌滴管，1 mL 无菌吸管，镊子，装无菌滤纸圆片的平皿等。

本实验为什么用上述菌株？

Ames 试验使用了一系列鼠伤寒沙门氏菌组氨酸营养缺陷型菌株（TA98，TA100，TA97 和 TA102），尤以 TA98 和 TA100 最为常用。这些菌株虽然都是组氨酸缺陷型，但其他的性能有差异，因此一种阳性对照物对一种菌株可能表现出致突变性，而对另一种菌株可能表现出阴性结果。本实验使用 TA98 菌株，因其组氨酸基因缺失延伸到生物素基因，所以上层琼脂培养基中加有微量的组氨酸和生物素。这使试验平板琼脂表面 His⁺ 回变菌落下有一层菌苔作为背衬。

四、操作步骤

安 全 警 示

所用沙门氏试验菌株具有毒性，带菌试管和平板等须经 121℃ 20 min 高压蒸汽灭菌后方能清洗。操作者须注意个人安全防护，尽量减少接触污染物的机会。

---

1. 试验菌液的准备

挑取适量菌种于盛有 10 mL 营养肉汤的小三角烧瓶中，37℃振荡培养 10～12 h，菌液浓度要求达到（1～2）×10^9/mL。

菌液浓度的判断可参照多次活菌计数及在 650 nm 波长下测其透光率，以透光率作为菌液浓度参数。试验菌菌液符合要求后应尽快投入试验。

2. 点试法致突变性试验

（1）取 4 套葡萄糖基本培养基平板，在背面分别作阳性对照、阴性对照、未知的可能致癌物和任选的标记。

（2）融化 4 支上层琼脂培养基，并冷却到 45℃。

可先用电炉烧水融化，然后放在 45℃水浴保温。这一温度既不使琼脂凝固，又不烫死细菌。

（3）用一支 1 mL 吸管吸取 0.1 mL 试验菌液，放入一支在 45℃保温的上层琼脂培养基试管。

（4）用振荡混合器充分混匀 3 s，或用两个手掌搓匀，迅速倒在阳性对照的葡萄糖基本培养基平板上，使它铺满底层。

动作要快，吸取、混匀和铺满底层要在 20 s 内完成。否则，琼脂会凝固。

（5）重复如上（3）和（4）步骤，分别将其余 3 管的内含物倒在底层平板上。

（6）用镊子把无菌滤纸圆片垂直放在阳性对照平板的中心附近。

镊子头要蘸乙醇，过火燃烧灭菌。

（7）用一无菌滴管吸取 4- 硝基 -O- 苯二胺溶液慢慢从滤纸圆片上方放入，让其饱和为止。然后将圆片放平。

注意：加液不能过量，不要让所加溶液滴到平板上。否则会影响试验结果。

（8）如上操作，把无菌滤纸圆片放入阴性对照平板的中心附近。用无菌水打湿滤纸圆片，然后将圆片放平。

注意换用无菌滴管。

（9）如上操作，把圆片放入未知的可能致癌物平板。用未知的可能致癌物溶液浸润圆片，然后将圆片放平。

（10）在第 4 套任选平板上，如上操作，放一滴从家里带来的待测物溶液到圆片上，然后将圆片放平。如果待测物为结晶体，可直接放少许到平板中心。

（11）将如上制得的 4 套平板放入 37℃恒温箱，保温培养 2 d。

3. 观察评价结果

凡在点试法圆片周围长出一圈密集可见的 His⁺ 回变菌落者，即可初步认为待测物为致突变物。如没有或只有少数菌落出现，则为阴性。菌落密集圈外出现的散在大菌落是自发回复突变的结果，与待测物无关。

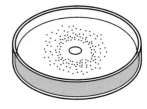

图 X-4　点试法阳性结果

观察结果时，一定要见到试验平板琼脂表面 His⁺ 回复突变菌落下有一层菌苔背衬，方可确定为 His⁺ 回变菌落。这是上层培养基中所含的微量组氨酸使 His⁻ 菌株细胞生长分裂数次所形成的。诱变作用的发生需要这种生长。图 X-4 示点试法阳性结果。

本实验成功的关键

（1）实验前要对所用菌株伤寒沙门氏菌 TA98 进行性状鉴定，以确保其为纯培养物。

（2）上层琼脂培养基融化后，应放在 45℃水浴中保温。

（3）实验结果的分析评价标准要明确。

五、实验报告

1. 结果

列表报告实验结果。

2. 思考题

（1）试述 Ames 试验的基本原理。

（2）查阅资料，说明掺入法的一般方法及其关键步骤。

（3）本实验介绍了一种点试法的操作步骤，试设计另一种点试法的关键步骤。

（4）实验结果的分析评价很重要，你有什么体会？

（安志东）

XI | 分子微生物学基础技术

在分子水平上研究微生物涉及许多现代分子生物学技术。特别是 20 世纪 90 年代中期兴起的微生物基因组学，极大地促进了微生物学及其研究技术的发展，其中许多技术已逐渐成为当今研究微生物的常规手段。本部分将介绍最基本的常用技术，包括质粒 DNA 的制备和转化、基因组文库构建、PCR 技术及其在鉴定细菌中的应用以及与基因组学相关的生物信息学分析等。

实验 42　细菌质粒 DNA 的小量制备 *

一、目的要求

1. 学习和掌握碱裂解法小量制备质粒 DNA 的原理、方法和技术。
2. 为质粒的转化实验提供样品。

二、基本原理

细菌质粒的发现是微生物学对现代分子生物学发展的重要贡献之一。特别是自 20 世纪 70 年代末以来，根据质粒分子生物学特性而构建的一系列克隆和表达载体更是现代分子生物学发展、改良生物品种和获得基因工程产品不可缺少的分子载体，发展十分迅速，而质粒的分离和提取则是最常用和最基本的实验技术，其方法很多，仅大肠杆菌质粒的提取就有 10 多种，包括碱裂解法、煮沸法、氯化铯 – 溴化乙锭梯度平衡超离心法以及各种改良方法等。本实验以大肠杆菌的 pUC18 质粒为例来介绍目前常用的碱裂解法小量制备质粒 DNA 的技术。

---

* 目前虽然有商品试剂盒提供，但初学者必须通过本实验学会最基本的操作步骤和原理，今后才能做到不仅知其然，而且还能知其所以然。

由于大肠杆菌染色体 DNA 比通常用作载体的质粒 DNA 分子大得多，因此在提取过程中，染色体 DNA 易断裂成线型 DNA 分子，而大多数质粒 DNA 则是共价闭环型，根据这一差异便可以设计出各种分离、提纯质粒 DNA 的方法。碱裂解法就是基于线型的大分子染色体 DNA 与小分子环型质粒 DNA 的变性复性之差异而达到分离目的。在 pH 12.0 ~ 12.6 的碱性环境中，线型染色体 DNA 和环型质粒 DNA 氢键均发生断裂，双链解开而变性，但质粒 DNA 由于其闭合环状结构，氢键只发生部分断裂，而且其两条互补链不会完全分离，当将 pH 调至中性并在高盐浓度存在的条件下，已分开的染色体 DNA 互补链不能复性而交联形成不溶性网状结构，通过离心大部分染色体 DNA、不稳定的大分子 RNA 和蛋白质 –SDS 复合物等一起沉淀下来而被除去。而部分变性的闭合环型质粒 DNA 在中性条件下很快复性，恢复到原来的构型，呈可溶状态保存在溶液中，离心后的上清中便含有所需要的质粒 DNA，再通过用酚、氯仿抽提、乙醇沉淀等步骤而获得纯的质粒 DNA。

三、实验器材

1. 菌株

大肠杆菌 DH5α/pUC18（Amp^r）。

2. 培养基

含氨苄青霉素（Amp）的 LB 液体和固体培养基。

3. 溶液和试剂（见附录Ⅲ，十四）

溶液Ⅰ、Ⅱ、Ⅲ和Ⅳ，TE 缓冲液，10 μg/mL 的无 DNase 的 RNase，100% 冷乙醇，电泳缓冲液（TAE 缓冲液），7 g/L 琼脂糖凝胶，凝胶加样缓冲液，1 mg/mL 溴化乙锭，氨苄青霉素水溶液（1 mg/mL）。

4. 仪器和其他用品

稳压电泳仪和水平式微型电泳槽，透射式紫外分析仪，旋涡混合器，微量加样器等。

本实验为什么用大肠杆菌 DH5α/pUC18（Amp^r）？

（1）大肠杆菌 DH5α/pUC18（Amp^r）的含义是大肠杆菌 DH5α 细胞中含有质粒 pUC18，该质粒上携带有氨苄青霉素抗性基因，因此该菌对一定浓度的氨苄青霉素具有抗性。

（2）大肠杆菌 DH5α 是重组缺陷型菌株，有利于质粒以游离状态稳定存留于细胞中，是常用的遗传转化受体或宿主菌株。

（3）pUC18 质粒为高拷贝数质粒，相对分子质量小（2.7 kb），易于提取，是常用的克隆载体。

本实验的目的是要通过从菌中提取质粒，学会一般常用的方法并为下一个实验（转化）提供可用于转化的质粒 DNA，因此该菌株符合本实验的要求。

四、操作步骤

安 全 警 示

（1）乙醇和氯仿都是具挥发性和易燃的液体，使用时务必远离火焰。

（2）酚对人体有毒，会引起皮肤严重烧伤，溴化乙锭（EB）具有致癌性，操作时均要戴手套。

（3）用过的吸嘴、手套、凝胶和其他用具等放于教师指定的容器内。

（4）在紫外灯下观察凝胶电泳结果时，要戴玻璃眼罩和手套。

---

1. 挑取大肠杆菌 DH5α/pUC18 的一个单菌落于盛 5 mL LB 培养基的试管中（含 100 μg/mL 的氨苄青霉素），37 ℃振荡培养过夜（16～24 h）。

2. 吸取 1.5 mL 的过夜培养物于一小塑料离心管（又称 Eppendorf 管）中，离心（12 000 r/min，30 s）后，弃去上清，留下细胞沉淀。

3. 加入 100 μL 冰预冷的溶液 I，在旋涡混合器上强烈振荡混匀。

4. 加入 200 μL 溶液 II，盖严管盖，反复颠倒小离心管 5～6 次或用手指弹动小管数次，以混合内容物。置冰浴 3～5 min（根据不同菌株，可适当缩短）。

注意不要强烈振荡，以免染色体 DNA 断裂成小的片段而不易与质粒 DNA 分开。

5. 加入 150 μL 溶液 III，在旋涡混合器上快速短时（约 2 s）振荡混匀，或将管盖朝下温和振荡 10 s，置冰浴 3～5 min。

确保完全混匀，又不致使染色体 DNA 断裂成小片段。

6. 离心（12 000 r/min）5 min，以沉淀细胞碎片和染色体 DNA。取上清转移至另一洁净的小离心管中。

7. 加入等体积的溶液 IV，振荡混匀，室温下离心 2 min，小心吸取上层水相至另一洁净小离心管中。

8. 加入 2 倍体积的冷无水乙醇，置室温下 2 min，以沉淀核酸。

9. 室温下离心 5 min，弃上清。加入 1 mL 70% 乙醇振荡漂洗沉淀。

10. 离心后，弃上清。可见 DNA 沉淀附在离心管管壁上，用记号笔标记其位置，并用消毒的滤纸小条小心吸净管壁上残留的乙醇，将管倒置放在滤纸上，室温下蒸发痕量乙醇 10～15 min，或真空抽干乙醇 2 min。也可在 65 ℃烘箱中干燥 2 min。

DNA 分子在琼脂糖凝胶电泳中的两种效应

DNA 分子在琼脂糖凝胶中泳动时有两种效应：

（1）电荷效应：DNA 分子在高于等电点的 pH 溶液中带负电荷，在电场中向正极泳动。

（2）分子筛效应：在一定的电场强度下，DNA 分子的迁移速率取决于分子筛效应，即 DNA 分子本身的大小。具有不同的相对分子质量的 DNA 片段泳动速率不一样，从而可进行分离。

此外，凝胶电泳还可对相对分子质量相同，但构型不同的 DNA 分子进行分离，因此，当用提取的质粒进行凝胶电泳时，往往会出现 3 条泳带：超螺旋质粒 DNA 泳动最快，线型次之，开环质粒 DNA 泳动最慢。

11. 加入 50 μL TE 缓冲液（含 RNase，20 μg/mL），充分混匀，取 5 μL 进行琼脂糖凝胶电泳，剩下的贮存于 −20℃冰箱内，为下一个实验用。

用加入的 50 μL TE 缓冲液多次、反复地选择 DNA 沉淀标记部位，以充分溶解附在管壁上的质粒 DNA。

12. 琼脂糖凝胶电泳观察质粒 DNA

（1）将微型电泳槽的胶板两端挡板插上，在其一端放好梳子，在梳子的底部与电泳槽底板之间保持约 0.5 mm 的距离。

（2）用电泳缓冲液配制 7 g/L 的琼脂糖胶，加热使其完全溶化，加入一小滴溴化乙锭溶液（1 mg/mL），使胶呈微红色，摇匀（但不要产生气泡），冷至 65℃左右，倒胶（凝胶厚度一般为 0.3 ~ 0.5 cm）。倒胶之前先用琼脂糖封好电泳胶板两端挡板与其底板的连接处，以免漏胶（图 XI-1A）。

根据实验需要，溴化乙锭也可以不直接加入胶中，而是在电泳完毕后，将凝胶放在含 0.5 mg/mL 的 EB 中染色 15 ~ 30 min，然后转入蒸馏水中脱色 15 ~ 30 min。

（3）待胶完全凝固后，小心取出两端挡板和梳子，将载有凝胶的电泳胶板（或直接将凝胶）放入电泳槽的平台上，加电泳缓冲液，使其刚好浸没胶面（液面约高出胶面 1 mm）。

（4）取上述获得的质粒 DNA 3 ~ 5 μL 加 1 ~ 2 μL 加样缓冲液（内含溴酚蓝指示剂），混匀后上样（图 XI-1B）。

（5）接通电源，记住：上样槽一端位于负极，电压降选择为 1 ~ 5 V/cm（长度以两个电极之间的距离计算）（图 XI-1C）。

（6）根据指示剂迁移的位置，判断是否终止电泳。切断电源后，再取出凝胶，置透射式紫外分析仪上观察结果或拍照。

EB 特异性地插入质粒 DNA 分子后，因为同一种质粒的相对分子质量大小一致，因此在凝胶中形成一条整齐的荧光带而有别于染色体弥散型荧光带。

本实验成功的关键

（1）对待提质粒的细菌过夜培养物进行离心时，时间不可太长，使所得到的细胞沉淀不至于太紧密而影响在溶液 I 中的分散悬浮。这样，当加溶液 II 进行细胞裂解时，才能使细胞最大数量地接触溶液 II，达到完全裂解，以达到提高质粒产量的目的。

（2）在分别加入溶液 II 和溶液 III 时，不要剧烈振荡，既要确保完全混匀，又要使染色体 DNA 不断裂成小片段，以免不易与质粒 DNA 分开。

（3）要获得大量的质粒，宿主细菌的生长期也是重要因素之一。一般选择其生长的对数期或对数期后期，此时质粒的拷贝数一般可达到最高值。

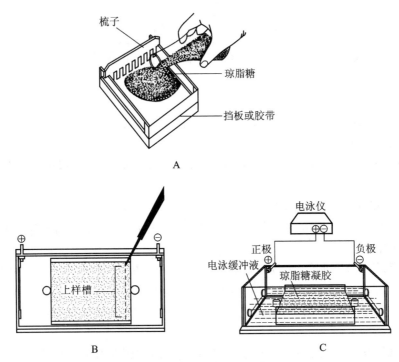

图XI-1　琼脂糖凝胶电泳

五、实验报告

1. 结果

描绘出（或照相）你在透射式紫外分析仪上观察到的质粒凝胶电泳的结果。

2. 思考题

（1）试分析下列实验结果产生的可能原因，指出哪一种是正确结果。

① 没有观察到任何荧光带。

② 观察到 2~3 条整齐的荧光带。

③ 只观察到一片不成带型的"拖尾"荧光。

④ 3 种类型核酸（染色体 DNA、质粒 DNA 和 RNA）均观察到。

（2）如果只需要检测（而不是分离制备）某大肠杆菌菌株是否含有质粒（或重组质粒），你能否在本实验的基础上提出一种（或多种）更为简便、迅速的方法设想？

① 可否将有些溶液（或成分）合并成一种溶液而减少操作步骤？

② 检查某菌是否含有质粒，是否一定要将其染色体 DNA、RNA 去除干净？

（3）当上样完毕，进行凝胶电泳时，为什么上样槽一端接电源负极？如果接正极会是什么后果？

溶液 Ⅰ、Ⅱ、Ⅲ、Ⅳ的作用机制

液液 Ⅰ 中的葡萄糖是为了增加溶液黏度，以防止染色体 DNA 受机械剪切力作用而降解，污染质粒；溶菌酶（可省略）可水解菌体细胞壁的主要化学成分肽聚糖中的 β-1, 4- 糖苷键，因而具有溶菌作用；EDTA 有两个作用：一是抑制 DNase 对 DNA 的降解作用，因为 EDTA 是一种金属离子螯合剂，而 DNase 作用时需要一定的金属离子（如 Mg^{2+} 等）做辅基；二是保证溶菌酶有一个良好的低离子强度的环境。溶液 Ⅱ 中的 NaOH 可促使染色体 DNA 和质粒 DNA 强碱变性，SDS 是离子型活性剂，其功能是溶解细胞膜上的脂肪与蛋白质，破坏细胞膜，解聚核蛋白以及形成蛋白质变性复合物以利于沉淀。溶液 Ⅲ 实际上是 KAc–HAc 缓冲液，其功能是使变性的质粒 DNA 复性并稳定地存在于溶液中。溶液 Ⅳ 中的酚和氯仿则是用来抽提 DNA 溶液中的蛋白质，加少量的异戊醇是为了减少抽提过程中泡沫产生，以防止气泡阻止相互间的作用，同时也有助于分相（使上层水相、中层变性蛋白相及下层有机溶剂相维持稳定）。

（沈　萍）

实验 43　质粒 DNA 的转化

一、目的要求

1. 了解和掌握基因工程中常用的质粒转化方法。
2. 检测自制质粒 DNA 的转化活性。

二、基本原理

转化活性是检测质粒生物活性的重要指标。在基因克隆技术中，转化（transformation）特指质粒 DNA 或以它为载体构建的重组质粒 DNA（包括人工染色体）导入细胞的过程，是一种常用的基本实验技术。该过程的关键是受体细胞的遗传学特性及其所处的生理状态。用于转化的受体细胞一般是限制修饰系统缺陷的变异株，以防止对导入的外源 DNA 的切割，用 R⁻M⁻ 符号表示。此外，为了便于检测，受体菌一般应具有可选择的标记（例如抗生素敏感性、颜色变化等）。但质粒 DNA 能否进入受体细胞则取决于该细胞是否处于感受态（competence）。所谓感受态是指受体细胞处于容易吸收外源 DNA 的一种生理状态，可通过物理化学的方法诱导形成，也可自然形成（自然感受态）。在基因工程技术中，通常是采用诱导的方法。大肠杆菌是常用的受体菌，其感受态一般是通过用 $CaCl_2$ 在 0℃ 条件下处理细胞而形成。基本原理是：细菌处于 0℃ 的 $CaCl_2$ 低渗溶液中，会膨胀成球形，细胞膜的通透性发生变化，转化混合物中的质粒 DNA 形成抗 DNase 的羟基 – 钙磷酸复合物黏附于细胞表面，经 42℃ 短时间热激处理，促进细胞吸收 DNA 复合物，在丰富培养基上生长数小时后，球状细胞复原并分裂增殖，在选择培养基上便可获得所需的转化子。

三、实验器材

1. 菌株

大肠杆菌（*Eschericha coli*）HB101（Amp^s），pUC18 质粒（实验 42 中制备，以及标准品）。

2. 培养基

LB 液体培养基（20 mL/250 mL 三角烧瓶），含（和不含）氨苄青霉素的 LB 平板，2×LB 培养基。

3. 溶液和试剂

CaCl$_2$（0.1 mol/L）溶液。

4. 仪器和其他用品

10 mL 塑料离心管和 1.5 mL 小塑料离心管，微量进样器，玻璃涂棒，恒温水浴锅（37℃，42℃），分光光度计，台式离心机等。

本实验为什么用大肠杆菌 HB101？

该菌株是由大肠杆菌 K12 和大肠杆菌 B 杂交所得，具有很高的转化效率，而且对氨苄青霉素敏感，R$^-$M$^-$ 表型，也是常用的受体菌株。本实验是要完成将 pUC18 质粒通过转化导入大肠杆菌，在含有氨苄青霉素的平板上获得转化子，因此该菌株符合要求。

四、操作步骤

1. 制备感受态细胞

（1）将大肠杆菌 HB101 在 LB 琼脂平板上划线，37℃培养 16~20 h。

（2）在划线平板上挑一个单菌落于盛有 20 mL LB 培养基的 250 mL 三角烧瓶中，37℃振荡培养到细胞的 OD$_{600}$ 值为 0.3~0.5 之间，使细胞处于对数生长期或对数生长前期。

（3）将培养物于冰浴中放置 10 min，然后转移到 2 个 10 mL 预冷的无菌离心管中，4 000 r/min，0~4℃离心 10 min。

（4）弃上清，倒置离心管 1 min，流尽剩余液体后，置冰浴 10 min。

（5）分别向两管加入 5 mL 用冰预冷的 0.1 mol/L CaCl$_2$ 溶液悬浮细胞，置冰浴中 20 min。

（6）4 000 r/min，0~4℃离心 10 min 回收菌体，弃上清。分别向两管各加入 1 mL 冷的 0.1 mol/L CaCl$_2$ 溶液，重新悬浮细胞。

（7）按每份 200 μL 分装细胞于无菌小塑料离心管中，如果不马上用可加入终体积分数为 10% 的无菌甘油，置 –20℃或 –70℃贮存备用。

制得的感受态细胞，如果在 4℃放置 12~24 h，其转化率可增高 4~6 倍，但 24 h 后，转化率将下降。以上均严格无菌操作。

2. 转化

（1）加 10 μL 含约 0.5 μg 自制的 pUC18 质粒 DNA 到上述制备的 200 μL 感受态细胞中。同时设 3 组对照：①不加质粒。②不加受体。③加已知具有转化活性的质粒 DNA。具体操作参照表 XI –1 进行。

表XI-1 转化操作表

编号	组别	质粒 DNA/μL	TE 缓冲液 /μL	0.1 mol/L CaCl₂/μL	受体菌悬液 /μL
1	受体菌对照	—	10	—	200
2	质粒对照	10（0.5 μg）	—	200	—
3	转化实验组Ⅰ*	10（0.5 μg）	—	—	200
4	转化实验组Ⅱ	10（0.5 μg）	—	—	200

* 阳性对照，用已知具有转化活性的 pUC18 质粒 DNA 进行转化。

（2）将每组样品轻轻混匀后，置冰浴 30～40 min，然后置 40℃水浴热激 3 min，迅速放回冰浴 1～2 min。

（3）向每组样品加入等体积的 2×LB 培养基，置 37℃保温 1～1.5 h，让细菌中的质粒表达抗生素抗性蛋白。

（4）每组各取 100 μL 混合物涂布于含氨苄青霉素（50 μg/mL）的选择平板上，室温下放置 20～30 min。

（5）待菌液被琼脂吸收后，倒置平板于 37℃培养 12～16 h，观察结果。

本实验成功的关键

（1）在实验中设立各种对照，对正确判断实验结果至关重要，特别是对初学者。

（2）要掌握好制备感受态细菌的合适生长期，一般为对数生长前期或对数生长期。

（3）CaCl₂ 的纯度至关重要，不同厂家，甚至同一厂家不同批号的产品，均可对细菌感受态的形成产生影响。

（4）注意无菌操作。

五、实验报告

1. 结果

（1）自行设计表格记录你的实验结果。

（2）按下列公式计算转化效率：

$$转化效率 = 转化子总数 / 质粒 DNA 总量（μg）$$

2. 思考题

（1）转化实验中的 3 组对照各起什么作用？

如果阳性对照（编号 3）在选择平板上无菌落生长，而转化实验组（编号 4）有菌落生长，说明什么问题？如果是相反的结果，又将说明什么问题？

（2）根据你的实验结果能否初步判断，转化实验组（编号 4）长出的菌落既不是杂菌，也不是自发突变，而是含有 pUC18 质粒的转化子？请予以解释。如果要进一步确证，你该如何做？

（3）本实验中的受体菌为什么要是对氨苄青霉敏感的？与其他同学相比，你获得的转化效率高吗？你的体会是什么？

（4）本实验介绍的转化方法，你认为有什么地方是可以改进简化的？谈谈你的设想。

（沈 萍）

实验 44 细菌总 DNA 的制备

一、目的要求

1. 了解常用的细菌总 DNA 制备方法的原理和适用范围。
2. 学习细菌总 DNA 的操作技术。

二、基本原理

细菌基因组大小一般为 1~5 Mb。制备纯的高相对分子质量的 DNA 是进行细菌基因组分析、基因克隆和遗传转化研究等的基础。细菌总 DNA 制备方法很多，但都包括两个主要步骤，先裂解细胞，接着采用化学或酶学方法除去样品中的蛋白质、RNA、多糖等大分子。

1. 细胞裂解

大肠杆菌（*Esherichia coli*）HB101 菌株和枯草芽孢杆菌（*Bacillus subtilis*）BR151 菌株是常用的具有代表性的革兰氏阴性和阳性细菌的菌株。由于革兰氏阴性和阳性细菌的细胞壁组成不同，所以两类细菌总 DNA 的制备方法在裂解细胞的步骤中有所不同，采用 SDS 处理即可直接裂解大肠杆菌等革兰氏阴性细菌细胞，而裂解枯草芽孢杆菌等革兰氏阳性细菌细胞，则需要先用溶菌酶处理降解细菌细胞壁后，再用 SDS 等表面活性剂处理裂解细胞。

2. DNA 纯化

一般用饱和酚、酚/氯仿/异戊醇和蛋白酶处理除去 DNA 样品中的蛋白质；在用酚抽提 DNA 样品时，由于 DNA 和 RNA 在水相和酚相分配系数不同，可以除去部分 RNA，用 RNase 除去残余的 RNA；而采用 CTAB/NaCl 溶液可以除去样品中的多糖和其他污染的大分子物质。

3. DNA 浓度和纯度检测

不同的分子生物学实验目的对制备的 DNA 样品中 DNA 的浓度和纯度要求不同，一般通过测量 DNA 溶液的 OD_{260} 和 OD_{280} 估算核酸的纯度和浓度。纯 DNA：OD_{260}/OD_{280} 比值为 1.8；纯 RNA：OD_{260}/OD_{280} 比值为 2.0。如果核酸样品被蛋白质或酚污染，OD_{260}/OD_{280} 比值会降低。用 1 cm 的石英比色杯测量时，纯的核酸样品，可按 1 OD_{260} 约相当于双链 DNA 50 μg/mL、单链 DNA 40 μg/mL 或 RNA 38 μg/mL 计算；对于纯度不高的 DNA 样品可以利用下面的公式估算 DNA 的浓度：

$$DNA 浓度（μg/μL）=OD_{260} \times 0.063 - OD_{280} \times 0.036$$

此外，需要注意的是由于不同构型的 DNA 消光系数不同，一般质粒 DNA 样品具有多种构型（参见实验 42），所以上面估算 DNA 浓度的公式并不适用于质粒 DNA。

三、实验器材

1. 菌株

大肠杆菌（*Escherichia coli*）HB101 菌株，枯草芽孢杆菌（*Bacillus subtils*）BR151 菌株。

2. 培养基

分装于试管中的牛肉膏蛋白胨培养基（5 mL/支）。

3. 溶液和试剂

TE 缓冲液（10 mmol/L Tris–HCl，1 mmol/L EDTA，pH 8.0，含 20 μg/mL RNase），100 g/L 十二烷基磺酸钠 SDS，20 mg/mL 蛋白酶 K，十六烷基三甲基溴化铵（CTAB）/NaCl 溶液（100 g/L CTAB/0.7 mol/L NaCl），溶液 IV（酚/氯仿/异戊醇 = 25：24：1，体积比），氯仿/异戊醇（24：1，体积比），无水乙醇，70% 乙醇，3 mol/L 乙酸钠（pH 5.2），SC 溶液（0.15 mol/L NaCl，0.01 mol/L 柠檬酸钠，pH 7.0），4 mol/L 和 5 mol/L NaCl，溶液 A［10 mmol/L Tris–HCl（pH 8.0），200 g/L 蔗糖，2.5 mg/mL 溶菌酶，新鲜配制］，1 mg/mL 溴化乙锭（EB），正丁醇，水饱和酚［含 10 g/L 8- 羟基喹啉］，异丙醇。

4. 仪器和其他用品

试管，1.5 mL 微量离心管，旋涡振荡器，水浴锅，高速台式离心机，电热干燥箱，紫外分光光度计，恒温摇床和琼脂糖凝胶电泳系统等。

本实验为什么用上述菌株？

应用分子生物学技术分析研究复杂的基因组，首先必须制备纯的高相对分子质量的总 DNA。由于不同生物体的组分不同，不同来源的组织细胞成分不同，有的细胞还存在细胞壁等因素，制备细菌总 DNA 的方法多种多样。本实验选用的大肠杆菌 HB101 和枯草芽孢杆菌 BR151 是遗传背景研究得很清楚，最具代表性的革兰氏阴性和阳性细菌的菌株，由此可以了解一般细菌的总 DNA 制备方法。分离纯化的总 DNA 可以用于实验 45 细菌基因组文库的构建实验，也可用于基因组 DNA 凝胶电泳定量分析、PCR 扩增、限制性内切酶酶切分析、杂交分析等，可依据实验条件和时间酌情安排后续实验内容。

四、操作步骤

安 全 警 示

（1）苯酚对皮肤、黏膜有强烈的腐蚀作用，注意戴手套操作。如果皮肤沾染上苯酚，用大量水冲洗。

（2）实验中使用的乙醇、正丁醇等具有挥发性和刺激性。长时间暴露于其中可引起头痛、头晕和嗜睡，手部可发生接触性皮炎。避免在明火边使用。

（3）按教师的要求将污染的手套、微量离心管等扔在指定的废弃物容器内。

1. CTAB 法制备大肠杆菌 HB101 菌株总 DNA

（1）挑取大肠杆菌 HB101 的一个单菌落于装有 5 mL 牛肉膏蛋白胨培养基的试管中，37℃振荡培养过夜（12~16 h）。

（2）吸取 1.5 mL 的过夜培养物于 1 个微量离心管中，12 000 r/min 离心 20~30 s 收集菌体，弃去上清，保留细胞沉淀。

离心可在 4℃或室温下进行，但离心时间不宜过长，以免影响下一步的菌体分散悬浮。启动离心机前，检查是否平衡放置好离心管！

（3）加入 567 μL TE 缓冲液，在旋涡振荡器上强烈振荡重新悬浮细胞沉淀，再加入 30 μL 100 g/L 的 SDS 溶液和 3 μL 20 mg/mL 的蛋白酶 K，混匀，37℃温育 1 h。

细胞悬浮要充分，否则细胞难以完全裂解，影响 DNA 的产量。

（4）加入 100 μL 5 mol/L NaCl，充分混匀，再加入 80 μL 的 CTAB/NaCl 溶液，充分混匀；65℃温育 10 min。

从此步骤开始可以除去多糖和其他污染的大分子。

（5）加入等体积的溶液Ⅳ，盖紧管盖，轻柔地反复颠倒离心管，充分混匀，使两相完全混合，冰浴 10 min。

既要充分混匀，又不能剧烈振荡，否则会使基因组 DNA 断裂。酚微溶于水，有强腐蚀性，注意防护！如果不小心沾染到皮肤上，立即用大量水冲洗，不要用肥皂洗！以免加重皮肤烧伤。

（6）12 000 r/min 离心 10 min，小心吸取上层水相转移至另一干净的 1.5 mL 微量离心管中。

重复（5）、（6）至界面无白色沉淀。

（7）加入等体积的氯仿/异戊醇，混匀，12 000 r/min 离心 5 min，小心吸取上层水相转移至另一干净的 1.5 mL 微量离心管中。

（8）加入 1/10 体积的乙酸钠溶液，混匀；再加入 0.6~1 倍体积的异丙醇或 2 倍体积的无水乙醇，混匀，这时可以看见溶液中有絮状的 DNA 沉淀出现。用牙签挑出 DNA，转移到 1 mL 70% 乙醇中洗涤。

（9）12 000 r/min 离心 5 min，弃去上清，可见 DNA 沉淀附于离心管壁上，用记号笔在管壁上标出 DNA 沉淀的位置，将离心管倒置在滤纸上，让残余的乙醇流出；室温下蒸发 DNA 样品中残余乙醇，10~15 min，或者在 65℃干燥箱中干燥 2 min。

注意离心时微量离心管盖柄都朝外，这样离心完毕后 DNA 都沉淀在这一侧的底部。

（10）用 50~100 μL TE 缓冲液（含 20 μg/mL RNase）溶解 DNA 沉淀，混匀，取 5 μL 进行琼脂糖凝胶电泳检测（参见实验 42），剩余的样品贮存于 4℃冰箱中，以备下一个实验用。

用加入的 TE 缓冲液多次、反复地洗涤 DNA 沉淀标记部位，以充分溶解附在管壁上的总 DNA，但操作要轻柔，以免快速吹吸导致剪切力过大使 DNA 断裂。如沉淀溶解不完全，可在 65℃水浴 10 min 使沉淀溶解完全，一般这样的样品纯度不高。

（11）将 DNA 样品用 TE 缓冲液稀释后利用紫外分光光度计测量溶液的 OD_{260} 和 OD_{280}，依据 OD_{260}、OD_{280} 以及 OD_{260}/OD_{280} 的比值检测制备的总 DNA 样品的浓度及纯度。

2. 高渗法制备枯草芽孢杆菌 BR151 菌株总 DNA

（1）挑取枯草芽孢杆菌 BR151 菌株的 1 个单菌落于装有 5 mL 牛肉膏蛋白胨培养基的试管中，37℃振荡培养过夜（12~16 h）。

（2）吸取 2.5 mL 的过夜培养物于 5 mL 离心管中，10 000 r/min 离心 1 min 收集菌体，吸弃上清，保留细胞沉淀。

（3）用 1 mL SC 溶液重新悬浮菌体，10 000 r/min 离心 1 min，吸弃上清，保留细胞沉淀；菌体重悬于 0.5 mL SC 溶液中。

（4）加入 0.1 mL 10 mg/mL 用 SC 溶液新鲜配制的溶菌酶，边滴加边用旋涡振荡器小心混匀，37℃温浴 15~20 min。

溶菌酶处理是关键。在温浴过程中可以用旋涡振荡器混匀 2~3 次，如果细菌悬浊液变清，表明溶菌酶处理效果较好，否则需要补加溶菌酶，适当延长温浴时间，或者重新开始准备样品。

（5）加入 0.6 mL 4 mol/L 的 NaCl，混匀，裂解细胞。

以下操作同 "CTAB 法制备大肠杆菌 HB101 菌株总 DNA"。

由于盐浓度较高，直接用饱和酚抽提蛋白质时，水相在下，有机相在上，此外，沉淀 DNA 前，不需要加入乙酸钠溶液。

3. 正丁醇法制备细菌总 DNA

该方法是 1992 年 Mak & Ho 报道的适合多种细菌和蓝细菌总 DNA 提取的方法。

（1）挑取 1 个单菌落于装有 5 mL 牛肉膏蛋白胨培养基的试管中，37℃振荡培养过夜（12~16 h）。

（2）吸取 700 μL 的过夜培养物于微量离心管中，加入 7 μL 100 g/L SDS，混匀。

（3）加入 1.5 倍体积的正丁醇或等体积的水饱和酚，旋涡振荡，混匀，12 000 r/min 离心 10 min，吸取约 550 μL 上层水相于一干净的微量离心管中。

以下操作同 "CTAB 法制备大肠杆菌 HB101 菌株总 DNA"。

本实验成功的关键

（1）细胞沉淀重悬浮要充分，细胞裂解要彻底，使基因组 DNA 能释放出来。

（2）细胞裂解后的操作步骤要轻柔，避免旋涡振荡，以免使总 DNA 断裂成碎片。

（3）注意离心沉淀 DNA 时，离心管盖柄都朝外侧，这样离心结束后，DNA 即沉淀在这一侧的离心管底部。

（4）残余的苯酚要抽提干净，否则会影响后续的酶处理过程。

（5）残余的乙醇要挥发完全，否则会影响 DNA 溶解和后续的 DNA 分析。

（6）吸取 DNA 要缓慢、轻柔，防止剪切 DNA。

五、实验报告

1. 结果

（1）检查制备的细菌总 DNA 的纯度和浓度。

（2）记录细菌总 DNA 电泳的结果。

2. 思考题

（1）依据你所了解的原核细胞结构特征知识，试解释总 DNA 制备中细胞裂解各步骤的工作原理。

（2）假设你分离鉴定了一个新菌株，请设计分离制备其总 DNA 的方案，并说明理由。

（3）常用 OD_{260}/OD_{280} 比值来检测 DNA 纯度，如果某 DNA 样品的 OD_{260}/OD_{280} 比值为 1.8，是否就说明该 DNA 样品纯度很高？为什么？

（4）除了紫外吸收的方法测定 DNA 浓度外，还有哪些常用方法？各自的原理是什么？

（5）比较分析细菌总 DNA 和质粒 DNA 制备方法之间的异同点，试探讨其原因。

（谢志雄）

实验 45　细菌基因组文库的构建

一、目的要求

1. 了解基因组文库构建的方法原理。
2. 学习细菌基因组 DNA 质粒文库构建的操作技术。

二、基本原理

基因组文库（genomic library）是指代表整个生物体基因组的随机产生的重叠 DNA 片段的克隆的总和。将基因组 DNA 用物理方法（如超声波、机械剪切力等）或酶法（限制性内切酶部分酶切）降解成一定大小的片段，然后将这些片段与适当的载体（如 λ 噬菌体、cosmid 或 YAC 载体等）连接，转入相应的受体细胞，这样每一个细胞接受了含有一个基因组 DNA 片段与载体连接的重组 DNA 分子，许多这样的细胞一起组成一个含有基因组各 DNA 片段克隆的集合体，即基因组文库。构建基因组文库后，可以用分子杂交等技术去钓取基因组中的目的基因或 DNA 序列。如果这个文库足够大，能够涵盖该生物基因组 DNA 全部的序列，即该生物完整的基因组文库，就能从中钓出该生物的全部基因或 DNA 序列。

当生物基因组比较小时，此法比较容易成功；当生物基因组很大时，构建其完整的基因组文库就非易事，从庞大的文库中去克隆目的基因工作量也很大。

构建基因组文库的常用载体有质粒、λ 噬菌体、cosmid、BAC（bacterial artificial chromosome）、YAC（yeast artificial chromosome），分别最大可克隆 20 kb、25 kb、45 kb、300 kb、1 000 kb 大小的 DNA 片段。可根据基因组的大小和实验要求计算所需文库的大小，选择合适的克隆载体：

$$N = \frac{\ln(1-P)}{\ln(1-f)}$$

式中：N——文库所需重组子数目

　　　P——预期某基因在文库中出现的概率

　　　f——插入片段的平均大小和基因组大小的比率

由于细菌基因组较小，一般在 1～5 Mb，构建质粒文库比较方便。以 pUC18 为载体，以大肠杆菌（*Escherichia coli*）DH5α 为受体，通过 α 互补、蓝 - 白菌落筛选可以直观地判断是否有片段插入质粒多克隆位点。

三、实验器材

1. 菌株

大肠杆菌（*Eschericha coli*）DH5α 菌株。

2. 培养基

含 X-gal 和 IPTG 的筛选培养基：在事先制备好的含 100 μg/mL 氨苄青霉素的 LB 平板表面加 40 μL X-gal 和 4 μL IPTG，用无菌玻璃涂棒将溶液涂匀，置于 37℃下放置 3～4 h，使培养基表面的液体完全被吸收。

3. 溶液和试剂

质粒 pUC18，枯草芽孢杆菌基因组 DNA，限制性内切酶 *Sau*3A I 和 *Bam*H I，10× 酶切缓冲液，T4 DNA 连接酶及反应缓冲液，小牛肠磷酸酶（CIP）及反应缓冲液，DNA 相对分子质量标记，TE 缓冲液（pH 8.0），溶液 IV（酚/氯仿/异戊醇 = 25：24：1，体积比），氯仿/异戊醇（24：1，体积比），无水乙醇，70% 乙醇，3 mol/L 乙酸钠（pH 5.2）。

X-gal（20 mg/mL）：二甲基甲酰胺溶解 X-gal 配制成 20 mg/mL 的贮液，包以铝箔或黑纸以防止受光照被破坏，贮存于 –20℃。

IPTG（200 mg/mL）：200 mg IPTG 溶解于 800 μL 蒸馏水中后，用蒸馏水定容至 1 mL，用 0.22 μm 滤膜过滤除菌，分装于微量离心管中贮于 –20℃。

4. 仪器和其他用品

试管，1.5 mL 微量离心管，旋涡振荡器，水浴锅，高速台式离心机，电热干燥箱，紫外分光光度计，恒温摇床，琼脂糖凝胶电泳系统等。

本实验为什么用上述菌株？

构建和筛选含完整基因组 DNA 序列的重组 DNA 文库技术是分离和研究特定基因的常用方法。插入失活法和 α 互补是筛选转化子及重组克隆的常用方法。在 pUC 质粒序列中，插入了 *lac* 启动子-操纵子基因序列以及编码 β-半乳糖苷酶 N 端 145 个氨基酸的核苷酸序列（又称 α 肽），该序列不能产生有活性的 β-半乳糖苷酶。这类载体对应的宿主菌（如 JM、DH5α 系列）含有的 β-半乳糖苷酶基因失去了编码 11～41 位氨基酸的碱基序列，因而宿主菌也不能产生有活性的 β-半乳糖苷酶（*lac*⁻）。当这类载体进入到宿主菌后，载体上的 β-半乳糖苷酶 N 端片段与宿主菌的缺陷 β-半乳糖苷酶互补，产生有活性的 β-半乳糖苷酶，这种作用称为 α 互补。pUC 载体在 *lac* Z 基因片段处，引入多克隆位点，以供插入外源基因，外源片段插入将使 *lac* Z 基因片段失活，不能与宿主菌产生 α 互补现象，当外源诱导物 IPTG 和人工底物 X-gal 加入后，底物不被转化，不能生成蓝色菌落，而保持白色。基于 α 互补原理的筛选方法又称为"蓝-白筛选"。

四、操作步骤

安 全 警 示

（1）苯酚对皮肤、黏膜有强烈的腐蚀作用，注意戴手套操作。如果皮肤沾染上苯酚，用大量水冲洗。

（2）实验中使用的乙醇、正丁醇等具有挥发性和刺激性。长时间暴露其中可引起头痛、头晕和嗜睡，手部可发生接触性皮炎。避免在明火边使用。

（3）X-gal、IPTG 对眼睛和皮肤有毒，可因吸入、咽下或皮肤吸收而危害健康，操作时要戴合适的手套和护目镜。

（4）按教师的要求将污染的手套、微量离心管等扔在指定的废弃物容器内。

---

1. 细菌总 DNA 和质粒 DNA 制备

参见实验 44 和实验 42，或者直接利用两个实验中制备保存的 DNA 样品。

2. 基因组 DNA Sau3A I 部分酶切

（1）酶切条件确定：通过酶浓度梯度法确定产生 4~6 kb DNA 片段所需的条件。分取 5 只 1.5 mL 微量离心管，每管加入：

基因组 DNA　　2 μg（溶于 10 μL TE 缓冲液中）

10 × Sau3A I 酶切缓冲液　　　2.5 μL

H$_2$O　　　　　　　　　　　12 μL

分别加入 0.1，0.25，0.5，1，2 单位的 Sau3A I 至 5 只微量离心管中；37℃温育，分别于 5，10，20，40 min 从各微量离心管取 5 μL 样品置冰上，最后通过琼脂糖凝胶电泳与 DNA 相对分子质量标记比较，确定酶切时间和酶量，使得酶切后 DNA 片段集中在 4~6 kb。

（2）依据确定的酶切条件酶切 10 μg 基因组 DNA，酶切结束后加 TE 缓冲液至总体积 500 μL，加入 500 μL 的溶液Ⅳ，盖紧管盖，反复颠倒离心管，充分混匀，使两相完全混合，冰浴 10 min。

酚有强腐蚀性，注意避免沾到皮肤上！如果不小心沾染到皮肤上，立即用大量水冲洗，不要用肥皂洗！以免加重皮肤烧伤。

（3）12 000 r/min 离心 10 min，小心吸取上层水相转移至另一干净的 1.5 mL 微量离心管中。

（4）加入等体积的氯仿/异戊醇，混匀，12 000 r/min 离心 5 min，小心吸取上层水相转移至另一干净的 1.5 mL 微量离心管中。

（5）加入 1/10 体积的乙酸钠溶液，混匀；再加入 2 倍体积的无水乙醇，混匀，12 000 r/min 离心 10 min，弃去上清。

（6）加入 1 mL 70% 乙醇，12 000 r/min 离心 5 min，弃去上清，可见 DNA 沉淀附于离心管壁上，将离心管倒置在滤纸上，让残余的乙醇流出；室温下蒸发 DNA 样品中残余乙醇，10~15 min，或者在 65℃干燥箱中干燥 2 min。

（7）用 25 μL TE 缓冲液溶解 DNA 沉淀，混匀，取 2 μL 进行琼脂糖凝胶电泳检测（参见实验 42），估计 DNA 样品的浓度。剩余的样品贮存于 4℃冰箱中保存备用。

由于 DNA 片段大小集中在 4~6 kb 之间，没有明显的条带，只能通过测量 4~6 kb 范围内的总荧光强度的办法大致估算，或者用微量紫外分光光度计测量 OD_{260} 计算 DNA 浓度。

3. 质粒载体 *Bam*H I 酶切及 5' 磷酸基团去磷酸化处理

（1）取 1 只 1.5 mL 微量离心管，加入：

pUC18 质粒	2 μg（溶于 10 μL TE 缓冲液中）
10×*Bam*H I 酶切缓冲液	2 μL
H_2O	7 μL
*Bam*H I	1 μL

混匀，37℃温育 2 h。取 2 μL 进行琼脂糖凝胶电泳检测是否酶切完全。反应混合物中 DNA 片段纯化同步骤 2 的（2）~（7）。

（2）取 1 只新的灭菌微量离心管，加入：

*Bam*H I 酶切后的 pUC18 片段	10 μL
10×CIP 缓冲液	2.5 μL
H_2O	12 μL
CIP	2 U

37℃温育 30 min；反应混合物中 DNA 片段纯化同步骤 2 的（2）~（7）。

4. 连接

（1）取 1 只新的灭菌的 1.5 mL 微量离心管，加入 0.3 μg 去磷酸化处理载体 DNA 片段，再加等物质的量（可稍多）的外源 DNA 片段。

（2）加蒸馏水至体积为 8 μL，于 45℃保温 5 min，以使重新退火的黏端解链，将混合物冷却至 0℃。

（3）加入 10×T4 DNA 连接酶缓冲液 1 μL，T4 DNA 连接酶 0.5 μL，轻叩管底混匀，随后用离心机将液体全部甩到管底，于 16℃保温过夜（8~24 h）。

为检测连接效果，需要同时做两组对照反应，其中对照 1 组只有质粒载体无外源 DNA；对照 2 组为没有经过去磷酸化处理的 *Bam*H I 酶切的质粒载体片段。

5. 大肠杆菌 DH5α 感受态细胞的制备及转化

（1）大肠杆菌 DH5α 感受态细胞的制备参见实验 43。

（2）连接反应混合物各取 2 μL 转化大肠杆菌 DH5α 感受态细胞。具体方法见实验 43。

6. 重组文库的筛选

（1）取 100 μL 连接反应产物转化混合物用无菌玻璃涂棒均匀涂布于筛选平板上，37℃下培养 30 min 以上，直至液体被完全吸收后倒置平板于 37℃继续培养 12~16 h，待出现明显而又未相互重叠的单菌落时取出平板，于 4℃放置数小时，使显色完全。

含有没有插入基因组 DNA 片段质粒的转化子在 X-gal 和 IPTG 选择平板上为蓝色菌落。带有重组质粒的转化子由于丧失了 β- 半乳糖苷酶活性，在 X-gal 和 IPTG 选择平板上为白色菌落。

（2）对获得的白色菌落进行计数，计算携带插入片段的克隆所占比例。

如果携带插入片段的克隆所占比例过低，需要重新构建，否则影响下面的文库扩增及以后的筛选。

（3）用无菌牙签挑取 12 个白色单菌落接种于含 100 μg/mL 氨苄青霉素的 5 mL LB 液体培养基

中，37℃下振荡培养 12 h。使用碱裂解法制备质粒 DNA（参见实验 42），采用步骤 3 的体系进行 *Bam*H I 酶切，产物进行琼脂糖凝胶电泳检测，与 DNA 相对分子质量标记比较，计算插入片段的平均大小。

（4）根据插入片段的平均大小计算构建的重组子数目是否达到要求。

7. 基因组 DNA 文库的扩增与保存

（1）在长满重组转化子的选择平板上加入 LB 培养液，9 cm 的平板加 1～2 mL（15 cm 的平板则加 3～4 mL），用 1 只无菌玻璃涂棒小心刮下所有的菌落，形成菌悬液。

（2）将刮下的菌悬液接入含 100 μg/mL 氨苄青霉素的 5 mL LB 中，37℃下振荡培养 4～6 h，使用碱裂解法制备质粒 DNA 或质粒提取试剂盒提取质粒，−20℃保存备用。

质粒文库保存较为方便，也可以直接在培养好的菌悬液中加入无菌的甘油至终体积分数 15%，分装到微量离心管中于 −70℃保存备用，筛选文库时直接涂布于选择平板，而筛选质粒文库时，可以取 0.5～1 μL 转化大肠杆菌，再通过菌落杂交等方法进行筛选。

由于文库扩增时，一部分克隆生长相对较慢，扩增过程中会出现某些克隆的丢失现象，因此文库构建完成后不宜多次扩增。

本实验成功的关键

（1）酶切条件确定非常重要，酶切后的基因组片段过大、过小最终都会影响文库的代表性。

（2）构建质粒文库要求大肠杆菌感受态细胞具有较高的转化效率，转化步骤需要设置阴性和阳性对照。

（3）进行连接反应前要检测载体去磷酸化的效果，避免出现过多载体自连现象。

（4）基因组 DNA 文库的扩增中，由于部分克隆生长较快，而有的克隆会丢失，所以培养时间不能太长。

五、实验报告

1. 结果

（1）检查制备的细菌总 DNA 质粒文库插入片段的平均大小。

（2）计算构建的细菌总 DNA 质粒文库的代表性。

2. 思考题

（1）为什么使用 *Sau*3A I 酶切基因组 DNA，酶切片段却可以连接插入到质粒 *Bam*H I 位点？

（2）理论上讲，基因组中的每一个 DNA 序列都应该在重组 DNA 文库中按比例出现，但实际上难以实现，试分析原因。

（3）基因组文库构建好后，能否一劳永逸，通过不断扩增一直使用下去？为什么？

（4）依据你所学的知识，设计一个实验方案从构建的文库中筛选出含某一特定基因的克隆。

（谢志雄）

实验46　应用PCR技术鉴定细菌

一、目的要求

1. 学习与掌握微生物DNA分子鉴定的方法与技术。
2. 熟悉PCR技术在微生物分类学中的应用。

二、基本原理

随着分子生物学、化学分析技术的快速发展，微生物鉴定的方法与技术得到了相应的扩展。Woese建立的16S rRNA（18S rRNA）基因序列分析方法对生命科学理论研究与实际应用产生了重大影响。1985年，美国Cetus公司的Mullis等创建了一种聚合酶链式反应（polymerase chain reaction，PCR）技术，在生命科学各个领域中得到了广泛的应用，同样在微生物鉴定中发挥着重要作用。正是因为这种方法与技术产生的深远影响，Mullis等科学家获得了诺贝尔奖。

PCR技术在微生物菌种鉴定中的应用主要有：① DNA指纹图谱的分析，包括随机扩增多态性DNA（random amplification of polymorphic DNA，RAPD）、扩增rDNA限制性片段分析（amplified rDNA restriction analysis，ARDRA）和扩增片段长度多态性（amplified fragment length polymorphism，AFLP）等，通过PCR技术对微生物染色体DNA进行比较分析。② 16S rRNA（18S rRNA）的序列检测。这些技术已成为确定微生物分类地位的关键性依据。

实际上，PCR技术是将生体内DNA复制过程用于体外反应。如图XI-2所示，通过设计一对特异性引物，有效地识别靶DNA片段两端相应位点，与模板单链DNA上相应的位置互补，然后通过PCR反应系统中的Taq酶，完成一次循环，使靶DNA片段扩展为2条。再经变性（denaturalization）、退火（anneal）和延伸（extension），靶DNA量便扩增到4条，再经过变性使新形成的一条DNA链与原来的DNA链分开，成为两条DNA单链；再经过引物重复上一次过程，不同的是新生的DNA单链也成为模板链。如此35次循环，可使靶DNA增加10^6倍，在琼脂糖凝胶上可见明显的DNA带。

Spilker等根据假单胞菌最新的系统发育（16S rDNA序列）数据设计出能准确从属与种的水平上鉴定假单胞菌与铜绿假单胞菌的特异性引物，建立了简便、快速且准确鉴定假单胞菌与铜绿假单胞菌的PCR技术。

本实验根据Spilker等设计的引物应用PCR技术鉴定假单胞菌与铜绿假单胞菌。

三、实验器材

1. 菌种

铜绿假单胞菌（*Pseudomonas aeruginosa*）（模式菌株），石竹伯克霍尔德氏菌（*Burkholderia capacia*）（模式菌株），假单胞菌（*Pseudomonas* sp.）（待鉴定菌株）。

2. 溶液和试剂

琼脂糖，溴化乙锭溶液，溶液Ⅰ，溶液Ⅱ，溶液Ⅲ，TE缓冲液，无水乙醇，电泳缓冲液，LB培养基等。

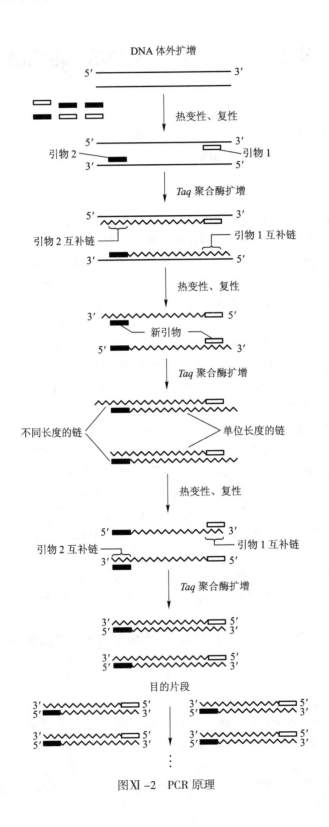

图XI -2　PCR 原理

3. 仪器和其他用品

冷冻离心机，台式离心机，PCR 仪，水浴锅，样品干燥箱，进样枪，离心管，枪头，凝胶电泳仪和引物等。

本实验为什么要使用铜绿假单胞菌？

铜绿假单胞菌（以前称为绿脓假单胞菌，俗称绿脓杆菌）是一种机会病原菌，常引起尿道与皮肤感染，产生化脓病状；也使 80% 的囊性纤维化（cystic fibrosis，CF）患者的肺部出现感染。其生长繁殖快，分布广，已成为食品、药物等产品及其他商品安全控制或质量评价的重要指标。快速鉴定铜绿假单胞菌对疾病预防控制、医院、海关以及商品出入境检验等部门均具有重要的指导作用。

四、操作步骤

安 全 警 示

EB 是一种强的致癌物质，并具有中度毒性。因此，使用 EB 溶液或含有 EB 的物品时须戴手套，称取 EB 时还须戴上面罩。

---

1. 细菌染色体 DNA 的制备

（1）菌种培养：从平板单个菌落或斜面上挑取少许菌苔接入新鲜的营养肉汤培养液中，置 37℃ 振荡培养（200～250 r/min）过夜；再将培养液转入新鲜 LB 培养液中，继续振荡培养 12～16 h。

（2）细菌染色体 DNA 的制备：其操作步骤详见实验 30。

（3）OD 值的测定：取适量的 DNA 样品加入微量比色杯中，通过紫外分光光度计分别测定 DNA 在 280 nm 和 260 nm 处的 OD 值。根据 OD 值可以确定样品中 DNA 的浓度，并通过 OD_{260}/OD_{280} 比值评价 DNA 的纯度。

用 RNase 除去 RNA

除去 RNA 可使用 RNase。将 RNase 用 10 mmol/L Tris-HCl（pH 7.5）-15 mmol/L NaCl 配制成 10 mg/mL 的溶液，在沸水中保温 15 min 后取出，置实验室逐渐冷却至室温。RNase 的使用量根据样品中 RNA 的含量而定，一般 100 μL DNA 样品加入 RNase（10 mg/mL）溶液 3～5 μL，37℃ 保温 30 min 便可。

进行 PCR 的 DNA 样品最后溶于无离子水中。

2. PCR 扩增

（1）引物：根据已鉴定假单胞菌属和铜绿假单胞菌种，合成相应的引物：

① 假单胞菌属

引物：PA-GS-F 5′-GACGGGTGAGTAATGCCA-3′

　　　　PA-GS-R 5′-CACTGGTGTTCCTTCCTATA-3′

② 铜绿假单胞菌

引物：PA-GS-F 5′-GGGGGATCTTCGGACCTCA-3′

　　　　PA-GS-F 5′-TCCTTAGAGTGCCCACCCG-3′

（2）PCR 扩增

① PCR 反应体系

10×PCR 缓冲液	2.0 μL
10×4 种 dNTP（0.6 mmol/L）	8.5 μL
引物 1（-F）（20 pmol/L）	2.0 μL
引物 2（-R）（20 pmol/L）	0.5 μL
模板 DNA（200 ng）	0.5 μL
Taq 聚合酶贮存液（1 U/μL）	1.0 μL
无菌去离子水加至	25.0 μL

注：如果使用 Premix Tag 溶液，则加入 12.5 μL 无菌去离子水即可（Premix Tag 溶液含有 4 种 dNTP 的混合物、*Taq* 酶与 PCR 缓冲液），不需再加 PCR 缓冲液，4 种 dNTP 与 *Taq* 聚合酶。

各种溶液或试剂加入后将反应管用手指轻轻地弹数次，使加入的各种溶液混合均匀，然后 flash，使离心管内壁上的溶液均在反应系统中。

② PCR 反应条件

95℃	5 min
94℃	30 s
58℃	30 s（鉴定假单胞菌属的退火温度为 54℃）
72℃	60 s

共 30 个循环，最后一个循环的延伸时间为 5 min。

按上述反应条件设定 PCR 程序。

③ PCR 扩增：将待扩增的反应管放在 PCR 仪的样品孔内，使离心管的外壁与 PCR 样孔充分接触，盖好盖子；按 Start 键，启动 PCR 仪，DNA 扩增正式开始。扩增完成后取出 PCR 反应管，检测 PCR 产物。

3. 琼脂糖凝胶电泳

PCR 产物检测依不同的用途而异。用于细菌鉴定较为简便，通常经琼脂糖凝胶电泳分析 DNA 便可。

（1）琼脂糖凝胶的制备：操作过程详见实验 42。

（2）上样：取大小适宜的进样枪，调好取样量，在枪的前端套上无菌枪头，吸取 DNA 样品 2~5 μL 在 0.5 mL 离心管或以其他方式与上样缓冲液（loading buffer）按 6∶1 的比例混合均匀，再将混合物全部吸取，小心地加入琼脂糖凝胶样孔内。

（3）电泳：打开电泳仪电源，并调节电压。电泳开始时可将电压稍调高（~8 V/cm）；待样品完全离开样孔后，将电压调到 1~5 V/cm，继续电泳。

（4）结果观察：待溴酚蓝颜色迁移到凝胶约 2/3 处时便可关闭电源；戴上一次性手套，取出凝胶，放在凝胶观察仪上，打开紫外灯观察凝胶上 DNA 带，并照相或作记录。

本实验成功的关键

（1）引物的特异性要强。鉴定菌种的引物要有严格的排他性，这种引物的确定事先要进行大量的数据分析和实验。

（2）PCR 反应的温度与时间要根据不同引物、GC 比、碱基的数目和扩增目的片段的长度而确定，特别是复性温度与时间更需注意。

五、实验报告

1. 结果

（1）在紫外灯下观察琼脂糖凝胶的结果并通过成像系统将结果照相。

（2）比较待测菌株铜绿假单胞菌以及非假单胞菌种 PCR 产物的异同。

2. 思考题

（1）使用同一引物对不同的菌株进行 PCR 得到相同的或不同的 DNA 片段，这说明什么？

（2）在 PCR 反应条件正常的情况下，为什么有的引物进行 PCR 扩增在琼脂糖凝胶上观察不到任何 DNA 带？

（3）有时 PCR 扩增后在琼脂糖凝胶上出现不是单一的 DNA 带，而是呈弥散状，试分析出现这种现象的原因。

（4）按照你的理解，PCR 引物与 DNA 探针有区别吗？为什么？

（5）如果电泳后在琼脂糖凝胶上只在加有引物的对照泳道上可见很淡的 DNA 带，你认为这条带可能是何物？说明理由。

（方呈祥）

XII | 免疫学技术

抗原和抗体相互作用的反应称为免疫学反应（血清学反应），由于抗原性质不同，试验方法不同，抗原和抗体反应可呈现不同的现象。抗原抗体特异性结合后发生肉眼可见的凝聚或沉淀反应是免疫学技术的基础。随着免疫学技术的迅速发展和对免疫现象认识的不断深入，尤其是最近几十年，单克隆抗体技术在免疫学理论研究中的广泛应用，为人们提供了一系列敏感性高、特异性强、稳定性好的免疫检测技术。21世纪前后，随着分子生物学、分子遗传学等学科和标记技术的发展，免疫学检测技术也不断完善，技术不断推陈出新。基于抗原抗体反应的免疫学技术在食品、环境、生物学、医学等各个领域发挥着越来越重要的作用。常见的免疫学技术有免疫荧光技术、免疫酶技术、放射免疫技术和免疫传感器等。本部分实验主要包括目前较为常用的、灵敏度和特异性较高的免疫学检测技术，如凝集反应、免疫血清的制备、酶联免疫吸附试验、免疫印迹等。

实验 47 凝 集 反 应

一、目的要求

1. 观察细菌与其相应抗体结合所出现的凝集现象，了解抗原抗体反应的特异性。

2. 掌握凝集反应原理、方法、结果判定及凝集效价测定。

凝 集 反 应

凝集反应又分为玻片凝集法和试管凝集法。利用已知抗血清可以鉴定未知细菌，进行细菌的抗原分析、鉴定及分型，因此此法可用于诊断许多传染病的病原；也可用已知细菌检查未知血清的抗体，可利用已知抗原测定人体内抗体

的水平（效价），这是诊断肠道传染病的重要方法，例如诊断伤寒、副伤寒的肥达（Widal）反应为一种定量凝集反应。在一个患者的病程中做几次试验，如其效价是逐步上升的，则表示患者患的是实验中所用微生物所引起的传染病。

二、基本原理

细菌细胞或红细胞等颗粒性抗原与特异性抗体结合后，在有电解质的情况下，会出现肉眼可见的凝集块，称为凝集反应，也叫直接凝集反应（direct agglutination）。凝集反应可说是经典的血清学反应，使用历史长，并一直沿用至今，但技术方法有很大的发展与改进，例如，除直接凝集反应外，又有将可溶性抗原吸附到颗粒性载体（如红细胞、白陶土、离子交换树脂和火棉胶颗粒）表面，然后再与相应抗体结合的间接凝集反应。用红细胞作为载体的间接凝集反应叫间接血凝试验，还有血凝抑制试验、反向间接血凝试验等。

血清学反应的基本组成成分除抗原与相应的抗体外，尚需加入电解质（一般用生理盐水）。电解质的作用主要是消除抗原抗体结合物表面上的电荷，使其失去同电相斥的作用而转变为相互吸引，否则即使抗原与抗体发生结合亦不能聚合成明显的肉眼可见的反应物。

血 清 效 价

在一系列稀释的血清中（例如 1∶5，1∶10，1∶20，1∶40，…），能与抗原发生明显凝集反应的最高稀释度的倒数，即为该免疫血清的效价。例如从 1∶5 至 1∶20 3 个稀释度有凝集反应，1∶40 的无凝集反应，则血清效价为 20。

三、实验器材

1. 菌株和血清

大肠杆菌（*Escherichia coli*）和枯草芽孢杆菌（*Bacillus subtilis*）菌悬液（每毫升含 9 亿个大肠杆菌或枯草芽孢杆菌的生理盐水悬液，并经 60℃保温 0.5 h），大肠杆菌免疫血清（生理盐水稀释的 1∶10 大肠杆菌免疫血清装于小滴瓶中）。

2. 溶液和试剂

生理盐水（8.5 g/L NaCl 溶液）。

3. 仪器和其他用品

玻片，微量滴定板，微量移液器，接种环等。

四、操作步骤

1. 玻片凝集法

（1）取一张洁净玻片，分为 3 等份，在玻片的左上角做好标记，如图 XII-1 所示。

（2）用微量移液器分别吸取生理盐水、1∶10 大肠杆菌免疫血清各 20 μL 按图 XII-1 位置放在玻片上。使用过的吸嘴放入消毒缸内。

（3）用微量移液器吸取大肠杆菌菌液 20 μL 分别加入玻片的生理盐水和 1：10 大肠杆菌血清中，充分混匀，再吸取枯草芽孢杆菌菌液 20 μL 加入另一份 1：10 大肠杆菌血清中，混匀。

（4）轻轻摇动玻片后室温静置，1 ~ 3 min 后即可观察结果。

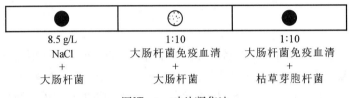

8.5 g/L	1:10	1:10
NaCl	大肠杆菌免疫血清	大肠杆菌免疫血清
+	+	+
大肠杆菌	大肠杆菌	枯草芽胞杆菌

图 XII –1 玻片凝集法

2. 微量滴定凝集法

（1）稀释血清（对倍稀释）

① 在微量滴定板上标记 10 个孔，从 1 ~ 10。

② 第 1 孔中加 80 μL 生理盐水，其余各孔均加 50 μL 生理盐水。

③ 加 20 μL 大肠杆菌抗血清于第 1 孔中，从第 2 孔开始作对倍稀释至第 9 孔，从第 9 孔中弃去 50 μL（置一空白孔内）。

血清 2 倍稀释方法：

用微量移液器将第 1 孔的溶液连续吹吸 3 次，使其充分混匀后吸出 50 μL 移入第 2 孔（先反复练习吸吹方法，待掌握操作方法后再进行正式试验），同法吸吹 3 次使充分混匀后吸出 50 μL 移入第 3 孔，如此作倍比稀释至第 9 孔，吸吹混匀后吸出 50 μL 加入一空白孔内（即弃去）。

2 倍稀释过程注意勿使吸嘴向溶液吹气，以免产生气泡影响实验结果。

稀释后的血清稀释度见表 XII –1：

表 XII –1 稀释后的血清稀释度

孔号	1	2	3	4	5	6	7	8	9	10
生理盐水 /μL	80	50	50	50	50	50	50	50	50	50
抗血清 /μL	20	50	50	50	50	50	50	50	50	
稀释度	1/5	1/10	1/20	1/40	1/80	1/160	1/320	1/640	1/1 280	对照
抗原量 /μL	50	50	50	50	50	50	50	50	50	50
最后稀释度	1/10	1/20	1/40	1/80	1/160	1/320	1/640	1/1 280	1/2 560	对照

（2）加菌悬液：每孔加大肠杆菌悬液 50 μL，从第 10 孔（对照孔）加起，逐个向前加至第 1 孔。

（3）将滴定板按水平方向摇动，以混合孔中内容物。然后将滴定板 35℃ 下放 60 min，再放冰箱过夜。

（4）观察结果：观察孔底有无凝集现象，阴性和对照组的细菌沉于孔底，形成边缘整齐、光滑的小圆块，而阳性孔的孔底为边缘不整齐的凝集块，亦可借助解剖镜进行观察。当轻轻摇动滴定板后，阴性孔的圆块分散成均匀浑浊的悬液，阳性孔则是细小凝集块悬浮在不浑浊的液体中（见表 XII –2）。

表XII-2 结果判定表

凝集物	上清液	凝集程度
全部凝集	澄清	++++（最强凝集）
大部分凝集	基本透明	+++（强凝集）
有明显凝集	半透明	++（中度凝集）
很少凝集	基本浑浊	+（弱凝集）
不凝集	浑浊	-（不凝集）

本实验成功的关键

（1）玻片洁净。

（2）掌握好对倍稀释方法。

五、实验报告

1. 结果

（1）将玻片凝集结果记录于表XII-3中。

表XII-3 玻片凝集结果记录表

	生理盐水+大肠杆菌	大肠杆菌抗血清+大肠杆菌	大肠杆菌抗血清+枯草芽孢杆菌
画图表示			
阴性或阳性			

（2）将微量滴定凝集结果记录于表XII-4中。

表XII-4 微量滴定凝集结果记录表

管号	1	2	3	4	5	6	7	8	9	10
血清稀释度										
结果										

免疫血清效价是多少？

2. 思考题

（1）凝集反应为什么要有适量的电解质存在才能进行？

（2）稀释血清时要注意些什么？

（3）微量滴定凝集法中加抗原时，为什么要从最后一孔加起？

（黄玉屏）

实验 48 抗原与免疫血清的制备

一、目的要求

学习免疫血清的制备方法。

二、基本原理

将具有完全抗原性的物质注入健康动物的机体后，动物体内便会产生相应的抗体。待动物血清中存在大量抗体时，采取动物血液，分离析出血清，便得到所需要的抗血清（免疫血清或抗体）。细菌、霉菌及病毒等颗粒性抗原物质可直接注射动物以制备相应的抗血清，但一些可溶性抗原如血清及纯化的蛋白质等，则普遍应用佐剂免疫法以改进机体的反应。佐剂的种类极多，但最常用的为弗氏佐剂（Freund's adjuvant）。

动物产生抗体的量，除了因动物的种类、年龄、营养状况及免疫途径不同而不同外，还与抗原的种类、注射剂量、免疫次数、免疫的间隔时间有关。

抗原的剂量根据抗原的性质、类型、免疫途径、动物的种类、大小和免疫周期而定。量太小不足以引起应有的刺激，量太大易产生免疫耐受。在常规免疫中，抗原量一般为 0.1 ~ 1.0 mg/kg 体重。当抗原初次注射后，经一定时间的诱导期，血清中能测到抗体，以后逐渐上升，这时，抗体量一般不高，然后逐渐下降，但再次免疫时抗体量迅速上升到最高水平，且维持时间也长。因此，制备抗体一般需要多次注射抗原才能得到高效价的抗血清。

本实验介绍大肠杆菌抗原和免疫血清的制备过程。

三、实验器材

1. 菌种

24 h 培养的大肠杆菌（*Escherichia coli*）牛肉膏蛋白胨斜面培养物。

2. 溶液和试剂

10 g/L 硫柳汞，5 g/L 石炭酸生理盐水。

3. 仪器和其他用品

乙醇棉球，无菌吸管，无菌毛细滴管，试管，离心机，离心管，注射器（2 mL 和 20 mL），针头（7 号和 9 号），灭菌细口瓶等。

4. 体重 2.5 ~ 3.0 kg 以上的雄性健康家兔。

四、操作步骤

1. 抗原的制备

（1）吸取无菌的 5 g/L 石炭酸生理盐水 5 mL，注入大肠杆菌斜面培养物上，将菌苔洗下。

（2）用无菌毛细滴管吸取洗下的菌液，注入无菌小试管。

（3）用 5 g/L 石炭酸生理盐水稀释菌悬液，使每毫升菌液含 9 亿个细菌。

（4）将装有菌液的小试管放入 60℃ 的水浴箱中 1 h，并不时摇动。

（5）将处理好的菌液接种少量于 LB 培养基中，培养 24～48 h，观察有无细菌生长，如果没有细菌生长，即可放冰箱内备用。

2. 免疫血清的制备

（1）注射动物

① 用消毒注射器和 7 号针头抽取制备好的大肠杆菌抗原（用前摇匀），按表XII -5 所列剂量与日程注射家兔耳静脉，注射方法见图XII -2。

表XII -5　注 射 抗 原

日程	菌液注射量 /mL	日程	菌液注射量 /mL
第 1 日	0.2	第 4 日	0.6
第 2 日	0.4	第 6 日	2.0

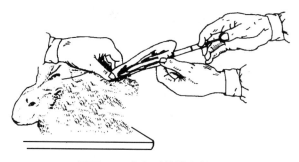

图XII -2　家兔耳静脉注射法

① 助手轻扶兔的耳根，使其耳向前；② 在耳翼外缘处剪毛，用乙醇棉球用力擦拭；
③ 注射者以左手固定该耳，右手持注射器，平刺入血管内，慢慢注入适量抗原

② 第 14 日自耳静脉采血 1 mL，分离血清，测其凝集效价，以后数日跟踪测量兔血清凝集效价，如凝集效价达 1：2 000 以上则可以无菌方法大量采血，一般使用心脏采血法和耳静脉放血法，本实验主要介绍家兔耳静脉放血法：

将家兔放在特制木盒内，使兔头伸出在外；在耳背外侧边缘剃毛后（图XII -3），用乙醇棉花消毒剃毛区并摩擦该区的边缘静脉上方的皮肤，使静脉扩张充血；在剃毛区涂一层凡士林，以防止血

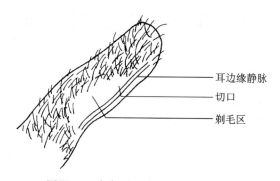

耳边缘静脉
切口
剃毛区

图XII -3　家兔耳边缘静脉放血切口图

液流出时散开；用解剖刀或刀片斜切边缘静脉（注意要掌握好深度，不要将静脉切断），同时左手指要按紧切口前面耳尖部位的静脉，并立刻将灭菌试管放在切口下面，收集血液（此时按耳尖静脉的手指换到耳基部按紧，以阻止静脉血回流）；取血完毕后，放松耳基部的压迫，用消毒干棉花紧压切口处，防止血流不止。

（2）制备血清

① 采集的血液移入灭菌大试管（或平皿）后，尽量放成最大斜面，凝固后放入 4~6℃冰箱，使其自然析出血清。

② 用已灭菌的毛细滴管吸出血清。若血清中带有红细胞，则用离心沉淀法去掉红细胞，然后将血清分装于灭菌细口瓶中，测定抗血清效价（参见实验47）。

③ 在血清中加入防腐剂 10 g/L 硫柳汞，使其终质量浓度为 0.1 g/L。

④ 用蜡或胶带纸封口，贴上标签，注明抗血清的名称、效价及制备日期，置低温保存备用。

本实验成功的关键

（1）大肠杆菌菌液浓度的稀释。

（2）掌握家兔的免疫注射和采血方法。

五、实验报告

1. 结果

你所制备的免疫血清，其凝集效价是多少？

2. 思考题

（1）制备大肠杆菌抗原时，使用石炭酸生理盐水和60℃加热1 h的目的是什么？

（2）在动物体内制备免疫血清为什么要多次注射？

（3）制备免疫血清所用的器皿，为什么都要预先灭菌？

（4）根据自己的体会讲几点注射动物和采血的操作要领。

（黄玉屏）

实验49 双向免疫扩散试验

一、目的要求

1. 练习双向免疫扩散试验的操作方法。

2. 观察抗原、抗体在琼脂中形成的沉淀线。

3. 了解双向免疫扩散试验的用途。

双向免疫扩散试验的应用

双向免疫扩散试验不仅可对抗原或抗体进行定性鉴定和测定其效价，还可对抗原或抗体进行纯度分析，同时对两种不同来源的抗原或抗体进行比较，可分析其所含成分的异同。利用此法可诊断某些疾病（如炭疽、鼠疫等），分析细菌抗原以及进行食品鉴定和法医上的血迹鉴定等。

二、基本原理

抗原、抗体在凝胶中扩散，并进行沉淀反应，叫作免疫扩散反应（immunodiffusion）。将抗原与其相应抗体放在凝胶（如琼脂）平板中的邻近孔内，使它们互相扩散，当扩散到两者浓度比例合适的部位相遇时，即出现乳白色的沉淀线，称为双向免疫扩散试验。此方法最早是由 Ouchterlony 提出的，因此又称为 Ouchterlony 技术。

若在两孔内有两对或两对以上的抗原抗体系统，就能产生相应数量的分离沉淀线。因此，利用此法可进行抗原抗体的纯度分析。沉淀线形成的位置与抗原、抗体浓度有关，抗原浓度越大，形成的沉淀线距离抗原孔越远，抗体浓度越大，形成的沉淀线距离抗体孔越远。因此，固定抗体的浓度，稀释抗原，可根据已知浓度的抗原沉淀线的位置，测定未知抗原的浓度；反之，固定抗原的浓度，亦可测定抗体的效价。

此外，观察两个邻近孔的抗原与抗体所形成的两条线是交叉还是相连，可用来判定两抗原是否有共同成分。假如同样的纯抗原 a 放在两个邻近的孔中，对应抗体放在中央孔中，两条沉淀线在其相邻的末端会相互联结和融合；若换成两个不同的抗原 a 和 b，则两线相互交叉；若两个抗原是有部分相同成分的 a 和 ab，则两线除有相连部分以外还有一伸出部分（图XII–4）。

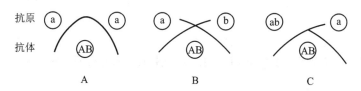

图XII–4 双向免疫扩散平板中沉淀线的类型
A. 相邻两孔的抗原相同　B. 抗原不同　C. 抗原有部分相同

三、实验器材

1. 抗原和抗体

选择可溶性抗原及相应抗体。如：人血清及抗人血清，或白喉类毒素及白喉抗毒素。

2. 溶液和试剂

0.05 mol/L 巴比妥缓冲液（pH8.6）：称取 1.84 g 巴比妥酸，置于 56～60℃水中溶化，然后加入 10.3 g 巴比妥钠，加蒸馏水定容至 1 000 mL。

10 g/L 离子琼脂：先称取琼脂 1 份加至 50 份蒸馏水中，沸水浴加热溶解，然后加入 50 份巴比妥缓冲液，再加一滴 10 g/L 硫柳汞作防腐剂，分装试管内，放冰箱备用。

3. 仪器和其他用品

方阵型打孔器（孔径 3 mm），吸管，注射针头等。

四、操作步骤

1. 10 g/L 离子琼脂溶化后，置 50～60℃ 水浴。

2. 吸 3.5～4 mL 加在预先洗净并干燥的载玻片上，使其均匀布满玻片而又不流失。

3. 琼脂凝固后，按图Ⅻ–5 所示打孔（直径 3 mm），孔间距 10 mm，再用注射针头挑取孔中琼脂，每块琼脂板打两个方阵型。

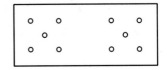

图Ⅻ–5　双向扩散模型

孔径约 3 mm，与中央孔的距离为 5～6 mm

4. 用记号笔在琼脂板的底面将孔编号。

5. 在第一方阵型的中间孔加抗体，周围各孔加入不同稀释度的抗原，第二方阵型中间孔加抗原，周围各孔加入不同稀释度的抗体。

6. 将玻片放入湿盒内，置 37℃ 温箱，18～24 h 取出观察结果。

本实验成功的关键

（1）扩散时间要适当。时间过短，沉淀带不能出现；时间过长，会使已形成的沉淀带解离或扩散而出现假象。

（2）所加血清和抗血清不能溢出孔外。

五、实验报告

1. 结果

（1）画下两个方阵型与所形成的沉淀线。

（2）分别测量两个方阵型中抗原与沉淀线之间的距离，两者有何区别？

2. 思考题

（1）比较双向免疫扩散反应和凝集反应所用抗原及抗体有何不同。

（2）Ouchterlony 技术与在液体中进行沉淀反应的技术相比，有哪些优越性？

（黄玉屏）

实验 50　酶联免疫吸附试验（ELISA）

一、目的要求

1. 了解酶联免疫吸附试验（ELISA）的原理及其优点。

2. 学习酶联免疫吸附试验（ELISA）的操作过程。

> **酶联免疫技术在快速检验病原微生物中的应用**
>
> 　　酶联免疫技术的应用大大提高了检测的敏感性和特异性，现已广泛地应用在病原微生物的检验中。应用酶联免疫技术制造的 mini-Vidas 全自动免疫分析仪是用荧光分析技术，通过固相吸附器用已知抗体来捕捉目标生物体，然后以带荧光的酶联抗体再次结合，经充分冲洗，通过激发光源检测，自动读出发光的阳性标本，其优点是检测灵敏度高，速度快，可以在 48 h 的时间内快速鉴定沙门氏菌、大肠杆菌 O157 : H7、单核李斯特菌以及空肠弯曲杆菌和葡萄球菌肠毒素等。

二、基本原理

　　酶联免疫吸附试验（enzyme-linked immunosorbent assay，ELISA）是酶联免疫技术的一种，是将抗原抗体反应的特异性与酶反应的敏感性相结合而建立的一种新技术，ELISA 的技术原理是：将酶分子与抗体（或抗原）结合，形成稳定的酶标抗体（或抗原）结合物，当酶标抗体（或抗原）与固相载体上的相应抗原（或抗体）结合时，即可在底物溶液参与下，产生肉眼可见的颜色反应，颜色的深浅与抗原或抗体的量呈比例关系，使用 ELISA 检测仪即酶标测定仪，测定其吸收值可做出定量分析。此技术具特异、敏感、结果判断客观、简便和安全等优点，日益受到重视，不仅在微生物学中应用广泛，而且也被其他学科广为采用。

三、实验器材

　　1. 抗原和抗体。

　　2. 溶液和试剂

　　（1）包被液（0.05 mol/L pH9.6 碳酸盐缓冲液）：甲液为 Na_2CO_3，5.3 g/L，乙液为 $NaHCO_3$，4.2 g/L，取甲液 3.5 份加乙液 6.5 份混合均匀，现用现混。

　　（2）洗涤液（吐温 – 磷酸盐缓冲液，pH7.4）：NaCl 8 g，KH_2PO_4 0.2 g，$Na_2HPO_4 \cdot 12H_2O$ 2.9 g，KCl 0.2 g，吐温 -20 0.5 mL，蒸馏水加至 100 mL。

　　（3）pH5.0 磷酸盐 – 柠檬酸盐缓冲液：柠檬酸（19.2 g/L）24.3 mL，0.2 mol/L 磷酸盐溶液（28.4 g/L Na_2HPO_4）25.7 mL，两者混合后加蒸馏水 50 mL。

　　（4）底物溶液：100 mL pH5.0 磷酸盐 – 柠檬酸盐缓冲液加邻苯二胺 40 mg，用时再加 30% H_2O_2 0.2 mL。

　　（5）终止液：2 mol/L H_2SO_4。

　　3. 仪器和其他用品

　　酶标反应板，微量移液器，血清稀释板，温箱，酶标测定仪等。

四、操作步骤

　　1. 包被抗原

　　用吸管小心吸取用包被液稀释好的抗原，沿孔壁准确加入 100 μL 至每个酶标反应板孔中，防止气泡产生，37℃放置 4 h 或 4℃放置过夜。

抗原的包被量主要决定于抗原的免疫反应性和所要检测抗体的浓度。对于纯化抗原一般所需抗原包被量为每孔 20 ~ 200 μg，其他抗原量可据此调整。

2. 清洗

快速甩动塑料板倒出包被液。用另一根吸管吸取洗涤液，加入板孔中，洗涤液量以加满但不溢出为宜。室温放置 3 min，甩出洗涤液，再加洗涤液，重复上述操作 3 次。

3. 加血清

小心吸取稀释好的血清，准确加 100 μL 于对应板孔中，第 4 孔加 0.1 mL 洗涤液，37℃放置 10 min。在水池边甩出血清，洗涤液冲洗 3 次。

4. 加酶标抗体

沿孔壁上部小心准确加入 100 μL 酶标抗体（不能让血清玷污吸管），37℃放置 30 ~ 60 min，同上倒空，洗涤 3 次。

5. 加底物

按比例加 H_2O_2 于配制的底物溶液中，立即吸取此溶液分别加于板孔中，每孔 100 μL。置 37℃，显色 5 ~ 15 min（经常观察），待阳性对照有明显颜色后，立即加一滴 2 mol/L H_2SO_4 终止反应。

6. 判断结果

肉眼观察，阳性对照孔应呈明显黄色，阴性孔应呈无色或微黄色，待测孔颜色深于阳性对照孔则为阳性；一般采用每孔 OD 值对实验结果进行记录，采用不同的反应底物，测定时的最大吸收峰位置不同，为得到最敏感的检测结果，要求采用测定波长进行测定。若测光密度，酶标测定仪取 $\lambda = 492$ nm，$P/n > 2.1$ 时为阳性，$P/n < 1.5$ 为阴性，$1.5 \leqslant P/n \leqslant 2.1$ 为可疑阳性，应予复查。

$$P/n = \frac{\text{检测孔 OD 值}}{\text{阴性孔 OD 值}}$$

用空白孔校 $T = 100\%$。

本实验成功的关键

滴加试剂量要准，且试剂不可以从一孔流到另一孔中，每一种试剂对应一种吸管，不能混淆，底物溶液中的 H_2O_2 要临用时再加，否则，放置时间过长，底物被氧化为黄色，影响实验结果判定。

五、实验报告

1. 结果

图示你进行 ELISA 的反应原理并写出实验结果。

2. 思考题

金黄色葡萄球菌在食物中经常产生肠毒素，该毒素有 A 型、B 型和 C 型，某食物中金黄色葡萄球菌已产生一种类型的毒素，请你试设计出 ELISA 鉴定出为哪种类型的毒素。

（黄玉屏）

实验 51　蛋白质印迹法

一、目的要求

1. 熟悉蛋白质印迹的原理及用途。
2. 学习蛋白质印迹的操作方法。

二、基本原理

蛋白质印迹（Western blotting），又叫免疫印迹，是 1979 年 Towbin 等将 DNA 的 Southern blotting 技术扩展到蛋白质研究领域，并与特异灵敏的免疫分析技术相结合而发展的技术。即先将蛋白质经高分辨率的 PAGE 电泳有效分离成许多蛋白质区带，分离后的蛋白质转移到固定基质上，然后以抗体为探针，与附着于固相基质上的靶蛋白所呈现的抗原表面发生特异性反应，最后结合上的抗体可用多种二级免疫学试剂（如 ^{125}I 标记的抗免疫球蛋白、与辣根过氧化物酶或碱性磷酸酶偶联的抗免疫球蛋白等）检测。Western 印迹法可测出 1 ~ 5 ng 的待检蛋白质。该技术主要用于未知蛋白质的检测及抗原组分、抗原决定簇的分子生物学测定；同时也可用于未知抗体的检测和 McAb 的鉴定等。

Southern，Northern，Western?

英国牛津大学生物化学系教授 Edwin Southern 在 1975 年发明了以其姓氏命名的核酸杂交技术（Southern blotting）。随后，人们发明了将 RNA 和蛋白质转移到膜上的技术，为了表示这两项技术传承自 Southern，它们分别被命名为 Northern blotting 和 Western blotting。20 世纪 90 年代初期，Southern 教授和他的科研团队在 DNA 芯片方面所做的工作也值得特别关注，他们开发了在固相的玻璃表面合成特定核苷酸短序列的方法，为 DNA 及 RNA 杂交的荧光检测铺平了道路。这项技术和先进的工艺相结合，最终发展成为一种研究基因序列及功能的强大的实验手段——DNA 芯片。

三、实验器材

1. 溶液和试剂
（1）裂解缓冲液

　　　0.15 mol/L NaCl

　　　5 mmol/L EDTA，pH 8.0

　　　1% Triton X–100

　　　10 mmol/L Tris–Cl，pH 7.4

用之前加入 0.1% 5 mol/L 二硫苏糖醇（DTT），0.1% 100 mmol/L PMSF 和 0.1% 5 mol/L 6- 氨基己酸。裂解缓冲液用量为 10 ~ 50 mL/g 湿菌体。

（2）300 g/L 聚丙烯酰胺：丙烯酰胺（acrylamide）29 g，N，N′- 双丙烯酰胺（N，N′-bisacrylamide）

1 g，加水至 100 mL。室温避光保存数月。

（3）100 g/L 十二烷基硫酸钠（SDS）：用去离子水配成 100 g/L 溶液，室温保存。

（4）100 g/L 过硫酸铵（APS）：过硫酸铵 1 g，加水至 10 mL，现配现用，可 4℃保存一周。

（5）分离胶缓冲液（1.5 mol/L，pH8.8）：Tris 18.2 g，SDS 0.4 g，HCl 调 pH 至 8.8，总体积为 100 mL。

（6）浓缩胶缓冲液（0.5 mol/L，pH6.8）：Tris 6.05 g，SDS 0.4 g，HCl 调 pH 至 6.8，总体积为 100 mL。

（7）5×Tris- 甘氨酸电极缓冲液：Tris 15.1 g，Gly 72 g，SDS 5 g，加水至 1 000 mL。

（8）5×SDS 凝胶加样缓冲液：250 mmol/L Tris·HCl（pH 6.8），100 g/L SDS，5 g/L 溴酚蓝，50% 甘油，5% β- 巯基乙醇（使用前添加）。

（9）G250 考马斯亮蓝溶液（蛋白质定量专用）：考马斯亮蓝 G250 100 mg，95% 乙醇 50 mL，磷酸 100 mL，加去离子水至 1 000 mL。配制时，先用乙醇溶解考马斯亮蓝染料，再加入磷酸和水，混匀后，用滤纸过滤，4℃保存。

（10）0.15 mol/L NaCl：NaCl 0.877 g，加去离子水至 100 mL，高温灭菌后，室温保存。

（11）100 mg/mL 牛血清白蛋白（BSA）：BSA 0.1 g，0.15 mol/L NaCl 1 mL，溶解后 -20℃保存。制作蛋白质标准曲线时，用 0.15 mol/L NaCl 进行 100 倍稀释成 1 mg/mL，-20℃保存。

（12）转移电泳缓冲液：Tris 5.8 g，甘氨酸 2.9 g，SDS 0.37 g，甲醇 200 mL，加去离子水至 1 000 mL。

（13）丽春红染色液：称 1.0 g 用 1.0 mL 乙酸溶解，再定容到 100 mL。

（14）PBS 缓冲液（pH 7.4）：NaCl 8 g，KCl 0.2 g，Na_2HPO_4 1.42 g，KH_2PO_4 0.27 g，加去离子水至 1 000 mL。

（15）洗涤缓冲液（PBST）：1 000 mL PBS 缓冲液中加入 0.5 mL Tween 20。

（16）封闭缓冲液（Blocking buffer）：用 PBST 缓冲液加入 50 g/L 脱脂奶粉，现配先用，放 4℃保存。

（17）显色体系：可选择①或②

① 邻苯二胺（OPD）生色缓冲液：0.01 mmol/L Tris·HCl（pH 7.6）9 mL，OPD 6 mg，3 g/L NiCl 或 $CoCl_2$ 1 mL，30% H_2O_2 10 μL，现配现用。

② 加强化学发光物质（enhanced chemiluminescence substrate，ECL）

2. 仪器和其他用品

电泳仪，垂直电泳槽等电泳常用设备，电泳印迹装置，振荡器，磁力搅拌器 X- 光片，自动洗片机等。

四、操作步骤

安 全 警 示

未聚合的丙烯酰胺是一种神经毒素，所以操作时必须戴手套并穿实验服。

（一）蛋白质样品的制备

1. 4℃，10 000 rpm 离心 10 min 收集菌体。

2. 用 PBS 缓冲液洗涤菌体 2 次。沉淀加入 1 mL 裂解缓冲液悬浮菌体。

3. 超声破碎细菌，300 W，10 s 超声 /10 s 间隔，超声 20 min。反复冻融超声 3 次至菌液变清或变色。

4. 10 000 rpm 离心 10 min。将上清移到新的离心管中，弃去沉淀。

（二）蛋白质含量的测定

1. 制作标准曲线

（1）取小离心管分别标记为 0 μg，2.5 μg，5.0 μg，10.0 μg，20.0 μg，40.0 μg。每个样品有 3 个重复。

（2）按表XII-6 在各管中加入各种试剂。

表XII-6　各管加入试剂表

	0 μg	2.5 μg	5.0 μg	10.0 μg	20.0 μg	40.0 μg
1 mg/mL BSA	–	2.5 μL	5.0 μL	10.0 μL	20.0 μL	40.0 μL
0.15 mol/L NaCl	100 μL	97.5 μL	95.0 μL	90.0 μL	80.0 μL	60.0 μL
G250 考马斯亮蓝溶液	1 mL	1 mL	1 mL	1 mL	1 mL	1 mL

（3）混匀后，室温放置 2 min。在分光光度计上比色分析。

2. 检测样品蛋白质含量

（1）取 1.5 mL 离心管，每管加入考马斯亮蓝溶液 1 mL。

（2）取一管考马斯亮蓝加 95 μL 0.15 mol/L NaCl 溶液和 5 μL 待测蛋白质样品，另一管中加 100 μL 0.15 mol/L NaCl 溶液，作为空白对照，混匀后静置 2 min，在分光光度计上比色分析。

注意： 测得的结果是 5 μL 样品含的蛋白质。

（三）SDS-PAGE 电泳

1. 安装好灌胶装置。

2. 按配方配制合适浓度的分离胶（表XII-7），一般配 100 g/L 分离胶，混匀后快速灌入至梳子孔下 1 cm，然后在胶上加一层去离子水。

表XII-7　分离胶的配置　　　　　　　　　（单位：mL）

	双蒸水	300 g/L 丙烯酰胺	1.5 mol/L Tris·HCl（pH 8.8）	1.0 mol/L Tris·HCl（pH 6.8）	100 g/L SDS	100 g/L 过硫酸铵	TEMED
100 g/L 分离胶（5 mL）	1.9	1.7	1.3	0	0.05	0.05	0.003
50 g/L 浓缩胶（2 mL）	1.36	0.34	0	0.26	0.02	0.02	0.002

3. 当凝胶凝固后，倒掉胶上层水并用吸水纸将水吸干。

4. 按配方配制 50 g/L 的浓缩胶，混匀后快速灌入，并立即插入梳子。

5. 当浓缩胶凝固后，将凝胶放入电泳槽，并加入电泳缓冲液。

6. 测完蛋白质含量后，计算含 20～50 μg 蛋白质（根据自己的实验需要进行选择，没有固定的量）的溶液体积即为上样量。上样样品中加入上样缓冲液。

7. 上样前要将样品煮沸 5～10 min 使蛋白质变性，室温冷却 5 min 后离心数秒。电泳过程中使用预染蛋白 Marker 作为蛋白质相对分子质量参照。

8. 按 SDS-PAGE 不连续缓冲系统进行电泳，凝胶上所加电压为 8 V/cm。当染料前沿进入分离胶后，将电压提高到 15 V/cm，继续电泳至溴芬蓝到达分离胶底部（约需 4 h），然后关掉电源终止电泳。

（四）转膜

1. 戴上手套，切 6 张 Whatman 3 MM 滤纸和 1 张硝酸纤维素膜，其大小都应与凝胶大小完全吻合。

注意： 拿取凝胶、3MM 滤纸和硝酸纤维素膜时必须戴手套。

2. 将硝酸纤维素膜和滤纸浸泡于转移缓冲液中 5 min 以上，以驱除留于滤膜和滤纸上的气泡。

3. 在转移电泳槽中按照凝胶在阴极，膜在阳极原则，顺序依次放入 3 层滤纸、凝胶、硝酸纤维素膜、3 层滤纸。滤纸、凝胶和膜叠放中要精确对齐，并且每加入一层，都需要用玻棒轻擀，排除所有气泡。

4. 连接好电泳槽，按照 1～2 mA/cm² 凝胶面积设置电流，根据蛋白质大小调整电泳时间。

（五）硝酸纤维素薄膜上蛋白质染色（用预染蛋白 Marker 这一步可以省略）

1. 电转移结束后，拆卸转移装置，将硝酸纤维素膜移至小容器中。

2. 将硝酸纤维素膜浸泡于离子水中 5 min 以上，以驱除留于其上的气泡。

3. 将硝酸纤维素膜置于丽春红 S 染色液中染色 5～10 min，期间轻轻摇动托盘。

4. 蛋白质带出现后，于室温用去离子水漂洗硝酸纤维素膜，期间换水数次。

5. 用防水性印度墨汁标出作为相对分子质量标准的参照蛋白质位置。

（六）免疫检测

1. 膜的封闭

将硝酸纤维素膜完全没入封闭缓冲液中，室温轻轻摇动 30～60 min 或者 4℃过夜。

2. 洗膜

倒掉封闭液，用 PBST 缓冲液轻洗 3 次，每次 10 min。

3. 加入一抗

倒掉 PBST 缓冲液，将一抗用 PBST 缓冲液稀释至适当浓度后加入容器中至完全浸没硝酸纤维素膜，室温轻轻摇动 1 h。

4. 洗膜

倒掉一抗溶液，用 PBST 缓冲液洗膜 3 次，每次 5 min。

5. 加入二抗

倒掉 PBST 缓冲液，加入用 PBST 缓冲液稀释至适当浓度的二抗，轻轻摇动 1 h。

6. 洗膜

倒掉二抗溶液，用 PBST 缓冲液洗膜 3 次，每次 10 min。

7. 显色

一般用辣根过氧化物酶标记抗体的可采用以下两种方法显色

（1）OPD 显色：将膜置入 OPD 生色缓冲液中，在暗室反应 15～30 min。当出现明显的棕色斑点时，立即用自来水冲洗，最后用蒸馏水彻底漂洗。

（2）ECL 显色：杂交结束后用去离子水清洗硝酸纤维素膜，将等体积发光试剂 A 液和 B 液混合，滴加到膜上，暗处放置 1 min 反应。然后将膜放入 X–光片夹中，把 X–光片放在膜上压片，关上 X–光片夹，开始计时；根据信号的强弱适当调整曝光时间，一般为 1 min 或 5 min，也可选择不同时间多次压片，以达最佳效果；曝光完成后，打开 X–光片夹，取出 X–光片，放入自动洗片机中洗片即可。或自己配显影液和定影液，然后在暗室中进行显影和定影。

8. 凝胶图像分析：将膜或 X–光片进行扫描或拍照，用凝胶图像处理系统分析目标带的相对分子质量和净光密度值。

本实验成功的关键

（1）实验中一定要排除气泡的影响。

（2）蛋白质转移要完全。

（3）免疫检测中一抗和二抗的浓度要合适。

五、实验报告

1. 结果

图示你进行免疫印迹的反应原理并写出实验结果。

2. 思考题

该实验如要用于细菌鉴定，应该如何进行？

（黄玉屏）

第二部分 | 微生物学综合型、研究型实验

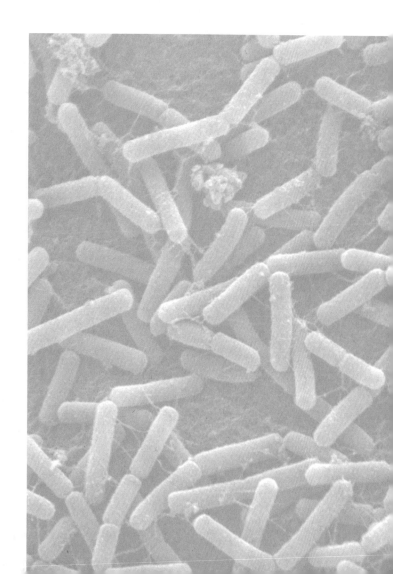

XIII | 苏云金芽孢杆菌的分离和鉴定

一、目的要求

1. 掌握使用选择性培养基从感病死亡的虫子体内分离苏云金芽孢杆菌（*Bt*）的方法。

2. 苏云金芽孢杆菌的芽孢和伴胞晶体可以不经染色，直接在相差显微镜下观察；也可采用特殊染色后，在普通光学显微镜下观察。通过本实验了解两种芽孢和伴胞晶体的区别染色方法。

3. 掌握苏云金芽孢杆菌对棉铃虫和小菜蛾的感染程序，了解病原微生物感染昆虫的一般方法。

4. 了解进行苏云金芽孢杆菌杀虫剂效价生物测定法的操作步骤与方法。

5. 认识苏云金芽孢杆菌杀虫剂生物测定的意义和原理。

二、基本原理

自然界许多昆虫都可能会被病原微生物（包括细菌、病毒和真菌）感染得病死亡，因此可以利用这些昆虫的致病微生物进行有害昆虫的生物防治。从感病死亡的昆虫体内分离病原微生物，是一种获得杀虫微生物的好方法。但是病死虫体上存在的微生物并不一定都是导致该昆虫死亡的病原体，还必须设计一种可靠的程序确认病原体的存在。

本实验以研究较清楚、使用最广的苏云金芽孢杆菌（*Bacillus thuringiensis*，以下均简称 *Bt*）为例，学习杀虫微生物的分离。1987 年，Travers 等利用醋酸盐对芽孢萌发的选择性抑制试验，发明了采用选择性培养基分离 *Bt* 的方法，从而大大提高了从虫体分离 *Bt* 的效率。

苏云金芽孢杆菌在生长发育期的后期，可以在细胞的一端形成一个椭圆形的芽孢，另一端会同时出现一个或多个菱形或锥形的碱溶性蛋白晶体——δ 内毒素，即伴胞晶体。有时芽孢位于细胞中央，而伴胞晶体则位于细胞两端。

能形成芽孢并同时形成伴胞晶体，是苏云金芽孢杆菌区别于其他芽孢杆菌的最为显著的形态特征。例如，蜡状芽孢杆菌（*Bacillus cereus*）在形态、培养特征和生化反应等方面与苏云金芽孢杆菌相似，一般难于将二者区分开来。但蜡状芽孢杆菌只产生芽孢而不产生伴胞晶体，因此可以通过芽孢和伴胞晶体的观察来判断是否为苏云金芽孢杆菌。

根据柯赫法则，即在每一相同病例中都出现这种微生物；要从寄主分离出这样的微生物并在培养基中培养出来；用这种微生物的纯培养物接种健康而敏感的寄主，同样的疾病会重复发生；从试验发病的寄主中能再度分离培养出这种微生物来，才能确定是该寄主的病原微生物。因此，在获得用作防治害虫的病原微生物纯培养物后，还必须确定其对原寄主是否致病、致病力的强弱（毒力高低），才能考虑其应用价值。本实验通过苏云金芽孢杆菌对棉铃虫和小菜蛾的感染过程，了解病原微生物感染昆虫的一般方法。

苏云金芽孢杆菌是目前应用最为广泛的杀虫微生物，*Bt* 产品质量检测已有国际上通用的生物测定方法，测定程序也已标准化，确定了标准试虫、标准样品及标准测定程序等。根据生产菌株杀虫对象不同及使用地区的差异，应采用不同的标准试虫、标准样品及测定程序。由于在测定中，当死亡率接近 0 或 100% 时，浓度每增加一个单位，引起死亡率的变化不明显，而当死亡率在 10% ~ 90% 之间时，浓度每增加一个单位，引起死亡率的变化则会较大，表明在后一个浓度范围内，所得到的死亡率最能真实地代表昆虫群对杀虫剂的反应。所以，在生物测定中，无论是标准品还是待测样品，所选用的 5 个稀释度的相应死亡率均应在 10% ~ 90% 范围内。本实验介绍了以棉铃虫和小菜蛾为试虫的两种生物测定方法。

三、实验器材

1. 材料

感病死亡的菜青虫。标准品（CS95，H3abc，效价 20 000 U/mg）。

2. 菌种

本实验分离获得的苏云金芽孢杆菌菌株 B，苏云金芽孢杆菌菌悬液或菌粉。

3. 供试昆虫

棉铃虫（*Heliothis armigera*）初孵幼虫，小菜蛾（*Plutella xylostella*）三龄幼虫。

4. 培养基

BPA 和 BP 培养基。

5. 溶液和试剂

石炭酸品红染色液，萘酚蓝黑，卡宝品红，碳酸碱性品红，75% 乙醇，95% 乙醇，98% 甲醇，醋酸，36% 乙酸溶液（乙酸溶于蒸馏水），磷酸缓冲液（氯化钠 8.5 g，磷酸氢二钾 6.0 g，磷酸二氢钾 3.0 g，聚三梨酯 -80 1 mL，蒸馏水 1 000 mL），15% 尼泊金（对羟基苯甲酸酯溶于 95% 乙醇），10% 甲醛溶液（甲醛溶于蒸馏水），干酪素溶液（干酪素 2 g 加 2 mL 1 mol/L 氢氧化钾，8 mL 蒸馏水，灭菌），蒸馏水等。

6. 其他原料

黄豆粉（黄豆炒熟后磨碎，60 目过筛），大麦粉（60 目过筛），酵母粉，苯甲酸钠，维生素 C，琼脂粉，菜叶粉（甘蓝型油菜叶，80℃烘干，磨碎，80 目过筛），蔗糖，纤维素粉 CF-11，氢氧化钾和氯化钠等。

7. 仪器和其他用品

试管，平板，吸管，三角瓶，显微镜，擦镜纸，香柏油，二甲苯，载玻片，接种环，酒精灯，小镊子，小剪刀，解剖针，无菌生理盐水，250 mL 磨口三角瓶，1 000 mL 烧杯，50 mL 烧杯，18 mm × 180 mm 试管，养虫管（9 cm × 2.5 cm），50 mL 注射器，玻璃珠，标本缸（内径 20 cm），搪瓷盘，24 孔组织培养盘，恒温培养箱，水浴锅，振荡器，微波炉，电动搅拌器和分析天平等。

四、操作步骤

（一）苏云金芽孢杆菌的分离

1. 虫体消毒

取病死虫子浸入 75% 乙醇中，用无菌镊子取出后，转入无菌生理盐水中，洗涤 3 次，再转至无菌生理盐水中。或可直接浸入 95% 乙醇中，立即提起，火焰点燃数秒钟后，转入无菌生理盐水中即可。

2. 病虫尸体液制备

用丝线结扎死虫的口腔和肛门，用无菌小剪刀从虫体背部或腹部进行解剖，取出体液放入盛有玻璃珠和 10 mL 无菌水的三角烧瓶中，充分振荡 10 min，即为病虫尸体液。可用此液体涂片进行显微镜观察病原菌细胞。

3. 病原菌富集培养

将病虫尸体液接入 BPA 培养基中，充分振荡后，于 30℃ 摇床振荡培养 42 h 取出，于 75～80℃ 水中热处理 10～15 min。也可以直接将病虫尸体液于 75～80℃ 水中热处理 10～15 min，进行划线分离。

4. 分离单菌落

用 10 倍稀释法将上述病原菌富集液稀释至 10^{-6}，取 10^{-4}、10^{-5}、10^{-6} 3 个稀释度的样品 0.1 mL，采用稀释倒平板或涂布的方法均可，接种于做好稀释度标记的 BP 培养基平板中，每个稀释度做 3 个重复。将平板倒置放于 30℃ 恒温培养箱中培养。同时可取 10^{-1} 稀释度进行划线分离单菌落。

5. 培养及观察

取培养箱中培养 24、48、72 h 平板样品，挑取单菌落制片，用石炭酸品红染色 1～2 min，镜检，观察记录菌体、芽孢、伴胞晶体的形态。用培养 72 h 平板，观察记录单个菌落形态特征。

6. 形态特征

营养体杆状，两端钝圆，通常单个存在或以 2～4 个杆状细胞连在一起形成短链。进一步发育后，营养体内形成芽孢和伴胞晶体，菌落成熟后，芽孢和伴胞晶体游离。符合上述特征者，可确定为苏云金芽孢杆菌。

（二）苏云金芽孢杆菌芽孢和伴胞晶体的区别染色

1. 萘酚蓝黑 – 卡宝品红染色

① 染液配制

A 液（萘酚蓝黑液）：萘酚蓝黑 1.5 g，醋酸 10 mL，蒸馏水 40 mL。

B 液（卡宝品红液）：卡宝品红 1.0 g，95% 乙醇 10 mL，蒸馏水 90 mL。使用时配成 30% 水溶液。

② 苏云金芽孢杆菌涂片制作：在载玻片上滴上少许蒸馏水，将在 BP 培养基平板中培养 48 h

以上的苏云金芽孢杆菌菌落用接种环挑取少许与其混匀，在空气中干燥，经火焰固定。

③ 染色：先用 A 液染色 80 s，水洗，再用 B 液复染 20 s，水洗，干燥后镜检。

营养体染成紫色，芽孢为粉红色，晶体为深紫色。

2. 齐氏（Ziehl）石炭酸品红染色

① 染色液配制（见附录Ⅰ）。

② 苏云金芽孢杆菌涂片同上。

③ 染色：将石炭酸品红染液滴加在菌体细胞涂片上，染色 2～3 min，水洗，干燥后镜检。

营养体染成红色，晶体为深红色，芽孢不着色，仅见具有轮廓的折光体。

（三）苏云金芽孢杆菌感染昆虫鉴定及杀虫剂的生物测定

1. 以棉铃虫为试虫的感染和生物测定程序

（1）饲料制备

① 饲料配方：酵母粉 12 g，黄豆粉 24 g，维生素 C 1.5 g，苯甲酸钠 0.42 g，36% 乙酸 3.9 mL，蒸馏水 300 mL。

② 饲料配制：将黄豆粉、维生素 C、苯甲酸钠和乙酸加入大烧杯内，加入 100 mL 蒸馏水润湿。将另外 200 mL 蒸馏水加入装有琼脂粉的另一个大烧杯内，加热沸腾至琼脂粉完全融化，然后使之冷却到约 70℃，再与上述其他混合好的原料混合，在电动搅拌器内高速搅拌 1 min，快速移至 60℃ 水浴锅中保温。

（2）感染液配制

① 标准品感染液配制：称取 100～150 mg 标准品，放入装有玻璃珠的磨口三角瓶中，加入磷酸缓冲液 100 mL，浸泡 10 min，在振荡器上振荡 1 min 制成母液。将标准品母液用磷酸缓冲液以一定倍数等比稀释，每个样品稀释 5 个浓度，并设一缓冲液为对照，吸取每一个浓度感染液和对照液 3 mL，分别倒入 50 mL 小烧杯中备用。

② 悬浮剂样品感染液配制：将悬浮剂样品充分振荡后，吸取 1 mL 放入装有玻璃珠的磨口三角烧瓶中，加入磷酸缓冲液 99 mL，浸泡 10 min，在振荡器上振荡 1 min 制成母液。将标准品母液用磷酸缓冲液以一定倍数等比稀释，每个样品稀释 5 个浓度，并设一缓冲液为对照，吸取每一个浓度感染液和对照液 3 mL，分别倒入 50 mL 小烧杯中备用。

③ 可湿性粉剂样品感染液配制：用分析天平称取相当于标准品毒力效价的样品量，加入磷酸缓冲液 100 mL，其余参照标准品配制方法配制成样品感染液。

（3）感染饲料制备：用注射器吸取 27 mL 饲料，注入上述已装有感染液和对照液的小烧杯中，用磁力搅拌器高速搅拌 30 s 后，迅速倒入组织培养盘的各个小孔中，以铺满各孔底为准，凝固待用。

（4）感染昆虫：于 26～30℃ 室温下进行感染试验。将孵化 12 h 内未经进食的初孵幼虫抖入标本缸内，待数分钟后，选取爬上标本缸口的健康幼虫作为试虫。用毛笔将选出的幼虫轻轻移入组织盘各小孔中，每孔一条试虫，每一浓度和对照均为两盘（共 48 条试虫）。用垫有薄泡沫塑料片的配套盖板盖好，将所有组织盘叠起来，用橡皮筋捆紧。直立着放入 30℃ 恒温培养箱中培养 72 h。

（5）结果观察及统计：打开所有组织盘，用牙签触动试虫，完全无反应者为死虫，计算死亡率。如对照有死亡试虫，则查校正值表，或按公式（1）计算死亡率。对照死亡率低于 6%，不需校正；在 6%~15% 之间需校正；大于 15% 则测定无效。将浓度换算成对数值，死亡率或校正死亡率换算成概率值，用最小二乘法或用有统计功能的计算器分别求出标准品的 LC_{50} 值（半致死浓度），按照公式（2）计算毒力效价。

$$\text{公式（1）} \quad \text{校正死亡率} = \frac{\text{处理死亡率} - \text{对照死亡率}}{1 - \text{对照死亡率}}$$

$$\text{公式（2）} \quad \text{待测样品效价} = \frac{\text{标准品} LC_{50} \text{值} \times \text{标准品效价}}{\text{待测样品} LC_{50} \text{值}}$$

毒力测定法允许相对偏差，但每个样品 3 次重复测定结果的最大偏差不得超过 20%。毒力测定制剂各浓度所致死亡率应在 10%~90% 之间，在 50% 死亡率左右的浓度要各有两个。

2. 以小菜蛾为试虫的感染和生物测定程序

（1）感染液配制

① 标准品感染液配制：称取 100~150 mg 标准品，放入装有玻璃珠的磨口三角烧瓶中，加入磷酸缓冲液 100 mL，浸泡 10 min，在振荡器上振荡 30 min，得到浓度约为 1 mg/mL 标准品母液。将标准品母液用磷酸缓冲液以一定倍数等比稀释，每个样品稀释 5 个浓度（1.000、0.500、0.250、0.125、0.0625 mg/mL）。

② 可湿性粉剂样品感染液配制：用分析天平称取相当于标准品毒力效价的样品量，加入磷酸缓冲液 100 mL，其余参照标准品配制方法配制成样品感染液。

③ 悬浮剂样品感染液配制：将悬浮剂样品用力充分振荡 20 min 后，吸取 10 mL 放入装有 90 mL 蒸馏水的磨口三角烧瓶中，充分摇匀，得到 100 μL/mL 的母液。再将母液稀释成终浓度为 5.000、2.500、1.250、0.625 和 0.313 μL/mL 的稀释液。

对效价过高或过低的样品，在测定之前先用 3 个距离相差较大的浓度进行预备试验，估计 LC_{50} 值的范围，进而设计稀释度。

（2）感染饲料制备

① 饲料配方：蔗糖 6.0 g，酵母粉 1.5 g，维生素 C 0.5 g，干酪素溶液 1.0 mL，菜叶粉 3.0 g，纤维素粉 1.0 g，琼脂粉 2.0 g，菜籽油 0.2 mL，10% 甲醛溶液 0.5 mL，15% 尼泊金 1.0 mL，蒸馏水 100 mL。

② 饲料配制：将蔗糖、酵母粉、干酪素溶液、琼脂粉加入 45.0 mL 蒸馏水调匀，搅拌煮沸，使琼脂完全溶化，加入尼泊金，搅匀。将其他成分及 5 mL 蒸馏水调成糊状，待琼脂冷却至 75℃ 左右时，与之混合，搅匀，置 55℃ 保温。取 50 mL 烧杯编号，分别加入 0.5 mL 相应浓度的感染液，对照加入缓冲液；再分别加入 4.5 mL 保温的感染饲料，用电动搅拌器搅拌 5 s，使感染液与饲料充分混匀，并迅速倒入已编号的养虫管内，每一浓度倒 3 管，凝固待用。

（3）感染昆虫：用毛笔调取小菜蛾三龄幼虫放入准备好的养虫管，每管 10 条，塞好棉塞，放入用黑布包裹的铁丝篓内，于 25℃ 室温下进行感染饲养 48 h。

（4）结果观察及统计：打开养虫管观测幼虫死亡情况，用牙签触动试虫，完全无反应者为死虫，结果统计分析方法同上棉铃虫为试虫的分析方法。

本实验成功的关键

（1）供分离用的虫体应是死亡时间不长，虫体呈褐色但不膨大者；或为濒临死亡的鳞翅目昆虫幼虫，已经停止进食，口吐褐色体液，排泄稀粪，部分或大部分虫体变为褐色者。不宜使用死亡时间过长的虫体。

（2）对虫体表面消毒时，要谨防消毒液渗入体腔，以免妨碍病原菌的分离。

（3）在分离培养操作过程中，应注意无菌操作。

（4）备苏云金芽孢杆菌涂片时，火焰固定要适当，一般于火焰上通过2~3次即可，且忌在酒精灯火焰上烤，以免破坏菌体形态。

（5）石炭酸品红染液稀释液易变质失效，一次不宜多配，也不宜久贮。

（6）在感染试验中，必须注意清洁卫生，以免其他污染造成试虫疾病，而干扰测试结果。

（7）对照组试虫死亡率若超过5%，说明试虫不健康，或测试条件不适，或操作有误，结果不可靠。

（8）感染试验若为毒力效价测定等较为精确的试验时，试验应有2~3次的重复，才能得出较可靠的结论。

五、实验报告

1. 研究论文

写作的内容包括题目、摘要（中、英文）、前言、材料与方法、结果与讨论和参考文献。

2. 思考题

（1）供分离用的病感虫体为什么不宜使用死亡时间过久的虫体？

（2）在分离苏云金芽孢杆菌时，病虫尸体液在分离单菌落之前，为什么需要先经过75~80℃水中热处理10~15min？所有的病原菌的分离是否都必须先进行热处理？

（3）供染色用的苏云金芽孢杆菌为什么必须培养48h以上？

（4）以棉铃虫或小菜蛾为试虫的两种生物测定方法有何异同？

（5）总结影响以棉铃虫为试虫的生物测定方法效果的主要因素。

（曹军卫）

XIV | 碱性蛋白酶高产菌株的选育与基因克隆

碱性蛋白酶是一类最适作用 pH 在碱性范围的蛋白酶，在轻工、食品、医药工业中用途非常广泛。该酶最早发现于猪胰腺中，1945 年瑞士人 Dr Jaag 等人发现地衣芽孢杆菌能够产生这类酶，从此开启了人们利用微生物生产碱性蛋白酶的历史。微生物来源的碱性蛋白酶都是胞外酶，与动植物来源的碱性蛋白酶相比具有产酶量高，适合大规模工业生产的优点。因此，微生物碱性蛋白酶在整个酶制剂产业中一直都占有很大的市场份额，被认为是最重要的应用型酶类。微生物产碱性蛋白酶的菌种选育、基因克隆及表达的研究也一直为人们所关注。

本部分为何选用碱性蛋白酶产生菌株作为实验材料？

从自然界中筛选获取有用的微生物资源一直是微生物学的一项重要工作，也是学习微生物学的学生应该掌握的基本技能。根据最终目的的不同，有用微生物的筛选方法千差万别，其中能够产生胞外蛋白酶的细菌可通过在牛奶或干酪素平板上形成的蛋白水解圈很方便地筛选获取，容易保证实验的成功。此外，我们还推荐具有很强胞外蛋白酶产生能力的地衣芽孢杆菌作为本部分的实验对照菌株，各校可根据情况对本部分的实验内容进行选择、组合。

实验 XIV -1　产蛋白酶菌株的筛选

一、目的要求

1. 学习用选择平板从自然界中分离胞外蛋白酶产生菌的方法。
2. 学习并掌握细菌菌株的摇瓶液体发酵技术。
3. 掌握蛋白酶活力测定的原理与基本方法。

二、基本原理

能够产生胞外蛋白酶的菌株在牛奶平板上生长后，其菌落周围可形成明显的蛋白水解圈。水解圈与菌落直径的比值，常被作为判断该菌株蛋白酶产生能力的初筛依据。但是，由于不同类型的蛋白酶（如酸性或中性蛋白酶）都能在牛奶平板上形成蛋白水解圈，细菌在平板上的生长条件也和液体环境中的生长情况相差很大，因此在平板上产圈能力强的菌株不一定真是碱性蛋白酶的高产菌株。通过初筛得到的菌株还必须用产酶发酵培养基进行培养，通过对发酵液中蛋白酶活力的仔细调查、比较，才有可能真正得到需要的碱性蛋白酶高产菌株，这个过程被称为复筛。需要指出的是，因为不同菌株的适宜产酶条件差异很大，常需选择多种发酵培养基进行产酶菌株的复筛工作，否则有可能漏掉一些已经得到的高产菌株。例如，本实验推荐使用的玉米粉 – 黄豆饼粉培养基可用于对芽孢杆菌属细菌的产酶能力进行比较，但对于其他属种的细菌未必合适。

碱性蛋白酶活力测定按中华人民共和国颁布标准 QB747–80（工业用蛋白酶测定方法）进行。其原理是：用蛋白酶处理酪蛋白可释放含酚基的酪氨酸，后者可与 Folin 试剂在碱性条件下发生反应形成蓝色化合物，通过用分光光度计比色测定即可计算出酶活力大小。

三、实验器材

1. 菌株

从自然界筛选获得的蛋白酶产生菌株，已知具产胞外蛋白酶能力的地衣芽孢杆菌（*Bacillus licheniformis*）。

2. 溶液和试剂

蛋白胨，酵母粉，脱脂奶粉，琼脂，干酪素，三氯醋酸，NaOH，Na_2CO_3，Folin 试剂，硼砂，酪氨酸和水等。

3. 仪器和其他用品

三角烧瓶，培养皿，吸管，试管，涂布棒，玻璃搅拌棒，水浴锅，分光光度计，培养摇床，高压灭菌锅，尺，玻璃小漏斗和滤纸等。

四、操作步骤

安 全 警 示

玻璃棒容易折断，在使用其配制发酵培养基和干酪素时应特别注意不要用力过猛使断裂后形成的尖锐玻璃划伤自己。

---

1. 培养基和试剂的配制

（1）牛奶平板：在普通肉汤蛋白胨固体培养基中添加终质量浓度为 15 g/L 的牛奶。**脱脂奶粉用水溶解后应单独灭菌（0.06 MPa，30 min），铺平板前再与加热融化的肉汤蛋白胨培养基混合。**

（2）发酵培养基：玉米粉 40 g/L，黄豆饼粉 30 g/L，Na_2HPO_4 4 g/L，KH_2PO_4 0.3 g/L，3 mol/L

NaOH 调节 pH 到 9.0，0.1 MPa 灭菌 20 min；250 mL 三角烧瓶的装瓶量为 50 mL。

玉米粉、黄豆饼粉不溶于水，培养基配制过程中加热煮沸、pH 调节及分装到三角烧瓶等环节应注意用玻璃搅拌棒不断搅拌，以保证培养基均匀、一致。

（3）pH 11 硼砂 –NaOH 缓冲液：硼砂 19.08 g 溶于 1 000 mL 水中；NaOH 4 g，溶于 1 000 mL 水中，二液等量混合。

（4）20 g/L 酪蛋白：称取 2 g 干酪素，用少量 0.5 mol/L NaOH 润湿后适量加入 pH 11 的硼砂 –NaOH 缓冲液，加热溶解，定容至 100 mL，4℃冰箱中保存，使用期不超过一周。

用于润湿干酪素的 NaOH 的量不宜过多，否则会影响配制溶液的最终 pH；加热溶解过程中可使用玻璃搅拌棒不断碾压干酪素颗粒，帮助其溶解。

2. 酶活标准曲线的制作

用酪氨酸配制 0 ~ 100 μg/mL 的标准溶液，取不同浓度的酪氨酸溶液 1 mL 与 5 mL 0.4 mol/L Na$_2$CO$_3$、1 mL Folin 试剂混合，40℃水浴中显色 30 min，680 nm 测定吸收值并绘制标准曲线，求出光密度为 1 时相当的酪氨酸质量（μg），即 K 值。

采用普通 721 型分光光度计，采用 0.5 cm 比色杯测定条件下的 K 值一般在 200 左右。

3. 用选择平板分离蛋白酶产生菌株

取少量土样混于无菌水中，摇匀后进行梯度稀释，取 0.2 mL 涂布到一个牛奶平板上，37℃培养 30 h 左右观察；建议用地衣芽孢杆菌作为对照菌株。

家畜饲养、屠宰等动物性蛋白丰富的地点土壤中筛选获得高产蛋白酶菌株的概率更大，若条件许可，建议尽量选择这样的地点进行采样。

4. 产蛋白酶菌株的观察与转接

对牛奶平板上的总菌数和产蛋白酶的菌数进行记录，选择蛋白水解圈最大的 10 个菌株进行编号，用米尺分别测量、记录菌落和透明圈的直径，然后转接到肉汤琼脂斜面上，37℃培养过夜。

5. 用发酵培养基测定蛋白酶产生菌株的碱性蛋白酶活力

将初筛获得的 10 株蛋白酶产生菌株和作为对照的地衣芽孢杆菌一起接种到发酵培养基中，37℃、200 r/min 摇床培养 48 h。

为避免误差，有条件的情况下上述菌株每个应平行接种 3 瓶发酵培养基。

6. 酶活力的测定

将发酵液离心或过滤后按照下列程序（表 XIV –1）测定碱性蛋白酶活力：

表 XIV –1　酶活力测定程序

空白对照	样品
发酵液（或其稀释液）1 mL	发酵液（或其稀释液）1 mL
0.4 mol/L 三氯醋酸 3 mL	20 g/L 酪蛋白 1 mL
20 g/L 酪蛋白 1 mL	40℃水浴保温 10 min
	0.4 mol/L 三氯醋酸 3 mL
静置 15 min，使蛋白质沉淀完全，然后用滤纸过滤，滤液应清亮，无絮状物	
滤液 1 mL	

续表

空白对照	样品
0.4 mol/L Na₂CO₃ 5 mL	
Folin 试剂 1 mL	
40℃水浴保温 20 min，于 680 nm 处测 OD 值	

碱性蛋白酶活力单位 U，以每毫升或每克样品在 40℃，pH11（或其他碱性 pH）条件下，每分钟水解酪蛋白所产生的酪氨酸质量（μg）来表示。

$$碱性蛋白酶活力 = K \times A \times N \times 5/10$$

式中：K——由标准曲线求出光密度为 1 时相当的酪氨酸质量（μg），本实验 K 值建议设为 200

N——稀释倍数

A——样品 OD 值与空白对照 OD 值之差

5——因测定中吸取的滤液是全部滤液的 1/5

10——酶反应时间为 10 min。

本实验成功的关键

（1）自然界中能够分泌胞外蛋白酶的菌株很多，但真正高产碱性蛋白酶菌株的获得必须依赖于大量艰苦、细致的初筛和复筛工作。

（2）通过初筛分离获得的菌株在进行复筛前应通过平板划线等方法确保菌株的纯度。

（3）通过复筛得到的高产菌株还应该以该发酵培养基为基础，进一步优化培养条件，使菌株的产酶能力进一步提高。

五、实验报告

1. 结果

将结果填入表 XIV –2 并对每个菌株的菌落情况进行简单说明：

表 XIV –2　结果记录表

菌株编号	菌落直径 /mm	蛋白水解圈 直径 /mm	蛋白水解圈 / 菌落直径比值	发酵液中的酶活力			
				1	2	3	平均酶活力
1							
2							
3							
4							
5							
6							

续表

菌株编号	菌落直径 /mm	蛋白水解圈 直径 /mm	蛋白水解圈 / 菌落直径比值	发酵液中的酶活力			
				1	2	3	平均酶活力
7							
8							
9							
10							
对照							

注：对照为地衣芽孢杆菌。

2. 思考题

（1）在选择平板上分离获得蛋白酶产生菌的比例如何？试结合采样地点进行分析。

（2）在选择平板上形成蛋白透明水解圈大小为什么不能作为判断菌株产蛋白酶能力的直接证据？试结合你初筛和复筛的结果进行分析。

（陈向东）

实验 XIV -2 蛋白酶产生菌株的初步鉴定和诱变育种

一、目的要求

1. 学习对自然筛选的未知细菌菌株进行初步分类鉴定的方法。
2. 学习并掌握微生物诱变育种技术的基本思路和方法。

二、基本原理

很多微生物都具有产生胞外碱性蛋白酶的能力，其中用于碱性蛋白酶工业生产的主要菌株及最重要的研究、开发对象大多都来自芽孢杆菌属。例如，地衣芽孢杆菌、枯草芽孢杆菌、短小芽孢杆菌等目前都是重要的蛋白酶生产菌。而除芽孢杆菌外的其他具有碱性蛋白酶生产能力的菌株大多都是革兰氏阴性细菌，例如假单胞菌、赛氏杆菌等。由于不同属种细菌的产酶条件不同，因此对从自然界中筛选分离的产酶菌株进行大致分类有助于对分离菌株的产酶能力进行正确的评估和优化。本实验拟通过革兰氏染色、芽孢染色等技术对从自然界中分离筛选的 10 株蛋白酶产生菌株进行大致的分类定位，学生可以此为基础对实验 XIV -1 的初筛、复筛结果进行进一步的分析、判断。

另一方面，由于自发突变的概率一般仅在 $10^{-9} \sim 10^{-6}$ 之间，变异程度较轻微，从自然界中直接筛选获得能满足生产需要的高产菌株的概率很小。要想获得具有实际应用潜力的优良菌种，还必须通过物理或化学手段提高菌株的突变率，进行诱变育种。本实验拟采用实验 38 介绍的简易平板诱变法对筛选得到的蛋白酶高产菌株进行诱变处理，以减少使用者和 NTG 接触的概率。同时推荐在用常规蛋白水解圈大小进行诱变菌株筛选时以利福平抗性作为辅助筛选标记。因为利福平是一种转录抑制剂型抗生素，可通过与 RNA 聚合酶的 β 亚基结合而抑制转录的起始过程，通过选择抗利福平的菌株有可能筛选获得 RNA 聚合酶突变体，以提高转录水平，增加酶产量。

三、实验器材

1. 菌株

实验 XIV–1 筛选获得的蛋白酶产生菌株，地衣芽孢杆菌（*Bacillus licheniformis*）。

2. 溶液和试剂

在实验 XIV–1 所用溶液和试剂的基础上增加：革兰氏染液（实验 7），芽孢染色液（实验 8），葡萄糖，（NH_4）$_2SO_4$，$MgSO_4 \cdot 7H_2O$，亚硝基胍（NTG），利福平等。

3. 仪器和其他用品

在实验 XIV–1 所用仪器和用品的基础上增加：显微镜及相关用品，牙签等。

四、操作步骤

安 全 警 示

包括亚硝基胍在内的化学诱变剂多是致癌剂，对人体及环境均有危害，使用时须谨慎。

---

1. 培养基和试剂的配制

（1）芽孢染色液、革兰氏染液、牛奶平板、发酵培养基、蛋白酶活性检测溶液等的配制方法参照第一部分实验 6、7、XIV–1。

（2）利福平溶液：称取 0.5 g 利福平用少量二甲基亚砜溶解，再按二甲基亚砜：水 =6：4 的比例定容到 10 mL，制备成 50 mg/mL 的贮备液，4℃避光保存。临用前以一定比例加到融化冷却到 50～60℃的琼脂培养基中后，立即铺制平板。

（3）淡薄培养基：酵母膏 0.7 g/L；蛋白胨 1 g/L；葡萄糖 1 g/L；（NH_4）$_2SO_4$ 0.2 g/L；$MgSO_4 \cdot 7H_2O$ 0.2 g/L；K_2HPO_4 4 g/L；琼脂 20 g/L，pH7.2～7.4，0.06 MPa，30 min 灭菌。用于菌株产芽孢情况检查。

形成芽孢是芽孢杆菌属细菌的关键特征，但不是所有的芽孢杆菌都能在任何情况下形成芽孢。因此，在鉴定菌株是否为芽孢杆菌时，宜采用生孢子培养基进行培养后再进行芽孢染色检查。本实验采用的淡薄培养基是几种生孢子培养基中效果较好的一种。

2. 革兰氏染色

将实验 XIV–1 筛选获得的 10 株蛋白酶高产菌株按实验 7 的方法进行革兰氏染色检查。以地衣芽孢杆菌作为对照菌株。

3. 芽孢检查

将上述菌株（或革兰氏染色阳性）的菌株接种到淡薄培养基平板上，37℃培养 2 d 后按实验 13 的方法进行芽孢染色观察。以地衣芽孢杆菌作为对照。

淡薄培养基上的细菌培养物液也可用相差显微镜直接观察其产芽孢情况。

4. 产蛋白酶高产菌株的亚硝基胍平板法诱变

将实验 XIV-1 筛选获得的碱性蛋白酶产生能力最强的菌株经活化后分别接种到肉汤液体培养基中，37℃、200 r/min 摇床培养 12～16 h。取 100 μL 菌液涂布于肉汤培养基平板，待表面液体渗入琼脂平板后，按实验 38 的方法用无菌牙签挑少量（不需定量）的 NTG 固体粉末点于平板上，待 NTG 粉末润湿后，于 37℃倒置培养过夜，至出现明显的抑菌圈。

如果实验 XIV-1 未能获得较好的碱性蛋白酶产生菌株，也可以用地衣芽孢杆菌作为诱变出发菌株。

5. 突变菌株的初筛

从 NTG 抑菌圈边缘刮取菌苔，加到装有 5 mL 肉汤培养基的试管中，37℃、200 r/min 摇床培养 2～6 h，这个过程被称为中间培养。因为对于刚经诱变剂处理过的菌株，有一个表现迟滞的过程，即细胞内原酶有量的稀释过程（生理延迟），需 3 代以上的繁殖才能将突变性状表现出来。因此，应让变异处理后的细胞在液体培养基中培养几小时，使细胞的遗传物质复制，繁殖几代，以得到纯的变异细胞。这样，稳定的变异就会显现出来。若不经液体培养基的中间培养，直接在平皿上分离就会出现变异和不变异细胞同时存在于一个菌落内的可能，形成混杂菌落，以致造成筛选结果的不稳定和将来的菌株退化。

中间培养时间不宜太长，否则同一种突变株增殖过多会加大复筛的工作量。

经过中间培养后的菌悬液进行适当稀释后涂布到含利福平终质量浓度分别为 0、10、20、40 μg/mL 的牛奶平板表面。培养 1～2 d 后对平板上菌落的蛋白水解圈情况进行观察，从不同利福平浓度的平板上各选择 5 个蛋白水解圈最大的菌株进行编号，用米尺分别测量、记录菌落和透明圈的直径，然后转接到肉汤琼脂斜面上，37℃培养过夜。

6. 突变菌株的复筛

将上述 20 个菌株按实验 XIV-1 的方法分别用发酵培养基测定其产酶能力，以未经诱变的出发菌株作为对照。

本实验成功的关键

（1）对未知菌株进行革兰氏染色检查时必须用已知菌种作为实验对照菌株。

（2）从 NTG 诱变平板上刮取菌苔时应尽量选择抑菌圈最边缘的细菌培养物，以提高获得突变菌株的概率。

（3）为避免误差，进行复筛时每个候选菌株最好平行接种 3 瓶发酵培养基。

五、实验报告

1. 结果

（1）将自然筛选菌株初步鉴定的结果填入表 XIV-3 并结合实验 XIV-1 的结果进行简单讨论；

（2）将诱变后的初筛、复筛结果填入表 XIV-4，并根据实验结果分析蛋白水解圈/菌落直径比值，以及菌株的利福平抗性能否作为蛋白酶高产菌株筛选的直接指标。

表 XIV-3　自然筛选菌株初步鉴定结果

菌株编号	细胞形态	革兰氏染色	是否判断为芽孢杆菌	产酶情况（实验 XIV -1）	
				蛋白水解圈 / 菌落直径比值	酶活力
1					
2					
3					
4					
5					
6					
7					
8					
9					
10					
对照					

注：对照为地衣芽孢杆菌。

表 XIV -4　诱变后初筛、复筛结果

筛选平板的利福平质量浓度 / ($\mu g \cdot mL^{-1}$)	产酶情况									
	1		2		3		4		5	
	直径比值	酶活力	直径比值	酶活力	直径比值	酶活力	直径比值	酶活力	直径比值	酶活力
0										
10										
20										
40										

2. 思考题

你认为还可以采用哪些诱变策略来进行碱性蛋白酶高产菌株的诱变选育？请查阅文献了解这方面的成功实验范例。

（陈向东）

实验 XIV -3 碱性蛋白酶基因的克隆与表达

一、目的要求

1. 在巩固前面所学有关 PCR 扩增、DNA 提取、遗传转化等分子生物学实验技术的基础上，学习并掌握 PCR 法扩增基因组上目的基因的基本方法，以及有关枯草芽孢杆菌的分子生物学实验操作。

2. 了解芽孢杆菌蛋白酶基因克隆、表达的基本实验思路。

二、基本原理

细菌碱性蛋白酶具有重要的工业应用价值，在商品酶的生产中占有相当大的份额。利用基因工程的手段对性能好的细菌碱性蛋白酶进行克隆和高效表达一直是蛋白酶应用研究的热点之一。另一方面，细菌蛋白酶的形成受一系列复杂调控系统的控制，对它的分子生物学研究也有助于对细菌的代谢、发育等基本生命现象的了解，具有重要的理论意义。

对细菌碱性蛋白酶基因的克隆可采用鸟枪法、探针杂交法等多种克隆策略。本实验选用地衣芽孢杆菌作为实验材料，它的碱性蛋白酶基因序列已有报道。因此可根据该菌碱性蛋白酶基因保守性高的特点，利用特异性引物从染色体上直接 PCR 扩增获得完整的地衣芽孢杆菌碱性蛋白酶基因片段（APR），包括结构基因和上、下调控序列，长度在 1.6 kb 左右。而为了 DNA 重组操作方便，在引物 P1、P2 的 5′ 端分别加上了地衣芽孢杆菌碱性蛋白酶基因上不存在的 *Bam*H I 和 *Sac* I 酶切位点，方便将该 PCR 扩增片段克隆到大肠杆菌 – 枯草芽孢杆菌穿梭质粒 pBE2 的多克隆位点（MCS）部位（图 XIV–1），构成重组质粒 pBE2–APR。后者通过二步自然转化法导入产蛋白酶缺陷

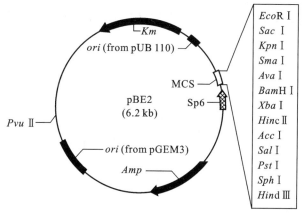

图 XIV –1 大肠杆菌 – 枯草芽孢杆菌穿梭质粒 pBE2 的结构示意图

ori（from pUB110）：在枯草芽孢杆菌中起作用的复制起始区

ori（from pGEM3）：在大肠杆菌中起作用的复制起始区

Amp：氨苄青霉素抗性基因，在大肠杆菌中表达

Km：卡那霉素抗性基因，在大肠杆菌和枯草芽孢杆菌中均能表达

MCS：多克隆位点，含多个单一限制性内切酶位点的区段

Sp6：在大肠杆菌中起作用的启动子（本实验中未使用）

的枯草芽孢杆菌 BG2036 菌株中后，可通过观察菌株是否能恢复在牛奶平板上形成蛋白水解圈来判断所克隆的碱性蛋白酶基因的表达情况。

　　大肠杆菌不能识别来自芽孢杆菌的启动子，因此 pBE2-APR 上的蛋白酶基因在大肠杆菌中并不能获得表达。但从基因克隆的技术角度出发，大肠杆菌适合作为该基因克隆与表达过程的中间宿主。这是因为受质粒转化机制限制，酶切、连接后的质粒直接转化枯草芽孢杆菌时效率低下。而利用大肠杆菌作为中间宿主，以较大的频率获得重组体 DNA，再提取质粒，则可产生大量的多聚体分子，以此转化枯草芽孢杆菌感受态细胞，就能大大提高转化效率。此外，大肠杆菌的遗传背景清楚，基因克隆操作的技术路线成熟，更利于保证实验操作的顺利、成功。

三、实验器材

1. 菌株和质粒

碱性蛋白酶产生菌地衣芽孢杆菌（*Bacillus licheniformis*），产蛋白酶缺陷的枯草芽孢杆菌（*Bacillus subtilis*）BG2036（Δ*apr*684 Δ*npr*E522，Km^s），大肠杆菌（*Escherichia coli*）HB101，大肠杆菌 – 枯草芽孢杆菌穿梭质粒 pBE2。

2. 溶液和试剂

氨苄青霉素（Amp）、卡那霉素（Km）、(NH$_4$)$_2$SO$_4$，K$_2$HPO$_4$，KH$_2$PO$_4$，柠檬酸钠·2H$_2$O，MgSO$_4$·7H$_2$O，葡萄糖，组氨酸（His），EGTA，酪素，酸水解酪素，蔗糖，溶菌酶，脱脂奶粉，限制性内切酶 *Bam*H I、*Sac* I、T4 DNA 连接酶等。

其他试剂：质粒 DNA 提取相关试剂参见实验 42，大肠杆菌质粒 DNA 转化相关试剂参见实验 43，枯草芽孢杆菌总 DNA 提取相关试剂参见实验 44，限制性内切酶相关试剂参见实验 45，PCR 扩增相关试剂参见实验 46。

3. 仪器和其他用品

包括 DNA 提取、转化及 PCR 扩增等所需要的仪器和用品，参见实验 42～46。

四、操作步骤

安 全 警 示

　　分子生物学实验操作中用到的溴化乙锭和紫外线观察箱如操作不当对健康有潜在威胁，请注意遵照实验 42～46 中介绍的使用规范。

---

1. 培养基、试剂的配制和引物设计

（1）抗生素溶液配制

氨苄青霉素（Amp）：将氨苄青霉素配制成 100 mg/L 的水溶液，贮存于 –20℃。

卡那霉素（Km）：将卡那霉素配制成 10 mg/mL 的水溶液，贮存于 –20℃。

抗生素可过滤灭菌或以无菌操作将定量的无菌水加到药瓶中溶解药粉后直接使用。

（2）枯草芽孢杆菌自然遗传转化法中的 TM1、TM2 培养基按表 XIV–5 配制。注意基本盐溶液、20 g/L MgSO$_4$·7H$_2$O、250 g/L 葡萄糖均应该分别灭菌，临用前混匀。

表XIV-5 配制 TM1、TM2 培养基

	TM1	TM2
培养基总体积	2.5 mL	2.5 mL
基本盐溶液*	625 μL	625 μL
水	1.6 mL	1.84 mL
250 g/L 葡萄糖	25 μL	25 μL
20 g/L MgSO₄·7H₂O	25 μL	25 μL
50 g/L 酸水解酪素	250 μL	
25 μg/mL 酪素**		25 μL
100 mmol/L EGTA		25 μL

* 基本盐溶液：$(NH_4)_2SO_4$ 8 g，K_2HPO_4 56 g，KH_2PO_4 24 g，柠檬酸钠·$2H_2O$ 4 g，加水定容到 1 000 mL。

** 酪素的制备方法参见本部分的实验 XIV -1。

（3）PCR 引物按下列序列合成：

P1：5′-AAAAAGGATCC GTA ATG ATG AGG AAA AAG AG-3′

　　　　　*Bam*H I

P2：5′-GGGGGAGCTC ATG TTA TTG AGC GGC AGC T-3′

　　　　Sac I

（4）实验中其他溶液和试剂的配制方法参见实验 42~46。

2. 地衣芽孢杆菌总 DNA 的提取

按实验 44 介绍的芽孢杆菌总 DNA 提取方法进行。

3. 碱性蛋白酶基因的 PCR 扩增和电泳检查

按实验 46 介绍的方法，以地衣芽孢杆菌的染色体 DNA 为模板，在 0.5 mL 的薄壁微量离心管中配制下列反应液（表XIV -6）进行 PCR 扩增，总体积为 25 μL。

表XIV-6 PCR 反应液

模板	10 ng
引物 P1	0.1~0.5 μmol/L
引物 P2	0.1~0.5 μmol/L
dNTP 混合物	2 mmol/L
10×*Taq* 缓冲液	2.5 μL
Taq	1~3 U
灭菌蒸馏水	加至 25 μL

反应程序：94℃ 5 min 预变性；94℃ 60 s → 56℃ 60 s → 72℃ 2 min，共进行 30 个循环；72℃ 5 min。扩增结束后取 2 μL 上样进行电泳检查，扩增片段的大小应在 1.6 kb 左右。

4. 酶切处理

将上述 PCR 产物和质粒 pBE2 分别按下列配方（表 XIV –7）用 *Bam*H I 和 *Sac* I 进行双酶切处理。

表 XIV –7　双酶切处理反应液

反应物	H$_2$O	10× 缓冲液	DNA	酶 1	酶 2	总体积
加量 /μL	11.4	2	5	0.8	0.8	20

由于不同厂家提供的限制性内切酶的反应条件有差异，具体操作时应仔细阅读厂家提供的说明书，尽量选择 *Bam*H I 和 *Sac* I 均能较好反应的酶切缓冲液（10× 缓冲液），37℃保温 3 h。如果两种酶的反应缓冲液差异较大，则应先加入要求较低盐浓度的酶作用，在该酶作用温度下保温 2 h，再加入第二种酶，并补加第二种酶的缓冲液，再在该酶作用温度下保温 2 h。

若反应总体积扩大，则以上所加各反应物的量均应成倍扩大。此外，由于内切酶保存在 50% 的甘油中，为使酶切反应中甘油不影响酶的活性，所加酶的量不应超过反应体系总体积的 10%。

5. 连接

在 0.5 mL 的薄壁微量离心管中配制下列反应液（表 XIV –8），总量为 10 μL。12 ~ 16℃连接反应 4 h 以上。

表 XIV –8　连接反应液

PCR 片段酶切产物	0.3 μg
pBE2 酶切产物	0.1 μg
10× 缓冲液	1 μL
T4 DNA 连接酶	0.5 μL
灭菌蒸馏水	加至 10 μL

连接反应中的 DNA 的浓度可以通过琼脂糖电泳带的亮度大致估算，加样时应保证外源片段和载体间有数倍的浓度差。

6. 重组质粒的筛选和检测

将上述连接产物转化大肠杆菌 HB101 感受态细胞，随机挑选在 Amp 平板上生长的转化子进行标记、培养后提取质粒，用 *Bam*H I 和 *Sac* I 分别进行单酶切和双酶切处理。连接上外源片段的重组质粒进行双酶切处理后应可看见二条电泳条带，且其大片段小于该质粒单酶切后形成的单一电泳条带。而自连后的 pBE2 载体不论进行单酶切还是双酶切处理得到的电泳条带大小均相同。

筛选获得的重组菌株应进一步纯化并重新提取质粒进行检测。正确的 pBE2–APR 重组质粒经过 *Bam*H I 和 *Sac* I 双酶切处理后的小片段的长度应在 1.6 kb 左右，而大片段应和 pBE2 单酶切后的大小一致。

有关实验操作参见实验 42 ~ 46。

7. APR 片段上碱性蛋白酶基因功能的检测

（1）枯草芽孢杆菌感受态细胞的制备：接种枯草芽孢杆菌 BG2036 于 5 mL LB 培养基，37℃培养过夜。转接 200 μL 菌液到 5 mL 新鲜预热 LB，37℃摇床培养 5.5 h（OD$_{600}$ 不超过 3.0）。取培养液 350 μL，12 000 r/min 离心 1 min；弃上清后用 50 μL 水重悬菌体，并全部加到预热的 2.5 mL TM1 中。37℃摇床培养 4.5~5 h。取上述菌液 500 μL 转接到预热的 2.5 mL TM2 中，30℃摇床培养 2 h，即可直接用于转化或加甘油后 −70℃保存。

（2）枯草芽孢杆菌的自然转化：从重组大肠杆菌中提取质粒 pBE2-APR 和 pBE2。分别取 5 μL 质粒 DNA 与 100 μL 枯草芽孢杆菌 BG2036 感受态细胞、5 μL 0.2 mol/L MgCl$_2$ 溶液混匀，于 37℃水浴保温 40 min，涂布 Km 终质量浓度为 10 μg/mL 的牛奶平板。

（3）碱性蛋白酶基因表达的检测：上述牛奶平板 37℃培养约 20 h 后观察。含 pBE2-APR 的 BG2036 重组菌株如能在菌落周围形成透明水解圈则证明所克隆的基因片段具有蛋白酶的功能。作为对照，含 pBE2 的 BG2036 菌株在同样条件下不能形成蛋白水解圈。

BG2036 菌株的两种主要的胞外蛋白酶（中性蛋白酶和碱性蛋白酶）的基因发生了突变，因此其表型为产蛋白酶缺陷。但随着它在牛奶平板上培养时间的延长，体内其他微量蛋白酶的积累仍会导致菌落周围蛋白水解圈的形成。因此，用该菌株验证所克隆基因的蛋白酶功能时应在规定时间内观察，并设置实验对照。

本实验成功的关键

（1）基于 pBE2 的质粒转化大肠杆菌时不能用 Km 抗性进行转化子筛选，但携带该质粒的大肠杆菌菌株可用 Amp 和 Km 双抗培养基进行培养和保存。这是因为 *Km* 基因在刚导入大肠杆菌细胞中时表达有所滞后。

（2）若 DNA 连接后转化检测时载体自连的假阳性过多，则应进一步增大连接反应时外源片段和质粒载体的比例，或按照实验 45 的方法对酶切后的载体进行去磷酸化处理。

（3）为方便对结果进行分析和验证，每步实验最好都能设置阳性和阴性对照。

五、实验报告

1. 结果

按照科学研究论文发表的格式撰写综合实验报告，并对每步实验结果进行分析和讨论。

2. 思考题

（1）请分析本实验每个操作步骤应如何设置阳性和阴性对照。

（2）采用 PCR 扩增的方法能对未知蛋白酶基因进行克隆吗？请通过查阅文献列出至少一种细菌蛋白酶基因克隆的其他方法，简述其原理和基本实验步骤。

（3）你认为本实验是否可以不使用大肠杆菌 – 枯草芽孢杆菌穿梭质粒进行碱性蛋白酶基因的克隆和表达？

（4）除了本实验采用的自然遗传转化法外，还有哪些方法可以将外源 DNA 导入枯草芽孢杆菌？

（陈向东）

XV | 微生物产沼气

　　微生物能利用有机物、生活有机物垃圾、污水、粪便、农副产品及废弃有机物产生可燃的气体，所以在沼泽地、污水沟或粪池里，有气泡冒出来，这就是自然界天然发生的沼气。由于这种气体最先是在沼泽中发现的，所以称为沼气。人们利用微生物产沼气，既可治理环境污染，又可利用废物产生能源，而且是重要的再生能源。特别是我国农村大力推广的"沼气生态园"，将沼气池、厕所、畜禽舍建在日光温室内，成为"四位一体"模式，形成以微生物发酵产沼气、沼液、沼渣为中心的种植业、养殖业、可再生能源和环境保护"四结合"的生态系统，在我国经济和社会的可持续发展中起重要作用。目前，国家不断加大对农村沼气建设的资金投入，农村户用沼气池达到几千万户，应用规模居世界首位。但微生物产沼气费时、费事，效率较低，许多问题亟待研究解决。进一步研究微生物产沼气的机制、条件和工艺是提高其效率的主要途径之一。

　　微生物发酵产沼气技术各种各样，规模有大、中、小，综合利用广泛而多样。我们进行微生物产沼气小实验，有利于深刻认识微生物产沼气的机制，也为进一步研究和制取微生物产沼气提供了一种简捷方法。

一、目的要求

　　1. 理解微生物产沼气的原理，认识微生物产沼气的过程。

　　2. 学习并掌握在实验室制取沼气的一种简捷方法，并为其他发酵实验装置的制作、试验中的技术方法提供经验和借鉴。

二、基本原理

　　用富含淀粉等有机物产沼气，首先是许多异养微生物将淀粉等不同有机质，在有氧条件下，分解生成简单有机酸、醇和 CO_2 等，然后是产甲烷菌将乙酸、CO_2、H_2 等在厌氧条件下，转化生成甲烷，从而形成以 60%～70% 甲烷为主，其次为 30% ~ 40%CO_2，尚有极少数其他气体的沼气。发酵的原料、温度、pH、菌种、反应器等，对沼气产生的速度、质和量都有很大影响。微生物产沼气是一个非常复杂的过程，其机制还没有完全清楚，但可以肯定，它是多种微生物经好氧和厌氧混合发酵的结果。

三、实验器材

1. 菌种
来自于培养室的环境。

本实验的菌种为什么来自于培养室的环境？

利用有机物产生沼气是多种微生物共同作用的结果，一般认为有五大类菌群参与：①发酵性菌群首先将复杂有机物水解转化为可溶性的糖、脂肪酸、氨基酸等，再进一步转化为乙酸、丙酸、丁酸、醇和 CO_2 等。②产氢、产乙酸菌群将丙酸、丁酸、乙醇、乳酸等转化为乙酸、H_2 和 CO_2。③耗氢产乙酸菌群利用 H_2 和 CO_2 或代谢糖类产生乙酸。④食氢产甲烷菌群均能以 H_2/CO_2 为底物产甲烷，而且大部分菌种能利用甲酸产甲烷。⑤食乙酸产甲烷菌群利用乙酸产甲烷，有的种还能用甲醇、甲胺产甲烷。这 5 类菌群中的许多菌种在培养室的环境中都存在，只要首先敞开待发酵的有机物，则有许多菌自然地加入进行好氧发酵，然后密封，又有众多菌能进行厌氧发酵，从而使有机物能产生沼气。

---

2. 培养基
50 g 稻米或面条（为了节约粮食，最好用富含淀粉等的废弃有机物）。

3. 仪器和其他用品
2 个 1 000 mL 左右带盖的塑料饮料瓶，50 cm 长的乳胶或塑料软管，医用 2 号注射针头，橡皮塞，接种环，剪刀，强力黏胶，500 mL 的玻璃杯等。

四、操作步骤

1. 发酵装置的制备
将接种环烧红，在 2 个塑料饮料瓶近底部各烙穿一小孔，孔径大小与乳胶管口径相近，再将一瓶盖中央烙穿一小孔，孔径大小与 2 号注射针头的尾端大小相近。将乳胶管的两端分别插入两塑料饮料瓶的小孔内，用强力黏胶密封乳胶管与塑料饮料瓶的相交处。将 2 号注射针头的尾端嵌入瓶盖的小孔，同样密封瓶盖与 2 号注射针头的相交处。待密封处干燥后，用水检验，确认密封处不漏水，才能算完成制备。这种连接在一起的 2 个带盖的塑料瓶可称为发酵装置，带注射针头瓶盖的塑料瓶可称为发酵罐，另一塑料瓶则称为储存罐（图 XV-1）。这种装置可用于实验室的一些发酵实验。

2. 好氧发酵
取 50 g 稻米或面条，置于玻璃杯中，加入 200 mL 的自来水，放 28 ~ 37℃发酵，24 ~ 48 h 后，见水表面有许多小气泡，表明好氧发酵成功。如果需要加快实验的速度，便将稻米或面条加水煮熟，并放在 37℃发酵 24 h，同样可以使好氧发酵成功。

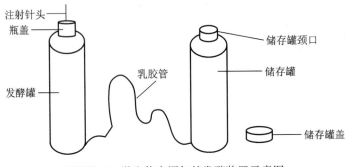

注射针头
瓶盖
发酵罐
乳胶管
储存罐颈口
储存罐
储存罐盖

图XV-1　微生物产沼气的发酵装置示意图

3. 厌氧发酵

将储存罐的盖盖上，并拧紧，好氧发酵过的物料和发酵液全部装入发酵罐，并加自来水将发酵罐灌满，拧紧罐盖，使水滴从注射针头的针尖中溢出，针尖扎入一小橡皮塞，密封注射针头的针管。全套发酵装置放在 $28 \sim 37\,^{\circ}\mathrm{C}$ 室内，打开储存罐的盖，进行厌氧发酵，并经常观察厌氧发酵的状况。

4. 沼气的检验

厌氧发酵时，在发酵罐中，微生物发酵物料持续地产生沼气，聚集在发酵罐液面的上方，并产生压力将发酵罐中的物料和发酵液逐渐地排入储存罐中。发酵 4 h 后，定期地记录排入储存罐中的物料和发酵液的量，表示厌氧发酵产沼气的量，由于存在 $CO_2 + H_2O \longrightarrow H_2CO_3$ 反应，因而沼气中含 CO_2 的量较少，使其可以燃烧。待发酵液绝大多数被排入储存罐时，将储存罐提升，放在高处，使储存罐底部高于发酵罐的颈盖部，拔去发酵罐注射针头上的橡皮塞，这时发酵液将回流到发酵罐，沼气从注射针孔排出，对准注射针的针尖点火，则可见针尖处有气体燃烧，因沼气的火焰小，而且色淡，亮处不易看清，但可见针尖被烧红，或用纸片可在针尖上方被点燃。如果气体离开火源能自行燃烧，说明气体中甲烷含量已达 50%，CO_2 量在 40% 以下，也表明发酵产生了沼气。1 000 mL 沼气，从针尖排出可燃烧 7 ~ 8 min。

5. 检测产沼气的总量

沼气燃完后，待储存罐的发酵液全部流回发酵罐，将储存罐的盖盖上，并拧紧，小橡皮塞再次扎入发酵罐盖上的针尖，放在 $28 \sim 37\,^{\circ}\mathrm{C}$ 室内，再打开储存罐的盖，进行厌氧发酵，并经常观察厌氧发酵的状况，记录所产气体的量。待发酵液绝大多数被排入储存罐时，便可进行第二次沼气的检验。如此从厌氧发酵到沼气的检验，还可进行第三、第四……多次，直至产沼气很少。每次所产沼气相加，则是 50 g 稻米或面条在本次实验条件下产生沼气的总量。

6. 产沼气的发酵条件试验

根据实验目的要求的需要，可用此发酵装置或再添加某些设备，如水浴锅、搅拌器，进行产沼气的发酵条件试验，包括发酵原料（有机垃圾、秸秆、人畜粪便）、碳氮比、温度、pH、搅拌、活性污泥或菌剂的添加、有害物的控制等实验。将实验得到的产沼气速度、总量等分析比较，获得的结论对改良大规模生产沼气有参考意义和价值。

本实验成功的关键

（1）装置的制备，一定要等待密封处的强力胶干燥后，用水检验，确认密封处不漏水，才能用于实验。

（2）注意发酵温度对好氧和厌氧发酵的影响，掌握好观察产沼气和燃烧沼气的时间。

（3）沼气产生后，防止发酵罐泄漏，发酵罐不可靠近高温，更不能接近明火，预防意外事件发生，特别要注意安全。

五、实验报告

1. 结果

（1）你的实验好氧发酵的状况如何？厌氧发酵在 48 h 期间产气情况如何？

（2）以培养时间（d）为横轴，产气量（mL）为纵轴，绘制你所试验原料的产气曲线。

2. 思考题

（1）如果用农作物的秸秆作为产沼气的主要原料，应采取哪些措施提高产沼气量？

（2）你所制作的沼气发酵装置还能用于哪些微生物学方面的实验？经改造后又能用于哪些实验？

（3）农村中有的沼气池"一年建，二年用，三年废"。分析产生的原因？试提出改进建议。

附：厌氧滚管技术分离、培养产甲烷菌

厌氧滚管技术是美国微生物学家亨盖特（Hungate）发明的，并用此技术分离培养瘤胃厌氧微生物。该技术逐渐发展成为研究严格、专性厌氧微生物的有效技术，可用于许多厌氧菌的分离、培养、活菌计数和鉴定，例如：产甲烷菌、双歧杆菌等，还可以用于有害腐败菌（如酪酸菌）或病原菌（如肉毒梭状芽孢杆菌）。产甲烷菌（Mathanogens）是一类在厌氧生境下并伴有甲烷产生的古菌，在自然界分布广泛，种类繁多。产甲烷菌的分离、培养方法很多，如厌氧箱法、厌氧袋法、厌氧罐法等，厌氧滚管技术比较简便，一般实验室都容易实施。

一、实验器材

1. 样品

微生物产沼气试验的渣，或产沼气池的渣，或污泥。

2. 培养基

NH_4CL 1 g，$MgCl_2$ 0.1 g，K_2HPO_4 0.4 g，KH_2PO_4 0.2 g，甲酸钠 5 g，乙酸钠 5 g，甲醇 3.5 mL，琼脂 15~20 g，水 1 000 mL，pH 7.0，10 g/L 的刃天青（还原指示剂）1 mL，121℃灭菌 20 min，使用前每 100 mL 培养基中分别加入 2 mL：10 g/L Na_2S（还原剂）、50 g/L $NaHCO_3$ 和 3 000 U/mL 青霉素液（抑制剂）。

3. 器材和其他用品

戴有螺帽的玻璃试管，简称为螺帽试管，螺帽盖中必须有垫圈或垫塞，使盖好螺帽后不漏水，即不会漏气。盛有纯氮气的钢瓶，其出口装上压力表，再装上带长针头（或长的移液管头）的乳胶管。酒精灯，水浴锅，瓷盘，冰块，恒温培养箱。铜柱除氧系统。

二、目的要求

1. 理解分离、培养产甲烷菌的所需条件，并如何满足这些需求？
2. 学习厌氧滚管技术，能分离、培养严格、专性厌氧微生物。

三、基本原理

产甲烷菌生存在厌氧条件下，它生长的氧化还原电位约为 –0.33 V，所需碳源多种多样，例如：CO_2、甲酸、甲醇、甲胺、乙酸等；最适生长温度为 35～40℃，最适 pH 为 6.0～7.2。树脂刃天青（resazurin）既是还原剂又是指示剂，它可以把培养基中残留的溶解氧去除，其氧化还原电位指示敏感范围为 –42 mV，指示培养基有氧时呈紫色或粉红色，无氧时呈无色。产甲烷菌的细胞壁成分为假肽聚糖，其生长不被青霉素抑制，而青霉素能抑制其他细菌生长。

四、操作步骤

1. 厌氧培养基试管的制备

制作充满氮气的螺帽试管：将蒸馏水装满螺帽试管，与螺帽盖分开 121℃灭菌 20 min，冷却后，无菌操作盖上螺帽；打开盛有氮气的钢瓶的阀门，使瓶中的氮气能放出，保持氮气能放出的最低压，通过乳胶管上的长针头，插入松开螺帽的螺帽试管，迅速倒转螺帽试管（螺帽在下面），吹驱赶掉螺帽试管中的水，使螺帽试管中充满氮气，盖上螺帽备用。

将配制好已 121℃灭菌 20 min 的培养基，煮沸驱氧，分别按 2% 培养基，加入 10 g/L Na_2S 和 50 g/L $NaHCO_3$ 及 3 000 U/mL 青霉素液，而后趁热分装到螺帽试管中，培养基的量约占试管的一半，再次插入长针头向试管中充氮气。如培养基内加入的氧化还原指示剂—刃天青由蓝到红最后变成无色，说明试管内已成为无氧状态，然后盖上螺帽，并确认垫圈或垫塞已密封好试管。将此制成的厌氧培养基试管存放冰箱备用。

2. 滚管试验分离培养厌氧菌

松口厌氧培养基试管的螺帽，并在沸水浴中溶化培养基，置恒温的水浴中，保持水温 46～50℃。将样品中的液体分别吸约 0.1 mL，注入 3 或 5 支厌氧培养基试管中，盖上螺帽，密封好试管然，后将其平放于盛有冰水或冷水的瓷盘中迅速滚动，使样品与培养基充分混合，混有样品的琼脂培养基在试管内壁会很快形成凝固层，确认已凝固好，从瓷盘中取出，平放恒温培养箱，37℃ 培养，培养 24 h 或更长时间，观察培养基上是否有菌落。

3. 厌氧菌的再次分离纯化

用接种环无菌操作迅速沾取滚管内的单个菌落，镜检其形态及纯度。如尚未获得纯培养物，可用预先已驱氧的无菌生理盐水（制作方法同厌氧培养基试管）稀释样品，吸取约 0.1 mL，再次进行滚管试验，获取到清晰的单个菌落，并沾取该菌落镜检，直至获得纯培养物为止。获得的纯培养物可用滚管试验技术，37℃ 培养，见较多菌落或菌苔时，在厌氧培养基试管中，放置冰箱保存。

4. 产甲烷菌的鉴定

如果对分离的菌需进行鉴定，确定是否是产甲烷菌，则要按产甲烷菌分类鉴定的项目做各种鉴定试验，而且应该在严格厌氧环境下操作和培养。实验室应该有：厌氧操作箱、厌氧培养柜或罐，铜柱除氧系统等设备。

（彭　方　彭珍荣）

XVI 水中细菌总数和总大肠菌群的测定

　　水是生命之源，人的生存离不开水环境，水质的好坏对人们生活起着至关重要的作用，而判断水质的标准，检测微生物在水中的数量、种类是必不可少的。依据我国《生活饮用水标准》（GB5749-2006），饮用水菌落总数限值为 100 CFU/mL，即我国饮用水水样菌落总数 37℃培养 48 h 不得大于 100 CFU/mL（CFU 为菌落形成单位，colony forming units）。

　　细菌种类对人体健康更为重要，许多致病细菌常常存在于水中，人们饮用后引发疾病，例如：痢疾、伤寒、霍乱等流行于世界各地，猖狂为虐，大多是饮用水污染了这些病原菌之故，因而测定饮用水中的病原菌是必需的。饮用水中病原菌的检测，国际上一般都采用总大肠菌群作为指示菌，每升水中的总大肠菌群称为总大肠菌群指数。我国饮用水卫生标准规定总大肠菌群（MPN/100 mL 或 CFU/100 mL）不得检出，耐热大肠菌群（MPN/100 mL 或 CFU/100 mL）不得检出，大肠埃希氏菌（MPN/100 mL 或 CFU/100 mL）不得检出（MPN 为最大概率数或最可能数，most probable number）。

为什么检测总大肠菌群？

　　总大肠菌群（coliform group，total coliforms）是以 E.coli 为代表的杆状、无芽孢、需氧或兼性厌氧、革兰氏阴性，经 37℃、24~48 h 培养，发酵乳糖产酸产 CO_2 可区别于其他肠道菌，易于测定的一类细菌。大肠菌群主要包括埃希氏菌属、肠杆菌属、克雷伯氏菌属（Klebsiella）和柠檬酸杆菌属（Citrobacter）。这类菌是温血动物肠道中的正常菌群，常随动物的粪便污染水源，一个成年人每天排泄出的粪便中含有（5~100）×10^{10} 个这类细菌，并且它们与水中存在的肠道病原菌呈正相关性，而病原菌在水中浓度很低，测定手续烦琐，工作人员还有被感染传播的危险。因此，总大肠菌群是一个合适的指示菌，能指示出病原菌在水中的存在，其数量大于或等于病原菌的数量，并且比病原菌容易检出，所以检测水的细菌学卫生标准，通常检测总大肠菌群。

我国饮用水水质标准的现状

我国现今实施的《生活饮用水卫生标准》GB5749-2006是强制性国家标准，它是对1985年发布的《生活饮用水卫生标准》GB5749-85的修订标准，标准加强了水质有机物、微生物和水质消毒等方面的要求，规定指标由原标准的35项增至106项。其中微生物指标由原标准的菌落总数和总大肠菌群2项，增加了大肠埃希氏菌、耐热大肠菌群、贾第鞭毛虫和隐孢子虫4项，共计6项，并修订了总大肠菌群1项。此国家标准适用于各类集中式供水的生活饮用水，也适用于分散式供水的生活饮用水，提高了我国饮用水的卫生安全性，有益于健康。

我国《生活饮用水卫生标准》GB5749-2006是以世界卫生组织（WHO）的《饮用水水质准则》为制定的基础，基本上与国际饮用水标准接轨，但距欧盟的饮用水的水质标准还具有一定的差距，主要表现在有机物的指标值上。随着我国社会的进步和经济的发展，对饮用水水质的要求将会进一步提高，国家水质标准也将会再修订，期望能达到国际饮用水标准的最高水平，使我国饮用水越来越清洁，能与国际上最清洁的饮用水相媲美。

测定水样是否符合饮用水的微生物方面的卫生标准，通常包括下列两个项目：细菌总数测定和总大肠菌群的测定。

一、目的要求

1. 学习水样的采取方法、检测水中菌落总数和总大肠菌群的方法。
2. 了解检测水中菌落总数和总大肠菌群各种方法的原理及其应用中的优、缺点。
3. 了解水质评价的微生物学卫生标准，明白其应用的重要性。

二、基本原理

水中菌落总数可说明被有机物污染的程度，细菌越多，有机物质含量越大。菌落总数是指1 mL水样在普通营养琼脂培养基中，37℃经48 h培养后，所生长的菌落数。本实验应用平板计数技术测定水中菌落总数。由于水中细菌种类繁多，它们对营养和其他生长条件的要求差别很大，不可能找到一种培养基在一种条件下，使水中所有的细菌均能生长繁殖，因此，以某种培养基平板上生长出来的菌落，计算出来的水中菌落总数仅是近似值。目前一般是采用普通营养琼脂培养基（即牛肉膏蛋白胨琼脂培养基），该培养基营养丰富，能使大多数细菌生长。除采用平板计数测定菌落总数外，现在已有许多种快速、简便的微生物检测仪或试剂纸（盒或卡）等也用来测定水中菌落总数。

总大肠菌群指数高，表示水源被粪便污染，则有可能也被肠道病原菌污染。测定总大肠菌群的方法有多管发酵法、滤膜法、酶底物法和各种各样的快速、简便的微生物检测仪或试剂纸（盒或卡）等。多管发酵法为我国大多数环保、卫生和水厂等单位所采用，多管发酵法包括：初发酵试验、平板分离和复发酵试验。

1. 初发酵试验

发酵管内装有乳糖蛋白胨液体培养基，并倒置一德汉小套管。乳糖能起选择作用，因为很多细菌不能发酵乳糖，而大肠菌群能发酵乳糖产酸产气。为便于观察细菌的产酸情况，培养基内加有溴甲酚紫作为 pH 指示剂，细菌产酸后，培养基即由原来的紫色变为黄色。溴甲酚紫还可抑制其他细菌，如对芽孢菌生长的抑制。水样接种于发酵管内，37℃培养 24 h，小套管中有气体形成，并且培养基浑浊，颜色改变，说明水中存在大肠菌群，为阳性结果。但是，有个别其他类型的细菌在此条件下可能产气，而不属大肠菌群；此外，产酸不产气的发酵管，也不一定是非大肠菌群，因其在量少的情况下，也可能延迟 48 h 后才产气，这两种情况应视为可疑结果，因此，需继续进行下面的实验，才能确定是否是大肠菌群。48 h 后仍不产气的为阴性结果。

2. 平板分离

平板培养基一般使用远藤培养基（Endo's medium）或伊红 – 亚甲兰蓝琼脂培养基（eosin methylene blue agar，EMB 培养基），前者含有碱性品红染料，在此作为指示剂，它可被培养基中的亚硫酸钠脱色，使培养基呈淡粉红色，大肠菌群发酵乳糖后产生的酸和乙醛即和品红反应，形成深红色复合物，使大肠菌群菌落变为带金属光泽的深红色。亚硫酸钠还可抑制其他杂菌的生长。伊红 – 亚甲兰蓝琼脂平板含有伊红与亚甲蓝染料，在此亦作为指示剂，大肠菌群发酵乳糖造成酸性环境时，该两种染料即结合成复合物，使大肠菌群产生带核心的、有金属光泽的深紫色菌落。初发酵管 24 h 内产酸产气和 48 h 产酸产气的均需在以上平板上划线分离，培养后，将符合大肠菌群菌落特征的菌落进行革兰氏染色，只有染色为革兰氏阴性、无芽孢杆菌的菌落，才是大肠菌群菌落。

3. 复发酵试验

将以上两次试验已证实为大肠菌群阳性的菌落，接种复发酵，其原理与初发酵试验相同，经 24 h 培养产酸又产气的，最后确定为大肠菌群阳性结果。根据确定有大肠菌群存在的初发酵管（瓶）数目，查阅专用统计表，得出总大肠菌群指数。

滤膜法（membrane filtration test）是将水样通过一定孔径的滤膜（约 0.45 μm）过滤器过滤，使水中的细菌截留在滤膜上，然后将滤膜（含大肠菌群鉴别培养基）直接进行培养，或将膜（不含培养基）放在适宜的培养基上培养，大肠菌群长在膜上，容易计数。滤膜法是一种快速的替代方法，比多管发酵法省时、省事，而且重复性好，既能用于冲洗水、注射水、加工水和大体积水样的微生物分析，也可用于产品的微生物检测，并且还能适合各种条件，检测不同的菌群，如：选择 0.45 μm 孔径膜检测菌落总数和总大肠菌群；0.7 μm 孔径膜检测粪便大肠菌；0.8 μm 孔径膜检测酵母菌和霉菌。滤膜法不能用于悬浮物含量较高的水，水中藻类较多时对实验结果有干扰，水中的毒物也有可能影响测定。

三、实验器材

1. 培养基

牛肉膏蛋白胨琼脂培养基（普通营养琼脂培养基），乳糖蛋白胨发酵管（内有倒置小套管）培养基，3 倍浓缩乳糖蛋白胨发酵管（瓶）（内有倒置小套管）培养基，伊红 – 亚甲蓝琼脂平板。

2. 溶液和试剂

革兰氏染色液，微生物检测试剂纸（盒或卡），无菌水等。

3. 仪器和其他用品

显微镜，载玻片，灭菌三角烧瓶，灭菌带玻璃塞的空瓶，灭菌培养皿，灭菌吸管，灭菌试管，无菌过滤器，镊子，夹钳，真空泵，滤膜，烧杯等。

四、操作步骤

（一）水样的采取

1. 检测自来水

先将自来水龙头用火焰烧灼 3 min 灭菌，再开放水龙头使水流 5 min 后，在火焰旁打开灭菌三角烧瓶瓶塞，以其接取水样，迅速地进行分析。

2. 检测池水、河水或湖水

应取距水面 10~15 cm 的深层水样，先将灭菌带玻璃塞的空瓶，瓶口向下浸入水中，然后翻转过来，拔开玻璃塞，水即流入瓶中，盛满后，将玻璃塞塞好，再从水中取出。有时需用特制的采样器取水样，图 XVI-1 是采样器中的一种。取样时，将采样器坠入所需的深度，拉起瓶盖绳，即可打开瓶盖，取水样后，松开瓶盖绳，则自行盖好瓶口，然后用采样器绳取出采样器。水样最好立即检测，否则需放入冰箱中保存。

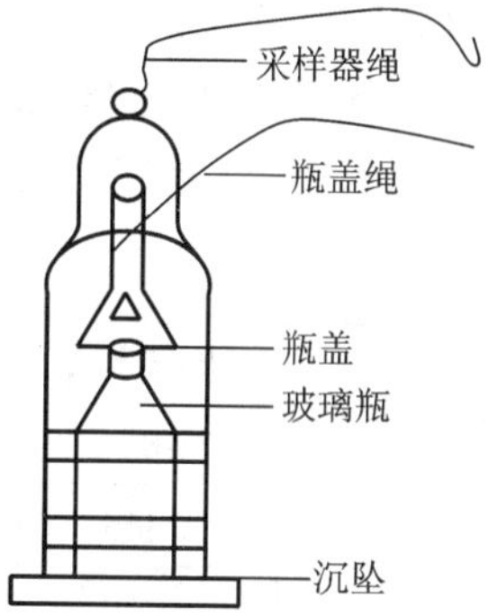

图 XVI-1　采样器示意图

（二）水中菌落总数的测定

1. 自来水样的检测

① 用灭菌吸管吸取 1 mL 水样，注入灭菌培养皿中。共做 2 个平皿。

② 分别倾注约 15 mL 已溶化并冷却到 45℃ 左右的牛肉膏蛋白胨琼脂培养基，并立即放在平整的桌面上，作平面旋转摇动，使水样与培养基充分混匀。

③ 另取一灭菌培养皿，不加水样，倾注牛肉膏蛋白胨琼脂培养基 15 mL，作空白对照。

④ 培养基凝固后，倒置于 37℃，培养 48 h，进行菌落计数。

两个平板的平均菌落数，即为 1 mL 水样的菌落总数。

2. 池水、河水或湖水等水样的检测

① 稀释水样：取 3 个灭菌试管，分别加入 9 mL 灭菌水。取 1 mL 水样注入第一管灭菌水内、摇匀，再自第一管取 1 mL 至下一管灭菌水内，如此稀释到第三管，稀释度分别为 10^{-1}、10^{-2}、10^{-3}。稀释倍数根据水样污浊程度而定，如果培养后，在平板内（上）生成的菌落数为 30~300 个，这种稀释度最为合适，若 3 个稀释度的菌数均多到无法计数或少到无法计数，则需继续稀释或减小稀释倍数。一般中等污秽水样，取 10^{-1}、10^{-2}、10^{-3} 稀释度，污秽严重的取 10^{-2}、10^{-3}、10^{-4} 稀释度。

② 自最后的 3 个稀释度的试管中各取 1 mL 稀释水，加入灭菌培养皿中，每一稀释度做 2 个培养皿。

③ 各倾注 15 mL 已溶化并冷却至 45℃ 左右的牛肉膏蛋白胨琼脂培养基，立即放在平整的桌面上，作平面旋转摇动，使水样与培养基充分混匀。

④ 培养基凝固后，倒置于 37℃，培养 48 h。

3. 稀释水样检测平板的菌落计数方法

① 先计算相同稀释度的平均菌落数。若其中一个平板有较多菌落连在一起成片时，则不应采用，而应以不成片的菌落平板作为该稀释度的菌落数。若成片菌落的大小不到平板的一半，而其余的一半菌落分布又很均匀时，则可将此一半的菌落数乘 2，以代表全平板的菌落数，然后再计算该稀释度的平均菌落数。

② 首先选择平均菌落数在 30～300 之间的，当只有一个稀释度的平均菌落数符合此范围时，则以该平均菌落数乘其稀释倍数，即为该水样的菌落总数（表 XIV -1，例 1）。

③ 若有两个稀释度的平均菌落数均在 30～300 之间，则按两者菌落总数之比值来决定。若其比值小于 2，应采取两者的平均数；若大于 2，则取其中较小的菌落总数（表 XIV -1，例 2 及例 3）。

④ 若所有稀释度的平均菌落数均大于 300，则应按稀释度最高的平均菌落数乘以稀释倍数（表 XVI -1，例 4）。

⑤ 若所有稀释度的平均菌落数均小于 30，则应按稀释度最低的平均菌落数乘以稀释倍数（表 XVI -1，例 5）。

⑥ 若所有稀释度的平均菌落数均不在 30～300 之间，则以最近 300 或 30 的平均菌落数乘以稀释倍数（表 XVI -1，例 6）。

表 XVI -1　计算菌落总数方法举例

例次	不同稀释度的平均菌落数 /（CFU·mL^{-1}）			两个稀释度菌落数之比	菌落总数 /（CFU·mL^{-1}）	备注
	10^{-1}	10^{-2}	10^{-3}			
1	1 365	164	20		16 400（或 1.6×10^4）	两位以后的数字采取四舍五入的方法
2	2 760	295	46	1.6	37 750（或 3.8×10^4）	
3	2 890	271	60	2.2	27 100（或 2.7×10^4）	
4	无法计数	1 650	513		513 000（或 5.1×10^5）	
5	27	11	5		270（或 2.7×10^2）	
6	无法计数	305	12		30 500（或 3.1×10^4）	

4. 实验结果报告

（1）自来水

表 XVI-2　实 验 结 果

平板	菌落数 /（CFU·mL^{-1}）	自来水中菌落总数 /（CFU·mL^{-1}）
1		
2		

空白对照平板的结果：

（2）池水、河水或湖水等

表 XVI-3　实 验 结 果

稀释度	10^{-1}		10^{-2}		10^{-3}	
平板	1	2	1	2	1	2
菌落数 /（CFU·mL^{-1}）						
平均菌落数 /（CFU·mL^{-1}）						
稀释度菌落数之比						
菌落总数 /（CFU·mL^{-1}）						

（3）思考题

① 检测自来水的菌落总数时，为什么要做空白对照试验？如果空白对照的平板有少数几个菌落说明什么？而有很多菌落又说明什么？

② 从自来水检测的菌落总数结果来看，是否合乎饮用水的卫生标准？对自来水的菌落总数国家规定了标准，那么各地能否自行设计其测定条件，如：培养温度、培养时间等，来测定水样菌落总数呢？为什么？

③ 你所检测的其他水样的结果如何？说明什么？

（三）多管发酵法测定水中总大肠菌群

1. 自来水样的检测

（1）初发酵试验：在 2 个含有 50 mL 3 倍浓缩的乳糖蛋白胨发酵烧瓶中，各加入 100 mL 水样。在 10 支含有 5 mL 3 倍浓缩乳糖蛋白胨发酵管中，各加入 10 mL 水样（图XVI -2）。混匀后，37℃培养 24 h，24 h 未产气的继续培养至 48 h。

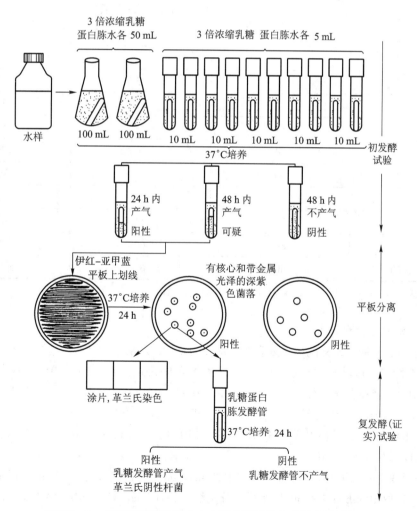

图XVI -2 多管发酵法测定水中大肠菌群的操作步骤和结果解释

（2）平板分离：将24 h培养后产酸产气和48 h培养后产酸产气的发酵管（瓶），分别划线接种于伊红－亚甲蓝琼脂平板上，再于37℃下培养18~24 h，将符合下列特征菌落：深紫黑色，有金属光泽；紫黑色，不带或略带金属光泽；淡紫红色，中心颜色较深，其中的一小部分，进行涂片，革兰氏染色，镜检。

（3）复发酵试验：经涂片、染色、镜检，如果是革兰氏阴性无芽孢杆菌，则挑取该菌落的另一部分，重新接种于普通浓度的乳糖蛋白胨发酵管中，每管可接种来自同一初发酵管的同类型菌落1~3个，37℃培养24 h，试验结果若产酸又产气，即证实有大肠菌群存在。证实有大肠菌群存在后，再根据初发酵试验的阳性管（瓶）数查表XVI-4，即得总大肠菌群。

表XVI-4　总大肠菌群检数表

		100 mL水样的阳性管数		
		0	1	2
		每升水样中总大肠菌群/MPN		
10 mL 水 样 的 阳 性 管 数	0	< 3	4	11
	1	3	8	18
	2	7	13	27
	3	11	18	38
	4	14	24	52
	5	18	30	70
	6	22	36	92
	7	27	43	120
	8	31	51	161
	9	36	60	230
	10	40	69	> 230

注：接种水样总量300 mL，其中2份100 mL水样，10份10 mL水样。

2. 池水、河水或湖水等的检测

水样采取后，检测时水样的稀释度和接种水样的总量，取决于估计水清洁或污染的程度，一般是：清洁水不稀释，接种水样总量300 mL，其中2份100 mL水样，10份10 mL水样；水轻度污染，稀释成10^{-1}，接种水样总量111.1 mL，其中100 mL、10 mL、1 mL、0.1 mL各1份；水中度污染，稀释成10^{-1}、10^{-2}，接种水样总量11.11 mL，其中10、1、0.1、0.01 mL各1份；水严重污染，稀释成10^{-1}、10^{-2}、10^{-3}，接种水样总量1.111 mL，其中1、0.1、0.01、0.001 mL各1份。

① 将水样稀释成10^{-1}、10^{-2}。

② 分别吸取1 mL 10^{-2}、10^{-1}的稀释水样和1 mL原水样，各注入装有10 mL普通浓度乳糖蛋白胨发酵管中。另取10 mL和100 mL原水样，分别注入装有5 mL和50 mL 3倍浓缩乳糖蛋白胨发酵液的试管（瓶）中。混匀后，37℃培养24 h，24 h未产气的继续培养至48 h。

③ 以下步骤与上述自来水检测的平板分离和复发酵试验相同。证实有大肠菌群存在后，将100、10、1、0.1 mL 水样的发酵管结果查表 XVI –5，将 10、1、0.1、0.01 mL 水样的发酵管结果查表 XVI –6，即获得每升水样中的总大肠菌群。

表 XVI –5　总大肠菌群检数表

接种水样量 /mL				每升水样中总大肠菌群 /MPN
100	10	1	0.1	
–	–	–	–	< 9
–	–	–	+	9
–	–	+	–	9
–	+	–	–	9.5
–	–	+	+	18
–	+	–	+	19
–	+	+	–	22
+	–	–	–	23
–	+	+	+	28
+	–	–	+	92
+	–	+	–	94
+	–	+	+	180
+	+	–	–	230
+	+	–	+	960
+	+	+	–	2 380
+	+	+	+	> 2 380

注：接种水样总量 111.1 mL，其中 100 mL、10 mL、1 mL、0.1 mL 各 1 份。
"+"表示大肠菌群发酵阳性，"–"表示大肠菌群发酵阴性。

表 XVI –6　总大肠菌群检数表

接种水样量 /mL				每升水样中总大肠菌群 /MPN
10	1	0.1	0.01	
–	–	–	–	< 90
–	–	–	+	90
–	–	+	–	90
–	+	–	–	95
–	–	+	+	180

续表

| 接种水样量 /mL | | | | 每升水样中 |
10	1	0.1	0.01	总大肠菌群 /MPN
–	+	–	+	190
–	+	+	–	220
+	–	–	–	230
–	+	+	+	280
+	–	–	+	920
+	–	–	–	940
+	–	+	+	1 800
+	+	–	–	2 300
+	+	–	+	9 600
+	+	+	–	23 800
+	+	+	+	> 23 800

注：接种水样总量 11.11 mL，其中 10、1、0.1、0.01 mL 各 1 份。

"+"表示大肠菌群发酵阳性，"–"表示大肠菌群发酵阴性。

3. 实验结果报告

（1）自来水样：100 mL 水样的阳性管数是多少？ 10 mL 水样的阳性管数是多少？

查表 XVI –4 获得每升水样中总大肠菌群是多少？

（2）池水、河水或湖水样：阳性结果记"+"，阴性结果记"–"。

查表 XVI –5 获得每升水样中总大肠菌群是多少？

查表 XVI –6 获得每升水样中总大肠菌群是多少？

（3）试设计一表格，填上你的实验结果，它说明什么？

（4）思考题

① 何谓大肠菌群？ 它主要包括哪些细菌属？

② 假如水中有大量的致病菌，如：痢疾、伤寒、霍乱等病原菌，用多管发酵法检测总大肠菌群，能否得到阳性结果？ 为什么？

③ 为什么远藤培养基和 EMB 培养基的琼脂平板，能够作为检测大肠菌群的鉴别平板？

④ 为什么接种 100、10 mL 水样，用的是 3 倍浓缩的乳糖蛋白胨培养基，而接种 1、0.1、0.01、0.001 mL 水样，则用乳糖蛋白胨培养基？

（四）滤膜法测定水中总大肠菌群

1. 采用无菌的滤膜和滤杯时，拆开包装，以无菌操作，将滤膜和滤杯装于滤瓶上，并使其密封好。如果采用需要灭菌的滤膜和滤杯，则将滤膜放入蒸馏水中，煮沸 15 min，换水洗涤 2～3 次，再煮，反复 3 次，以除去滤膜上残留物，并清洗滤杯。然后将滤膜、滤杯灭菌，装于滤瓶上。滤膜、滤杯和滤瓶组装成一滤膜过滤系统，如图 XVI –3 所示。此系统不仅可以检测总大肠菌群，而且选择不同的滤膜、鉴别培养基或试剂，也可以检测细菌总数、粪型链球菌群、沙门氏菌、金黄色葡萄球菌等。

2. 将真空抽滤设备，如真空泵，或抽滤水龙头，或大号注射针筒等，连接滤瓶上的抽气管。有的成套的滤膜过滤系统，本身就备有真空抽滤设置，使用更简单、方便。

3. 加入待检测的水样 100 mL 到滤杯中，启动真空抽滤设备，进行抽滤，水中的细菌被截留在滤膜上。加入滤杯的待检测水样的多少，以培养后长出的菌落数不多于 50 个为适宜。一般清洁的深井水或经处理过的河水与湖水等可以取样 300 ~ 500 mL；对比较清洁的河水或湖水，可取样 1 ~ 100 mL；严重污染的水样可先进行稀释。

4. 水样抽滤完后，加入等量的灭菌水继续抽滤，目的是冲洗滤杯壁。

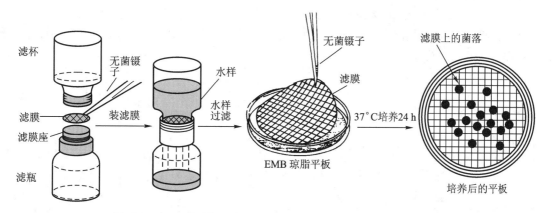

图XVI -3 滤膜过滤系统、过滤、滤膜转移、培养和菌落示意图

5. 过滤完毕，拆开滤膜过滤系统，用无菌镊子取滤膜边缘，将没有细菌的一面紧贴在伊红 – 亚甲蓝琼脂平板上，如图 XⅢ -3 所示。滤膜与培养基之间不得有气泡。平板于 37℃ 培养 22 ~ 24 h。有的滤膜含有干燥的大肠菌群鉴别培养基，则直接放在培养皿内培养。

6. 选择符合大肠菌群菌落特征（参阅"多管发酵法"实验）的菌落，进行计数。还可以将这些选择的菌落进行涂片、革兰氏染色，再将革兰氏阴性、无芽孢杆菌的菌落接种在乳糖蛋白胨半固体培养基上，37℃ 培养 6 ~ 8 h，产气者确实为大肠菌群菌落。

7. 总大肠菌群的计算

$$1 \text{ L 水样中的总大肠菌群} = \text{滤膜上的大肠菌群菌落数} \times 10$$

检测微生物的试剂纸（盒或卡）

国内外现已有不少检测微生物的试剂纸（盒或卡），这些检测试剂纸（盒或卡），大多是将鉴别培养基或试剂吸附在小块纸片或其他载体上，盖一层塑料膜（或培养基、试剂分装成小包），脱水干燥，铝箔包封，灭菌，包装。

检测样品时，开封铝箔，揭开上层塑料膜，滴加样品，盖上上层膜，培养，计数。选择不同的纸片可分别检测菌落总数、总大肠菌群、沙门氏菌、金黄色葡萄球菌、粪链球菌、蜡样芽孢杆菌、霉菌和酵母菌等，不仅能定性，也能定量。符合要求的检测试剂纸（盒或卡）的检测结果，必须是与法律规定的检测方法的结果相一致。这类检测试剂纸所用培养基或试剂大都经过改良，使待检测的微生物，长得更快、更好、更易识别，能快速、简便地达到检测目的，所以，卫生检疫部门、环境保护单位、水厂、食品、饮料、化妆品等企业都在逐步扩大使用。

8. 实验结果报告

（1）根据你所做的实验结果，描写滤膜上的大肠菌群菌落的外观。检测水样的总大肠菌群是多少？试评检测水的卫生状况。

（2）思考题

① 比较多管发酵法与滤膜法检测总大肠菌群的优缺点。

② 滤膜法除了可以检测水中的细菌以外，还可以应用于微生物学的哪些方面？实验操作有哪些不一样？试举一例说明。

（彭 方 彭珍荣）

XVII | 牛乳的巴氏消毒、细菌学检查及酸乳、泡菜的制作

　　治国安民的古训："国以民为本，民以食为天，食以安为先"，微生物在"食"中起着极其重要的作用，一方面，致病微生物污染了食物或饮料，危及人们的健康和生命，但另一方面，利用有益微生物的活动，生产出营养更丰富，或风味独特，或保存期延长的人们非常喜爱的食品或饮料。微生物工作者在防污染、抗腐烂和制备安全的美味佳肴方面，责无旁贷，也大有可为。学习食品中微生物的检测和微生物发酵制备食品的方法技术，不仅有助于学好微生物学实验课，也是本实验课与生产实际相联系的好途径。

　　本部分实验首先是检测和鉴定食品卫生质量的优劣及安全性，以牛奶中细菌的检查为实例，因为牛奶往往是许多疾病传播的一种重要的非生命载体，富含微生物生长繁殖的丰富营养。微生物含量高的食品，也将有致病菌存在的可能性。其次是利用有益微生物酿造出品质、风味都很好的各种食品，以家庭制作酸乳为实例，因为酸乳不仅品质优良，风味独特，深受人们喜爱，而且是最大的微生物产业之一。

　　牛奶蛋白质主要是由酪蛋白、乳清蛋白等完全蛋白质组成，其所含氨基酸种类齐全，数量充足，比例适当，适于人体构成肌肉组织，消化率高达98%，因而它不但能维持成人健康，还能促进儿童生长发育。牛奶所含乳糖能促进钙、铁、锌的吸收，还含有钙、磷、铁等矿物质，特别是含钙最多，也含有较多的维生素 A 和 B_2 等，很有利于人们的健康。所以，牛奶含有人体所需的绝大多数营养物质，而且健康的功效突出，是其他食物所不可比的，被公认为物美价廉的全价营养食品。

　　世界年产奶已达 8 亿多 t，人均饮奶量超过 100 kg，发达国家则达 200 kg，我国人均年饮奶量只有 30 kg，因此，未来几年，中国奶业仍会保持强劲的发展态势。从健康母牛体内刚挤出的牛奶，含有少量的正常起始微生物，但在采取、运输、包装、加工等过程中，会被很多其他微生物甚至致病菌污染，而且牛乳是营养丰富的优良培养基，在其中的微生物会很快地生长繁殖。因此，奶制品

一定要消毒，牛乳常用巴氏（巴斯德）消毒法处理，并要对其进行细菌学的检查，这是必需的，关系着千家万户的饮食安全。

一、目的要求

1. 了解牛乳的消毒和细菌学检查的重要性，及其卫生质量的判断标准。
2. 学习牛乳的巴斯德消毒法和细菌学检查方法。
3. 学习实验室制作酸乳的方法。

二、基本原理

超高温瞬时杀菌和巴氏消毒法是牛乳通常采用的两种消毒方法，前一种方法是指湿热温度 $135 \sim 150\,℃$ 时，加热时间 $3 \sim 5\ s$，牛奶的营养物质不被破坏，但能有效地杀死微生物。巴氏消毒法是分装之前消毒生奶，确保细菌相对少，能消灭牛奶中的病原菌和有害微生物，但不破坏牛奶的营养成分，并保持其物理性质。该方法是一种温和的加热工艺，在实际应用中，加温消毒的范围较广，一般在 $63 \sim 90\,℃$ 之间视消毒时间而定，例如：$63\,℃$ 为 $30\ min$，$80\,℃$ 为 $15\ min$，$90\,℃$ 为 $5\ min$。

牛乳的细菌学检查一般有：①显微镜直接计数——涂片面积与视野面积之比估算法。②亚甲蓝还原酶试验（methylene blue reductase test）。③检测大肠菌群。④标准平板计数细菌数。显微镜直接计数适用于含有大量细菌的牛乳，生鲜牛乳可用此法检查。如果显微镜检查，每个视野只有 $1 \sim 3$ 个细菌，此牛乳则为一级牛乳；如果牛乳中有很多长链链球菌和白细胞，通常是来自患乳腺炎的母牛；若一个视野中有很多不同的细菌，则往往说明牛乳被污染（图XⅦ–1）。我国生鲜牛乳的微生物指标规定：一级奶应小于 50 万个 /mL，二级奶小于 100 万个 /mL，四级奶小于 400 万个 /mL。在发达国家，牛奶中微生物超过 5 万个 /mL，就要受到严厉惩罚，例如：在澳大利亚优质牛奶细菌总数低于 3 万个 /mL，体细胞总数低于 2.5 万个 /mL；而合格牛奶的细菌总数最高上限为 5 万个 /mL。由于显微镜直接计数不够精确，消毒牛乳的卫生检查一般不采用此法。

亚甲蓝还原酶试验是用于测定牛乳质量的一种定性检测法，操作简便，不需特殊设备。含有大量活细菌的奶与含细菌量少的奶相比，它具有较低浓度的 O_2，即氧化 – 还原电位较低，这是由于活的好氧和兼性厌氧细菌利用氧作为细胞呼吸中的最后电子受体。亚甲蓝是一种氧化还原作用指示

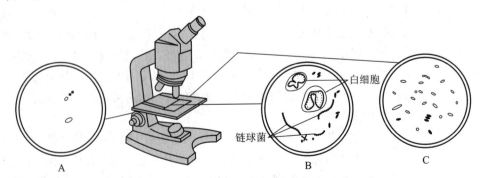

图XⅦ–1　不同牛乳样品在显微镜视野中的情况

A. 少数细菌，一级牛奶　B. 长链链球菌和白细胞，一般为患乳腺炎母牛的牛乳

C. 很多不同的细菌，牛奶被污染

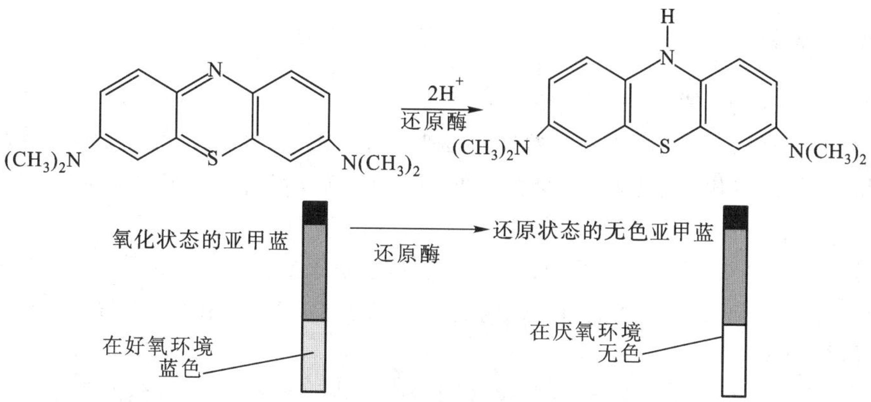

图XVII −2 亚甲蓝还原酶试验的机制

剂，在厌氧环境中，它将被还原成无色亚甲基蓝，如图XVII −2 所示。通过加入奶中的亚甲蓝颜色变化的速度，可鉴定该牛乳的卫生质量。其标准规定为：①在 30 min 内亚甲蓝被还原，蓝色的奶变成无色，奶的质量很差，为四级奶。②在 30 min 至 2 h 之间被还原者，奶的质量差，为三级奶。③在 2～6 h 之间被还原者，奶的质量中等，为二级奶。④ 在 6～8 h 之间被还原者，奶的质量好，为一级奶。

检查牛奶和奶产品中大肠菌群是其卫生质量的一个重要指标，指示出病原菌存在的多少。采用紫红胆汁琼脂（violet red bile agar，VRBA）平板检测大肠菌群在奶中存在的数量，这是因为大肠菌群在此平板的表面下，形成粉红圈包围的深红凸透镜状菌落。标准平板计数法是牛乳细菌计数的常规方法，此法较敏感，牛乳中含有少量细菌时，能得出比较正确的结果。我国消毒牛乳的卫生标准是用标准平板计数法检查，规定细菌总数 < 30 000 个 /mL。

酸乳是以牛奶为主要原料，接种保加利亚乳杆菌、乳酸链球菌、嗜热链球菌等菌种，经发酵，使乳中的蛋白质凝结成块状，而制成的一种乳制品。酸乳中由于菌种迅速地生长繁殖，菌体及其代谢产物大量增加，尤其是所含的乳酸等有机酸能改善肠道菌群，抑制致病菌的生长繁殖，还具有增强免疫功能、刺激肠胃蠕动、阻碍对铅的吸收等功能，而且具有清新爽口的风味。

三、实验器材

1. 菌种
市售酸乳中的菌种。

2. 培养基和牛乳样品
肉膏蛋白胨琼脂，紫红胆汁琼脂，生鲜牛乳，市售奶粉，市售酸乳。

3. 溶液和试剂
亚甲蓝溶液（1：250 000），亚甲蓝（Levowitz−Weber）染液，无菌水，蒸馏水等。

4. 仪器和其他用品
无菌培养皿，无菌试管，无菌三角烧瓶，三角烧瓶，无菌带帽的螺旋试管，1 mL 与 10 mL 无菌吸管，10 μL 微量加样器与吸嘴，显微镜，染液缸，水浴锅，试管架，无菌封口膜，吸水纸，蜡笔等。

四、操作步骤

1. 显微镜直接计数生鲜牛乳中的细菌

（1）在白纸上画出 1 cm² 的方块，然后将载玻片放在纸上。用 10 μL 的微量加样器吸取混匀的生鲜牛乳样品，放在载玻片 1 cm² 区域的中央，并用灭菌接种针将生鲜牛乳涂匀，涂满 1 cm² 的范围。

（2）待涂满生鲜牛乳的涂片自然干燥后，将其放在置于沸水浴中的试管架上，用蒸汽热固定 5 min，干燥后，浸于亚甲蓝染液缸内，染色 2 min，取出载玻片，用吸水纸吸去多余的染料，晾干。再用水缓缓冲洗，晾干。

（3）将染色干燥的载玻片置于显微镜载物台上，由高倍镜观察转至油镜下观察，并计数 30~50 个视野中的细菌数。

（4）计算

$$1 \text{ mL 生鲜牛乳中的细菌数} = \text{平均每视野的细菌数} \times 500\,000$$

因为：一般油镜的视野直径为 0.16 mm，一个视野的面积 = 0.08² × 3.141 6 = 0.02 mm²，换算成 cm²，视野面积 = 0.02 × 0.01 = 0.000 2 cm²，1 cm² 的视野数 = 1.0 ÷ 0.000 2 = 5 000，又因每 1 cm² 的牛乳量为 0.01 mL，即 1/100 mL，则每一视野的牛乳量 = 1/100 × 1/5 000 = 1/500 000 mL，所以，一个视野中的 1 个细菌就代表 1 mL 牛乳中有 500 000 个细菌。因此，1 mL 生鲜牛乳中的细菌数 = 一个视野的细菌数 × 500 000 = 平均每视野的细菌数 × 500 000。

2. 采用巴氏消毒法对生鲜牛乳消毒

（1）将生鲜牛乳充分地摇均匀，无菌 10 mL 吸管吸取 1.5 mL 生鲜牛乳加入无菌试管内，将试管置于 80℃ 的恒温水浴锅内，生鲜乳要完全泡在 80℃ 的水中，不时摇动，保持 15 min。

（2）当保持 80℃ 温度已到 15 min 时，试管立即从水浴锅中取出，用冷水冲洗试管外壁，冷却试管中的经巴氏消毒法消毒的奶，这种奶称为巴氏消毒牛奶。

3. 亚甲蓝还原酶试验

（1）用蜡笔分别标记你的姓名、生鲜牛奶和巴氏消毒牛奶在 2 个带帽的螺旋试管上。

（2）分别用 10 mL 无菌吸管，向 2 个试管加入 10 mL 生鲜牛奶和巴氏消毒牛奶。

（3）向两试管各加入 1 mL 亚甲蓝溶液，盖紧管塞。

（4）轻轻倒转试管几次，使蓝色均匀，置 37℃ 水浴中，并记录水浴开始的时间。水浴 5 min 后，从水浴中移出试管，并倒转几次，使其再次混合均匀，放回水浴中。

（5）在 8 h 期间内，每隔 30 min 观察、记录试管中奶颜色的变化，奶的颜色从蓝变白，指示还原作用的完成。当试管中的奶至少 4/5 变白了，则为还原作用的终点，记录此时间。亚甲蓝还原酶试验过程如图 XVII-3 所示。

（6）记录你试验的两种奶分别在多长时间内亚甲蓝被还原，并鉴别两种奶的卫生质量。

4. 检测大肠菌群

（1）摇动奶样品 20 多次，按图 XVII-3 那样稀释生鲜牛奶和巴氏消毒奶。

（2）在无菌平皿边缘，用蜡笔标记姓名、日期、各个稀释度和生鲜牛奶或巴氏消毒奶。

（3）分别吸取 1 mL 的 10^0 和 1 mL 10^{-1}、10^{-2} 稀释度的两种奶加到平皿中。

（4）将融化并冷却的紫红胆汁琼脂 15 mL 倒入每个平皿，放置在平整的表面，轻轻旋动，待

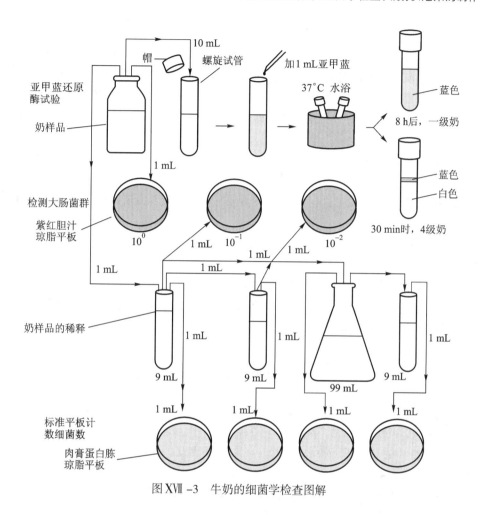

图XVII-3 牛奶的细菌学检查图解

VRBA凝固，然后加5 mL VRBA到每个平板上，再轻轻旋动，待VRBA凝固。

（5）所有平板倒置在32℃培养室内，培养24 h。

（6）选择具有25~250个菌落之间的平板，这些菌落位于平板的表面之下，而且是被粉红色圈包围的深红凸透镜状。记录具这种特征的菌落数，并计算出所试验的生鲜牛奶和巴氏消毒奶中每毫升含大肠菌群数。

5. 标准平板计数细菌数

（1）在无菌平皿边缘，用蜡笔标记姓名、日期、各个稀释度和生鲜牛奶或巴氏消毒奶。

（2）用1 mL灭菌吸管从最大稀释度开始，从上一试验已稀释的奶样品（图XVII-3）中，分别吸取1 mL的10^{-1}、10^{-2}、10^{-4}和10^{-5}稀释度的两种奶加到平皿中。

（3）各平板倾注约15 mL已融化并冷却至45℃左右的肉膏蛋白胨琼脂，放置在平整的表面，轻轻旋动，待肉膏蛋白胨琼脂凝固。

（4）所有平板倒置于37℃培养室内，培养24 h。

（5）选择长有30~300个菌落的平板计数，并算出1 mL生鲜牛奶和巴氏消毒奶中的细菌总数。

6. 家庭自制酸乳

（1）将市售奶粉 30 g 加到 250 mL 的三角烧瓶中，再加 5 g 蔗糖和 70 mL 蒸馏水，或用市售牛奶 100 mL 加入 5 g 蔗糖，摇混均匀，用无菌封口膜封好三角烧瓶的瓶口。

（2）三角烧瓶置于 80℃恒温水浴锅中，乳要完全泡在 80℃的水中，不时摇动，保持 15 min，当保持 80℃温度已到 15 min 时，三角烧瓶立即从水浴锅中取出，用冷水冲洗其外壁，使巴氏消毒奶冷却至 45℃。

（3）开启封口膜，以 5%～10% 接种量将市售酸乳加入三角烧瓶的乳中，充分摇匀，封好封口膜。

（4）三角烧瓶放在 40～42℃进行发酵 6～8 h，当发酵奶似不大流动时，从水浴锅中取出，停止发酵。

（5）再将三角烧瓶放在 4～6℃的低温下，持续 24 h 以上，此期间被称为后熟阶段，使酸乳能符合产品的要求。

酸乳产品要求酸度（乳酸）为 0.75%～0.85%，含乳酸菌大于等于 1.0×10^7 个 /mL，不得检出致病菌，含大肠杆菌小于等于 40 个 /100 mL。产品常为凝块状态，表层光洁度好，具有人们喜爱的风味和口感。如有异味，酸乳可能被污染，则不可饮用。

获得最佳酸乳的关键

（1）选择优良的市售酸乳或乳酸发酵菌种接种，即保证采用的菌种是符合生产要求的，菌种不仅是安全无害的，而且发酵后的产品优质。

（2）严格控制各操作阶段所要求的温度，尤其是发酵温度，使乳酸发酵能在最佳条件下顺利地进行。

（3）所用器具要清洁，使用原料要优良，保持制作环境清洁，空气少流动，制作过程严防污染，这些都是制作一般微生物产品必须做到的。

五、实验报告

1. 结果

（1）显微镜直接计数奶中细菌试验，平均每视野的菌数是多少？ 每毫升生鲜乳的细菌总数是多少？

（2）亚甲蓝还原酶试验，根据你的试验结果填写表 XVII -1。

表 XVII -1　亚甲蓝还原酶试验结果记录表

	生鲜牛奶	巴氏消毒牛奶
还原作用的时间 /min		
牛乳样品的质量		

（3）检测大肠菌群，根据你的试验结果填写表 XVII -2。

表 XVII –2 大肠菌群检测结果记录表

奶样品	菌落数			每毫升中的大肠菌群数
	稀释度			
	10^0	10^{-1}	10^{-2}	
生鲜牛奶				
巴氏消毒牛奶				

（4）标准平板计数细菌数，根据你的试验结果填写表 XVII –3。

表 XVII –3 标准平板计数细菌结果记录表

奶样品	不同稀释度的菌落数				每毫升中的细菌数
	10^{-1}	10^{-2}	10^{-4}	10^{-5}	
生鲜牛奶					
巴氏消毒牛奶					

（5）将你制作的酸乳与市售酸乳进行比较，记录于表 XVII –4 中。

表 XVII –4 制作酸乳与市售酸乳比较

酸乳	比较的项目					品质的总评
	凝块状态	表层光洁度	口感	有无异味	pH	
实验制作酸乳						
市售酸乳						

2. 思考题

（1）奶质量的亚甲蓝还原酶试验的机制是什么？亚甲蓝还原作用时间在不同级别奶之间有什么差异？这些差异又说明什么？

（2）奶没有冷藏时为什么会变得酸臭？如何能使鲜奶保存时间延长？

（3）在制作酸乳时，混合菌种发酵比单一纯种发酵更优越，为什么？你认为应选择哪些菌种作为混合菌种发酵好？

（4）以奶为原料，请你试设计制作一种或多种新的发酵食品或饮料。

附：家庭自制泡菜

泡菜是以新鲜蔬菜为原料，加入浸泡液中，经乳酸菌厌氧发酵而成，是对蔬菜的"冷加工"，其营养丰富，含大量的活性乳酸菌，可调节肠道微生态平衡，具有酸、咸、爽脆的人们喜爱的口味。

家庭自制泡菜的步骤：

（1）准备一个泡菜坛，陶瓷或玻璃的都可，泡菜坛上边有沿口，若没有那种坛子，用大口瓶子也可，保证能够密封。坛子内壁必须洗干净，不能有生水，最好用温开水清洗一次。

（2）备好泡菜原料：萝卜、胡萝卜、豇豆、大白菜、辣椒、黄瓜、姜（嫩姜更好）、大蒜等，鲜嫩的原料最好。将待泡的蔬菜洗干净后，切成大块或条（不要太小），最好用温开水淋洗一次，晾干水分。原料不能带生水。因为生水（自来水）含有各种各样的菌，会影响泡菜制作菌的生长繁殖，也会影响泡菜的风味，甚至使泡菜变味，腐败。

（3）在冷水里放入20到30粒左右花椒和盐，盐比平时做菜时多放2~3倍，感觉很咸即可。盐用泡菜盐最好，也可用平时的食用盐。然后把水烧开，待稍冷后，将花椒和盐水灌入泡菜坛，水量在坛子容量的30%~50%。多余的盐水留下待用。

（4）待泡菜坛内盐水完全冷却后，用干筷子将不带生水已晾干的原料放入坛中，尽量将原料装入坛内，原料必须在盐水里，最好将待用的盐水灌满泡菜坛，再加入一些盐粒，盐粒溶化后，盖上泡菜坛的盖子，将冷开水或多余的盐水加入泡菜坛沿口，起到密封的作用，在沿口的水中还可加入些盐粒，防止取泡菜时生水滴入泡菜坛内。泡菜菌属于厌氧菌，注意坛口的密封十分重要。放在室温发酵，最好温度在20~32℃，温度太低则发酵很慢。

（5）室温发酵在25℃以上时，2~3 d后，如果坛内有气泡形成，可听到气泡将坛盖顶动冒出，表明发酵正常，可取泡菜试品赏，可继续浸泡，直至泡菜酸味适宜，清香味美。

（6）泡好的泡菜在坛内保存不可过长，因为会继续发酵，增加酸味，改变风味。最好2~3 d天吃完，也可将泡好的泡菜用干净容器密闭，放冰箱保存，可保存一周左右，如果泡菜上长了白色花状物，表明此泡菜已变质，不可食。

（7）泡好的泡菜吃完，或坛内泡菜已全部取出，泡菜坛内的泡菜原汁，可用来继续浸泡备好的原料，加入新原料时也要相应加入盐粒，如果泡菜原汁没有完全淹没新放入的原料，应加冷开水和盐，直至淹没。原汁发酵能力强大，一般的蔬菜只需浸泡1~2 d就能食用。用过的原汁可反复使用，不放菜的时候注意在里面加上盐，坛子里不要沾油，注意坛子沿口的水不要干了，放在凉爽的地方，只要保管好，泡菜原汁可用几年。

（8）制作泡菜方法大同小异，上述为基本的方法。根据人们口味的不同，可在泡制过程中，加入辣椒，大料，月桂叶，冰糖，高粱白酒等。

关于泡菜的食用：①可直接吃，开胃健身，吃粥时吃泡菜最好。②可切成小块然后煸炒一下，泡菜特有的风味更显突出。入锅最多2 min。口味可根据自己的习惯用干辣椒炝锅，放盐和糖。③可以拌菜吃。因为泡菜较咸，可以将黄瓜丝与泡菜丝混拌后，腌一会儿挤掉水分，加入香油、味精、香菜等，也是一份很不错的凉拌菜。

关于韩国泡菜和中国泡菜：两种泡菜本质上是一样的，都是新鲜蔬菜为原料，乳酸菌厌氧发酵制成的。其区别主要是：韩国泡菜在制作上蔬菜不需要液体浸泡，腌渍为主，有点"腌"菜的味道，只需要泡菜缸，不必密闭，为乳酸菌混合兼性厌氧发酵，各类腌制调料十分丰富，产品以辣、微甜、脆为其特点，一般都带有红色；中国泡菜在制作上蔬菜全部液体浸泡，需用泡菜坛，必须密闭，为乳酸菌厌氧发酵，不掺和过多调味品，产品以酸、微咸、爽脆为主，保持蔬菜原有的颜色。

（彭　方　彭珍荣）

XVIII | 固定化酵母发酵产啤酒和米酒的制作

啤酒（beer）一般是指以大麦为主要原料，其他谷物、酒花为辅料，经大麦发芽、糖化制作麦芽汁、酵母发酵等工序，获得的一种含多种营养成分和 CO_2 的液体饮料。啤酒的生产和销售遍及世界各地，是全球产销量最大的饮料酒，2015 年生产的啤酒已达 1 亿 8 864 万 L，我国啤酒总产 4 229 万 L，连续 14 年排名世界首位，美国总产 2 228 万 L 居第二位。虽然啤酒种类繁多，名称不计其数，但其营养价值大同小异。它素有"液体面包"的雅称，它所含的各种氨基酸、糖、维生素、无机盐等，不仅营养均衡，易被人体吸收，而且有一定的保健功能，如：维生素 B_{12}、叶酸，可改善消化机能、预防心血管疾病。啤酒的风味和口感也是各种各样，但以其特有的"麦芽的香味、细腻的泡沫、酒花的苦涩、透明的酒质"为人们所喜爱，能满足不同人的需求。营养丰富和风味独特都是啤酒业作为微生物生物技术最大产业之一，经久不衰的重要原因。

啤酒的生产过程主要包括：大麦发芽，捣碎麦芽，加入辅料糖化，加热，添加酒花，煮沸，分离酒药，除去凝固物，冷却麦芽汁，发酵，过滤，包装与灭菌等。啤酒生产最重要的是发酵工艺，主要分为传统发酵和露天大罐发酵两大类，后者具生产规模大、投资较少、见效快、自动化强等优势，因而在逐步取代传统发酵。固定化酵母发酵产啤酒，以其可重复使用、实现生产连续化、生产周期短、后处理较简便等优点，成为一种备受关注的新型发酵产啤酒工艺。本实验学习以实验室进行固定化酵母发酵产啤酒。

一、目的要求

1. 学习制备麦芽粉、麦芽汁、固定化酵母和固定化酵母发酵产啤酒。

2. 了解啤酒业作为微生物生物技术最大产业之一，经久不衰的重要原因。

3. 了解啤酒的主要生产过程和发酵工艺，并认识固定化酵母发酵产啤酒是一种备受关注的新型发酵工艺，将大有可为。

二、基本原理

大麦浸泡吸水后，在适宜的温度和湿度下发芽，在此过程中则产生糖化酶、葡聚糖酶、蛋白酶等水解酶，这些酶一方面可水解麦芽本身的组分，如淀粉、半纤维素、蛋白质等，分解生成麦芽糖、糊精、氨基酸、肽等低分子物质，另一面可进一步水解辅料（如大米粉已添加淀粉酶水解淀粉），将其含有的高分子物质，分解生成同样的低分子物质。辅料的使用可减少麦芽用量，降低蛋白质比例，改善啤酒的风味和色泽，也可降低原料成本。

酒花（hops）属桑科葎草属植物，用于啤酒发酵的为其成熟的雌花，它所含酒花树脂是啤酒苦涩的主要来源，酒花油赋予啤酒香味，单宁等多酚物质促使蛋白质凝固，有利于澄清、防腐和啤酒的稳定。

采用海藻酸盐作为固定化载体，固定化微生物细胞，这是一种比较成熟的包埋固定化方法，用来固定化酵母产啤酒，能够发挥固定化发酵工艺的优势。固定的啤酒酵母利用麦芽汁中的低分子物质产啤酒，发酵的基本原理与乙醇发酵原理大同小异，只是由于发酵原料、工艺等的差别，从而产出了啤酒。

三、实验器材

1. 菌种
啤酒酵母。
2. 培养基和原料
麦芽汁培养基，大麦，大米，酒花（或酒花浸膏、颗粒酒花），耐高温淀粉酶，糖化酶等。
3. 溶液和试剂
25 g/L 海藻酸钠，15 g/L CaCl$_2$，0.025 mol/L 碘液，乳酸或磷酸等。
4. 仪器和其他用品
搪瓷盘或玻璃容器，纱布，无菌封口膜，糖度计，水浴锅，三角烧瓶等。

四、操作步骤

安 全 警 示

在本实验中，加热升温的操作次数多，尤其是常常要升到高温或沸腾，而且保持一段时间，因此，要特别注意：加热物溢出，会熄灭热源；或加热物被煮干，烧坏容器；或人员离开实验室，忘记关闭热源。这不仅使实验失败，并可能造成重大安全事故。所以，本实验尤其要注重安全。

---

1. 麦芽粉的制备
取 100 g 大麦放入搪瓷盘或玻璃容器内，用水洗净，浸泡在水中 6~12 h，将水倒掉，放置15℃阴暗处发芽，上盖纱布一块，每日早、中、晚淋水一次，麦根伸长至麦粒的 2 倍时，即停止发芽，摊开晒干或烘干，磨碎制成麦芽粉，贮存备用。

2. 麦芽汁的制备

将 30 g 大米粉加入 250 mL 水中，混合均匀，加热至 50℃，用乳酸或磷酸调 pH 至 6.5，加入耐高温 α- 淀粉酶，其量为 6 U/g 大米粉，50℃保温 10 min，1℃/min 的速度一直升温至 95℃，保持此温度 20 min，然后迅速升至沸腾，持续 20 min，并加水保持原体积，约 5 min 内迅速降温至 60℃，成为大米粉水解液备用。70 g 麦芽粉加入 200 mL 水中，混合均匀，加热到 50℃，用乳酸或磷酸调 pH 到 4.5，保温 30 min，升温至 60℃，然后与备用的大米粉水解液混合，搅拌均匀，加入糖化酶，其量为 50 U/g 大米粉和麦芽粉，60℃保温 30 min，继续升温至 65℃，保持 30 min，补加水维持原体积，用碘液检验醪液，当不呈蓝色时，再升温至 75℃，保持 15 min，完成糖化过程。糖化液用 4~6 层纱布过滤，滤液如浑浊不清，可用鸡蛋白澄清，方法是将一个鸡蛋白加水约 20 mL，调匀至生泡沫时为止，然后倒在糖化液中搅拌煮沸，再过滤，制成麦芽汁，并用糖度计测量其糖度。

如果将麦芽汁稀释到 5~6°Bé（波美度），pH 约 6.4，加入 15~20 g/L 琼脂，121℃灭菌 20 min，即成麦芽汁琼脂培养基。将麦芽汁总量的一半煮沸，添加酒花，其用量为麦芽汁的 0.1%~0.2%，一般分 3 次加入，煮沸 70 min，补水至糖度为 10°Bé，用滤纸趁热过滤，滤液则为加了酒花的麦芽汁。

3. 固定化酵母的制作

接种啤酒酵母于麦芽汁琼脂培养基斜面，28℃培养 24 h 后，从斜面接种一环酵母于装有 30 mL 麦芽汁的三角烧瓶中，28℃，100 r/min 摇床培养 24 h 后，于 4 000 r/min 离心 20 min，沉淀物加入生理盐水混均匀，其体积约为 10 mL，成为用于固定化的酵母悬液。2.5 g 海藻酸钠水浴加热溶解于 100 mL 蒸馏水中，即为 25 g/L 海藻酸钠，冷却至 30℃，然后与制备好的约为 10 mL 的酵母悬液混匀，用装有 2 号针头的注射器吸取此混合液，迅速地滴加在 300 mL 的 15 g/L CaCl₂ 溶液中，或采用蠕动泵法（参考："一种制备珠形固定化细胞颗粒的简易方法"，微生物学通报，1997，24，4：254），将混合液滴加入 15 g/L CaCl₂ 溶液中，形成圆形颗粒。经过 2~3 h 硬化成形后，用无菌生理盐水洗涤 2 次，便制成固定化酵母。可用无菌生理盐水浸泡固定化酵母，贮存在 4℃冰箱中备用。

4. 固定化酵母发酵产啤酒

取 20 g 固定化酵母加到 250 mL 的三角烧瓶中，然后加入 50 mL 糖度为 10°Bé 的麦芽汁，用无菌封口膜封好瓶口，28℃静止发酵 48 h，倒出发酵液，即完成了固定化酵母第一次发酵产啤酒。再将麦芽汁加入经发酵过的固定化酵母中，进行第二次同样的发酵，收集发酵液后，还可重复发酵几次。合并发酵液，即是固定化酵母发酵所产的啤酒。

固定化酵母发酵产啤酒成功的关键

（1）选择优良的大麦、米粉、酒花等原料，并采用符合生产要求的酵母菌种，是能够发酵产生风味和口感都为人们喜爱的啤酒的保证。麦芽汁中添加不同种类的酒花，是发酵产出不同品种啤酒的重要措施。

（2）制作固定化酵母时，一定要使酵母沉淀物与生理盐水混合均匀，然后与 25 g/L 海藻酸钠液同样要混匀。混合液滴加在 15 g/L CaCl₂ 溶液中，不仅要迅速，而且要摇动 CaCl₂ 溶液，避免形成的颗粒粘连。

（3）严格控制各实验阶段所要求的温度、时间和所要求的条件，使实验能顺利地进行。

（4）所用器具要清洁，保持制作环境清洁、空气少流动，制作过程严防污染。

用加了酒花的麦芽汁替换麦芽汁，加到盛有 20 g 固定化酵母的三角烧瓶中，其他发酵条件完全相同，也进行多次发酵，收集的发酵液同样是固定化酵母发酵所产的啤酒。

品尝试验所得的两种啤酒，注意色和味方面的差异。

五、实验报告

1. 结果

（1）制备麦芽粉时，从大麦开始发芽，到麦根伸长至麦粒的 2 倍停止发芽，用了多少时间？每克大麦制成了多少麦芽粉？

（2）制成麦芽汁多少毫升？其糖度是多少？。

（3）制成固定化酵母多少克？其颗粒大小是否一致？大多数的直径为多少毫米？形状如何？是否有粘连在一起的颗粒？

（4）采用固定化酵母发酵产啤酒实验，得到两种啤酒的量分别是多少毫升？两种啤酒在色和味方面有何差异？

2. 思考题

（1）传统发酵、露天大罐发酵、固定化酵母发酵 3 种工艺产啤酒，主要不同处在哪？各有哪些优势和不足？

（2）制备麦芽汁时，糖化的温度和时间对啤酒的产量和质量有什么影响？在啤酒的生产过程中，还可能采用哪些糖化方法？

（3）试述如何改进固定化酵母发酵产啤酒，使其发挥更大效益，能够成为啤酒生产的重要工艺。

附：家庭自制米酒

米酒，又称甜酒、甜曲酒或红酒。米酒可直接作为饮品饮用，也可以加热后饮用，是滋补佳品，因为它富含多种维生素、氨基酸等营养成分，酒精量较少，甜润爽口。米酒作为调味佳品能同肉中的脂肪起酯化反应，生成芳香物质，使菜肴增味，还有除去腥、去膻的功能。

米酒用传统工艺酿造，接种甜酒发酵曲，工艺简便，历史悠久，是我国的特产。采用大米作原料，而糯米做出来的甜米酒质量最好，广为人们家庭制作和食用，自己酿造的米酒为家人和亲友带来生活的乐趣和健康。

家庭自制米酒的步骤：

（1）将糯米淘洗干净，用冷水浸泡糯米，夏季泡 6 h，冬季泡 10～20 h；泡至用手能碾碎后成粉末状时即可。

（2）沥干水后，再用清水冲洗1或2次。

（3）笼屉或蒸锅上放干净的屉布（蒸笼布）或普通纱布，将米放在上面，因米已经浸泡过，不需要在米中再加水，开火烧水至沸腾，有蒸汽时再大火蒸约20 min左右，米蒸熟。

（4）让蒸熟的糯米在蒸锅中冷却，用冷开水淋后，拌松散。

（5）将松散的熟糯米放入清洁的容器，待温度降到30~40℃时，拌进酒曲，米和酒曲一定要混均匀。用传统的民间酒曲或安琪甜酒曲都可，市售酒曲都标明适用米的数量。

（6）熟糯米和酒曲拌匀后，稍微压紧，中间挖个洞，再在糯米层上撒上一些冷开水稀释的酒曲。上盖，22~36℃保温发酵，经约30 h便可嗅到酒香味，一般36~40 h米酒制成，温度高，则美酒成熟快。米酒做好后为防止进一步酒老化，需放入冰箱存放，随时可食用。

注意事项：要用的蒸锅、笼屉、屉布、容器、盖、拌勺等用具必须清洗干净，能用开水消毒的器具最好，不能沾有油物。操作过程中，尽量避免杂菌污染，发酵后出现绿、黑霉，则为发酵失败，此产品不能用，应弃掉，如发酵米酒上有点白毛，属正常，可煮着吃。

（彭　方　彭珍荣）

XIX | 利用 Biolog 自动分析系统分离鉴定人体正常菌群

正常菌群是长期定居于人体皮肤、口腔、咽喉、肠道、泌尿生殖道等特定部位的微生物类群的总称。通常正常菌群对人体有益无害，只有在特定条件下，这些微生物才可能引发疾病。分离人体特定部位的正常菌群旨在了解其种类、数量的变化，为某些感染性疾病的诊断提供参考数据，具有一定的临床意义。Biolog 自动微生物分析系统是目前应用最广泛的微生物鉴定系统之一，可鉴定包括细菌、酵母菌和丝状真菌在内的微生物类群，几乎涵盖了所有的人类、动物和植物病原以及食品和环境微生物。

一、目的要求

1. 学习从人咽喉和皮肤取样分离微生物的基本方法。
2. 了解人体特定部位存在的正常菌群类型。
3. 熟悉 Biolog 自动分析系统的原理及技术特点。

二、基本原理

一般而言，人体正常菌群的种类与其定居部位有关，如皮肤以葡萄球菌、铜绿假单胞菌、丙酸杆菌、类白喉杆菌居多，而口腔最常见的菌是链球菌、肺炎球菌、乳杆菌、梭杆菌等，肠道则是大肠杆菌、产气杆菌、双歧杆菌、变形杆菌的居住大本营。正常菌群种类、数量的变化受人体生理因素的制约和环境条件的影响。因此，人体特定部位正常菌群的分离与鉴定，具理论与应用的双重意义。

为了让学生了解人体咽喉、皮肤正常菌群种类和数量的差异，本实验采用最新的 Biolog 自动分析系统鉴定从皮肤、咽喉分离纯化的微生物。该系统鉴定微生物的原理是基于不同种类的微生物利用碳源具有特异性，且碳源代谢产生的酶能使四唑类物质（TV）产生颜色反应。加之微生物利用碳源代谢，使菌体大量增殖，浊度显著改变。因此可充分应用不同微生物的特征指纹图谱建立数据库，待鉴定微生物的图谱与数据库参比，即可得出鉴定结果。Biolog 公司提供的微生物鉴定系统由微生物自动分析仪、计算机分析软件、浊度仪和鉴定板组成（图 XIX −1），其中鉴定板分五大类，即 GN2 板（鉴定革兰氏阴性好氧菌）、GP2 板（鉴定革兰氏阳性好氧菌）、AN 板（鉴定厌氧菌）、YT 板（鉴定酵母菌）和 FF 板（鉴定丝状真菌）。鉴于咽喉、皮肤的正常菌群以革兰氏阳性、阴性细菌为主，故选用 GN2、GP2 鉴定板即可。

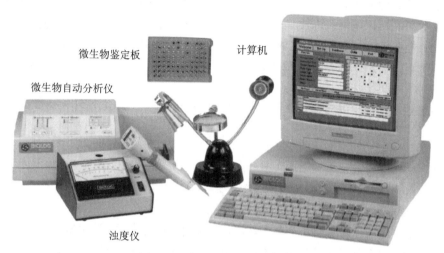

图 XIX −1　Biolog 微生物鉴定系统

三、实验器材

1. 培养基

血琼脂平板，牛肉膏蛋白胨琼脂平板，固体斜面培养基（适用于咽喉、皮肤正常菌群生长繁殖）。

2. 溶液和试剂

生理盐水，革兰氏染色试剂，用于棉签和压舌板消毒的消毒液，浊度标准液（由 Biolog 公司提供）。

3. 仪器和其他用品

无菌棉签，无菌压舌板，记号笔，酒精灯，接种环，接种针，35℃培养箱，试管架或容器，Biolog 微生物自动鉴定分析仪，微生物鉴定板（GN2、GP2），浊度仪，8 道电动可调式连续移液器，V 型加样槽等。

四、操作步骤

安 全 警 示

实验中，学生将从人体不同部位取样分离和富集未知的微生物，这些部位长期定居的微生物叫作人体正常菌群，通常它们对人体无害。然而，采集样品中也可能混杂病原微生物或条件致病菌，因此在进行实验和处理废弃物时要特别小心，防止病原微生物感染或污染环境。另外，所有使用过的棉签、压舌板及其他用具须浸泡于消毒液中消毒后再清洗。

（一）人体正常菌群的分离

1. 咽喉正常菌群的分离

（1）指导教师示范正确的咽部取样方式。注意取样的特定部位（图 XIX –2）。

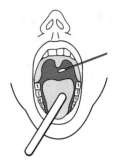

图 XIX –2　棉签咽喉部取样示意图

（2）学生用无菌棉签从自己或同组人的扁桃体附近咽部取样。即用无菌压舌板压住舌头以免其干扰棉签取样。用棉签在血琼脂平板边缘来回滚，然后用接种环在此区域划线以便单菌分离。

（3）用记号笔在平板上写上姓名、取样部位、日期和培养基种类。

（4）平板倒置，于 35℃培养 24 ~ 72 h。

2. 皮肤正常菌群的分离

（1）用生理盐水稍许浸湿棉签并擦拭手臂（擦拭前除去棉签上多余的盐水），然后接种牛肉膏蛋白胨琼脂平板（方法同上）。

（2）做好标记，同上。

（3）平板倒置，于室温培养 24 ~ 72 h。

（二）人体正常菌群的菌落观察及革兰氏染色鉴别

1. 咽喉标本接种培养物观察

（1）观察血琼脂平板上不同种类的微生物菌落，描述菌落的特征及溶血型。

（2）挑取典型单菌落接种固体斜面并作革兰氏染色。**革兰氏染色结果将作为进一步鉴定的依据。因此，染色结果至少重复 2 次。**

（3）记录菌落观察及革兰氏染色结果，完成相关部分的实验报告。

2. 皮肤标本接种培养物观察

（1）观察牛肉膏蛋白胨琼脂平板上微生物生长情况，即菌落特征、大小等。如果 24 h 后仍没有长出菌落，延长培养时间至菌落长出为止。

（2）描述菌落形态，挑取典型菌落，接种斜面并作革兰氏染色观察。

（3）记录菌落形态及革兰氏染色结果，完成相关部分的实验报告。

（三）人体正常菌群种的 Biolog 技术自动鉴定

1. 分离纯化

分别取咽喉、皮肤斜面培养物，采用划线或稀释法进一步纯化微生物。**制备单克隆的纯培养物，是获得可靠鉴定结果的首要条件。**

2. 平板扩大培养

分别接种待鉴定微生物于适宜的固体平板上，35℃培养 16 ~ 24 h 备用。

3. 制备菌悬液

取出微生物培养平板，加入适量的 GN/GP-IF 试剂（由 Biolog 公司提供）洗下菌苔，无菌吸取菌悬液至比浊管中，充分混匀，制备成分散的菌悬液。

4. 调整浊度

（1）以 GN/GP-IF 试剂液为空白对照，调整浊度仪指针至 100% T，用 GP-Rod SB 标准浊度液（由 Biolog 公司提供）校对参数（读数应为 28% ± 3% ）。

（2）浊度仪校准后插入待测菌悬液试管，静置 5 min，重复 3 次检测菌悬液的浊度应为

28%±3%。

（3）高于或低于标准浊度值均需调整菌液浊度，即通过加入浓的菌液或稀的菌液来调整菌液浓度，直至达到要求的浊度为止（28%±3%）。

5. 接种微生物鉴定板及培养

（1）将调整浊度后的菌液（浊度为 28%±3%）倾入 V 型加样槽，用 8 道移液器取菌悬液，接种 Biolog 96 孔微生物鉴定板，革兰氏阴性菌接种 GN2 板，革兰氏阳性菌接种 GP2 板，150 μL/孔。

（2）将接种后的鉴定板置带盖塑料盒中（盒中底部垫一湿毛巾保湿），于 30℃培养箱中培养 4 ~ 6 h 或 16 ~ 24 h。

6. 结果测定

（1）培养后的鉴定板分别置于 Biolog 微生物自动分析仪中读数，读数操作按仪器提示进行，直至结果读完为止。

（2）读数结果直接输入计算机，用其附带的 Biolog 软件进行分析，最终获得鉴定到种的结果。

7. 结果统计

分别统计咽喉、皮肤正常菌群革兰氏阳性和阴性菌种的数量，对鉴定结果作初步评估。

五、实验报告

1. 结果

（1）咽喉部标本接种血琼脂平板。

表 XIX -1 结果记录表

	菌落种类 1	菌落种类 2	菌落种类 3
菌落形态			
溶血型			

（2）皮肤标本接种牛肉膏蛋白胨琼脂平板。

表 XIX -2 结果记录表

	菌落种类 1	菌落种类 2	菌落种类 3
形态特征			
菌落特征			

（3）人体正常菌群种的 Biolog 鉴定。

表 XIX -3 结果记录表

菌种来源	革兰氏阳性菌 / 种	革兰氏阴性菌 / 种
咽喉		
皮肤		

2. 思考题

（1）取咽喉部标本分离正常菌群时，选取咽喉的哪个特定部位，为什么？

（2）皮肤取样分离正常菌群时，为什么棉签要先蘸点盐水？

（3）为什么血琼脂平板放在35℃培养，而牛肉膏蛋白胨平板放在室温下培养？

（4）哪些因素影响 Biolog 微生物鉴定系统的特异性和准确性？

（5）为何 Biolog 微生物鉴定板分为革兰氏阴性菌板（GN2）和革兰氏阳性菌板（GP2）？

（郑从义）

XX | 利用互联网和计算机辅助基因分析鉴定古菌和细菌

一、目的要求

1. 了解生物信息学在微生物学研究中的应用及常用的生物医学数据库和分析工具。

2. 了解掌握利用 16S rRNA 序列进行古菌和细菌鉴定的基本原理和方法。

3. 学习掌握利用 NCBI BLAST 等网站进行序列同源性分析方法。

二、基本原理

生物信息学（bioinformatics）是在生命科学的研究中，以计算机为工具对生物信息进行储存、检索和分析的科学。它是当今生命科学的重大前沿领域之一，同时也是 21 世纪自然科学的核心领域之一。其研究重点主要体现在基因组学（genomics）和蛋白质组学（proteomics）两方面，具体说就是从核酸和蛋白质序列出发，分析序列中蕴含的结构、功能信息。

古菌和细菌的鉴定、分类经典方法包括形态观察、染色、生理生化反应和多项微量简易检测技术等，而现在 DNA 测序技术和生物信息学为古菌和细菌鉴定提供了新的方法。基本原理是亲缘关系越近的种类，其 DNA 序列相似度越高。一般选择所有生物都有的基因来进行比对，使用得最为普遍的是编码核糖体小亚基 16S rRNA 的 DNA 序列。

目前，核糖体 RNA 基因序列已被广泛用于原核、真核生物多样性研究，构建系统进化树，这是由于使用 rRNA 具有以下几个优点：首先，细胞一般都含有核糖体和核糖体 RNA，亲缘关系较近的两种生物之间的 rRNA 碱基序列差异小于两种亲缘关系较远的 rRNA 碱基序列差异；其次，RNA 基因高度保守，变异相对较少，这是因为如果变异过大，两个序列之间就无法进行比较了；最后，对 rRNA 基因测序比较方便，rRNA 基因在基因组上是多拷贝并且具有相对保守的区域，因此可以不必在实验室进行细胞培养而直接用相应的通用引物进行扩增、测序。

通过 rRNA 序列比对在鉴定方面已取得不少成果，如 16S rRNA 基因具有多个可变区和保守区，可变区序列具有物种的特异性，因此通过计算机进行 16S rRNA 序列比对，能揭示生物之间亲缘和进化关系的细节。

生物信息学研究中常通过基因序列比对进行同源分析鉴定生物种类，目前在公共数据库中拥有超过 32 897 种原核生物的基因组序列数据，向数据库提交 1 段新的序列后，可以在数秒钟内得到含有与这一序列相似序列的生物的比对分析结果。基因序列比对分析按照比对的范围，可以分为全局比对和局部比对。全局比对是将两个及两个以上序列的全长进行比对，找到一个最佳的配对方式，常用的软件有 Needle、ClustalW 和 Muscle 等；多个序列进行全局比对之后通常会构建进化树，用于展示物种之间的进化关系和进化距离，通常利用 PYLIP、MEGA 等软件来完成构建工作。局部比对则不必进行两个序列全长的比对，而是寻找序列某些最相似的部分，因此局部比对相较于全局比对更适合进行从数据库中寻找最相似的序列，常用的软件有 Blast、FASTA 等。

本实验利用 NCBI 中的 BLAST 在线程序，在 GenBank 数据库中搜索与所提交细菌和古菌的 16S rRNA 的 DNA 序列片段最相似的片段，以此鉴定这几种未知的微生物。

此外，还有一些重要的网站拥有的数据库可以进行序列分析：

Ribosomal Database Project：位于密执安州立大学的微生物生态学中心，由美国国家科学基金会、美国能源部和密执安州立大学发起支持，为科学界提供核糖体相关数据的服务，包括在线数据分析、构建 rRNA 进化树和进行 rRNA 序列比对等。

基因组研究所（The Institute for Genomic Research）。

欧洲生物信息学所（European Bioinformatics Institute）。

三、实验器材

仪器和其他用品

计算机及联网辅助设施，安装有 Internet Explorer 浏览器。

四、操作步骤

安 全 警 示

（1）注意安装杀毒软件防止计算机被计算机病毒感染。

（2）未经教师容许不得私自安装软件、使用移动硬盘等外置设备。

---

1. 启动计算机。

2. 打开 Internet Explorer 浏览器。

3. 页面打开后，在"Basic BLAST"栏中找到"nucleotide blast"链接，点击进入 Blast 主界面（如图 XX–1），按下图中的提示进行操作。

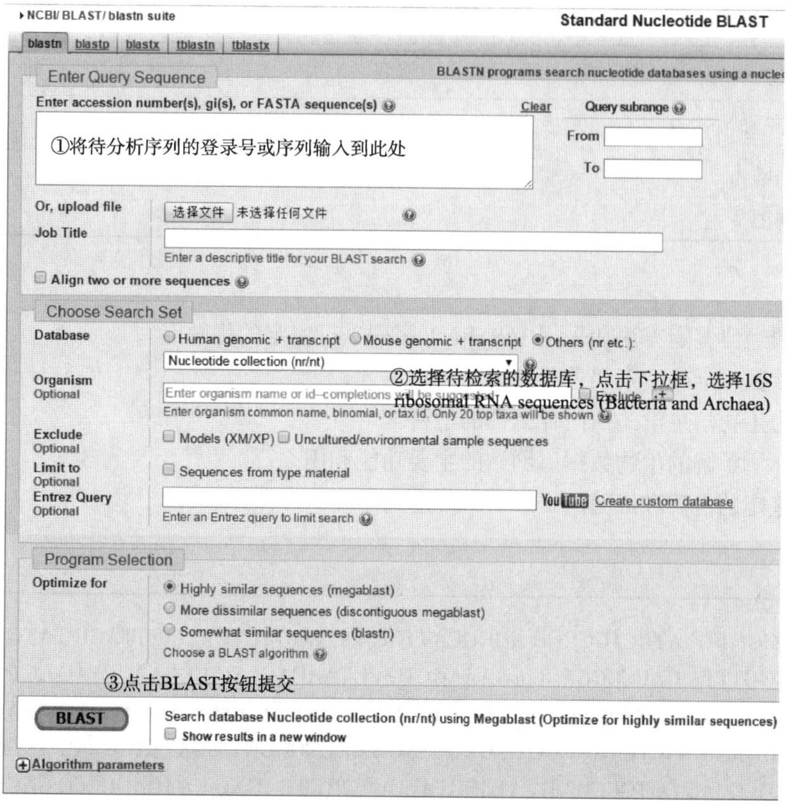

图 XX-1　Blast 主界面

4. 提交后，页面出现 Request ID 等信息，并过一段时间自行刷新，分析完成后，屏幕上会显示出分析结果，包含相似的序列链接以及一致性等信息。

分析完成的时间长短与服务器及网络运行情况有关。

本实验成功的关键

（1）输入序列时，最好一位同学读序列，另一位同学敲键盘输入，以免出错；也可以预先输入 word 文档或者文本文档中，直接复制粘贴，以免在线输入费时间，而且容易出错。

（2）3 个序列的电子文本可以在本书配套的数字课程中直接下载。

（3）由于访问的网站都是英文网站，需要掌握基本的专业英语词汇。

五、实验报告

1. 结果

填写古菌和 2 种细菌鉴定的结果。

表XX-1　鉴定结果记录表

古菌或细菌	属名	种名
古菌		
细菌1		
细菌2		

2. 思考题

（1）试比较经典鉴定方法和采用 16S rRNA 序列进行鉴定的优缺点。

（2）哪些参数对准确搜索很重要？

（3）你认为生物信息学是一门什么样的学科？

（4）介绍你所了解的生物数据库网站的主要功能和用途。

附：需要鉴定的古菌和细菌的 16S rRNA 序列

1. 古菌

```
1     ATTCCGGTTG ATCCTGCCGG AGGCCATTGC TATCGGAGTC CGATTTAGCC ATGCTAGTTG
61    TGCGGGTTTA GACCCGCAGC GGAAAGCTCA GTAACACGTG GCCAAGCTAC CCTGTGGACG
121   GGAATACTCT CGGGAAACTG AGGCTAATCC CCGATAACGC TTTGCTCCTG GAAGGGGCAA
181   AGCCGGAAAC GCTCCGGCGC CACAGGATGC GGCTGCGGTC GATTAGGTAG ACGGTGGGGT
241   AACGGCCCAC CGTGCCCATA ATCGGTACGG GTTGTGAGAG CAAGAGCCCG GAGACGGAAT
301   CTGAGACAAG ATTCCGGGCC CTACGGGGCG CAGCAGGCGC GAAACCTTTA CACTGTACGA
361   AAGTGCGATA AGGGGACTCC GAGTGTGAAG GCATAGAGCC TTCACTTTTG TACACCGTAA
421   GGTGGTGCAC GAATAAGGAC TGGGCAAGAC CGGTGCCAGC CGCCGCGGTA ATACCGGCAG
481   TCCGAGTGAT GGCCGATCTT ATTGGGCCTA AAGCGTCCGT AGCTGGCTGA ACAAGTCCGT
541   TGGGAAATCT GTCCGCTTAA CGGGCAGGCG TCCAGCGGAA ACTGTTCAGC TTGGGACCGG
601   AAGACCTGAG GGGTACGTCT GGGGTAGGAG TGAAATCCTG TAATCCTGGA CGGACCGCCG
661   GTGGCGAAAG CGCCTCAGGA GAACGGATCC GACAGTGAGG GACGAAAGCT AGGGTCTCGA
721   ACCGGATTAG ATACCCGGGT AGTCCTAGCT GTAAACGATG TCCGCTAGGT GTGGCGCAGG
781   CTACGAGCCT GCGCTGTGCC GTAGGGAAGC CGAGAAGCGG ACCGCCTGGG AAGTACGTCT
841   GCAAGGATGA AACTTAAAGG AATTGGCGGG GGAGCACTAC AACCGGAGGA GCCTGAGGTT
901   TAATTGGACT CAACGCCGGA CATCTCACCA GCCCCGACAG TAGTAATGAC GGTCAGGTTG
961   ATGACCTTAC CCGAGGCTAC TGAGAGGAGG TGCATGGCCG CCGTCAGCTC GTACCGTGAG
1021  GCGTCCTGTT AAGTCAGGCA ACGAGCGAGA CCCGCACTCC TAATTGCCAG CGGTACCCTT
1081  TGGGTAGCTG GGTACATTAG GTGGACTGCC GCTGCCAAAG CGGAGGAAGG AACGGGCAAC
1141  GGTAGGTCAG TATGCCCCGA ATGGGCTGGG CAACACGCGG GCTACAATGG TCGAGACAAT
1201  GGGAAGCCAC TCCGAGAGGA GGCGCTAATC TCCTAAACTC GATCGTAGTT CGGATTGAGG
1261  GCTGAAACTC GCCCTCATGA AGCTGGATTC GGTAGTAATC GCGTGTCAGC AGCGCGCGGT
1321  GAATACGTCC CTGCTCCTTG CACACACCGC CCGTCAAATC ACCCGAGTGG GGTTCGGATG
1381  AGGCCGGCAT GCGCTGGTCA AATCTGGGCT CCGCAAGGGG GATTAAGTCG TAACAAGGTA
1441  GCCGTAGGGG AATCTGCGGC TGGATCACCT CCT
```

2. 细菌 1

1	AGAGTTTGAT CCTGGCTCAG ATTGAACGCT GGCGGCAGGC CTAACACATG CAAGTCGAAC
61	GGTAACAGGA AGCAGCTTGC TGCTTTGCTG ACGAGTGGCG GACGGGTGAG TAATGTCTGG
121	GAAACTGCCT GATGGAGGGG GATAACTACT GGAAACGGTA GCTAATACCG CATAACGTCG
181	CAAGACCAAA GAGGGGGACC TTCGGGCCTC TTGCCATCGG ATGTGCCCAG ATGGGATTAG
241	CTAGTAGGTG GGGTAAAGGC TCACCTAGGC GACGATCCCT AGCTGGTCTG AGAGGATGAC
301	CAGCCACACT GGAACTGAGA CACGGTCCAG ACTCCTACGG GAGGCAGCAG TGGGGAATAT
361	TGCACAATGG GCGCAAGCCT GATGCAACCA TGCCGCGTGT ATGAAGAAGG CCTTCGGGTT
421	GTAAAGTACT TTCAGCGGGG AGGAAGGGAG TAAAGTTAAT ACCTTTGCTC ATTGACGTTA
481	CCCGCAGAAG AAGCACCGGC TAACTCCGTG CCAGCAGCCG CGGTAATACG GAGGGTGCAA
541	GCGTTAATCG GAATTACTGG GCGTAAAGCG CACGCAGGCG GTTTGTTAAG TCAGATGTGA
601	AATCCCCGGG CTCAACCTGG GAGCTGCATC TGATACTGGC AAGCTTGAGT CTCGTAGAGG
661	GGGGTAGAAT TCCAGGTGTA GCGGTGAAAT GCGTAGAGAT CTGGAGGAAT ACCGGTGGCG
721	AAGGCGGCCC CCTGGACGAA GACTGACGCT CAGGTGCGAA AGCGTGGGGA GCAAACAGGA
781	TTAGATACCT GGTAGTCCAC GCCGTAAACG ATGTCGACCT GGAGGTTGTG CCCTGAGGCG
841	AGGCTTCCGG AGCTAACGCG TTAAGTCGAC CGCCTGGGGA GTACGGCCGC AAGGTTAAAA
901	CTCAAATGAA TTGACGGGGG CCCGCACAAG CGGTGGAGCA TGTGGTTTAA TTCGATGCAA
961	CGCGAAGAAC CTTACCTGGT CTTGACATCC ACGGAAGTTT TCAGAGATGA GAATGTGCCT
1021	TCGGGAACCG TGAGACAGGT GCTGCATGGC TGTCGTCAGC TCGTGTTGTG AAATGTTGGG
1081	TTAAGTCCCG CAACGAGCGC AACCCTTATC CTTTGTTGCC AGCGGTCCGG CCGGGAACTC
1141	AAAGGAGACT GCCAGTGATA AACTGGAGGA AGGTGGGGAT GACGTCAAGT CATCATGGCC
1201	CTTACGACCA GGGCTACACA CGTGCTACAA TGGCGCACAC AAAGAGAAGC GATCTCGCGA
1261	GAGCAAGCGG ACCTCATAAA GTGCGTCGTA GTCCGGATTG GAGTCTGCAA CTCGACTCCA
1321	TGAAGTCGGA ATCGCTAGTA ATCGTGGATC AGAATGCCAC GGTGAATACG TTCCCGGGCC
1381	TTGTACACAC CGCCCGTCAC ACCATGGGAG TGGGTTGCAA AAGAAGTAGG TAGCTTAACC
1441	TTCGGGAGGG CGCTTACCAC TTTGTGATTC ATGACTGGGG TGAAGTCGTA ACAAGGTAAC
1501	CGTAGGGGAA CCTGCGGTTG GATCACCTCC TT

3. 细菌 2

```
   1    GGGCTCAGGA CGAACGCTGG CGGCGTGCCT AATACATGCA AGTCGAGCGG ACAGATGGGA
  61    GCTTGCTCCC TGATGTTAGC GGCGGACGGG TGAGTAACAC GTGGGTAACC TGCCTGTAAG
 121    ACTGGGATAA CTCCGGGAAA CCGGGGCTAA TACCGGATGG TTGTCTGAAC CGCATGGTTC
 181    AGACATAAAA GGTGGCTTCG GCTACCACTT ACAGATGGAC CCGCGGCGCA TTAGCTAGTT
 241    GGTGAGGTAA CGGCTCACCA AGGCGACGAT GCGTAGCCGA CCTGAGAGGG TGATCGGCCA
 301    CACTGGGACT GAGACACGGC CCAGACTCCT ACGGGAGGCA GCAGTAGGGA ATCTTCCGCA
 361    ATGGACGAAA GTCTGACGGA GCAACGCCGC GTGAGTGATG AAGGTTTTCG GATCGTAAAG
 421    CTCTGTTGTT AGGGAAGAAC AAGTGCCGTT CAAATAGGGC GGCACCTTGA CGGTACCTAA
 481    CCAGAAAGCC ACGGCTAACT ACGTGCCAGC AGCCGCGGTA ATACGTAGGT GGCAAGCGTT
 541    GTCCGGAATT ATTGGGCGTA AAGGGCTCGC AGGCGGTTTC TTAAGTCTGA TGTGAAAGCC
 601    CCCGGCTCAA CCGGGGAGGG TCATTGGAAA CTGGGGAACT TGAGTGCAGA AGAGGAGAGT
 661    GGAATTCCAC GTGTAGCGGT GAAATGCGTA GAGATGTGGA GGAACACCAG TGGCGAAGGC
 721    GACTCTCTGG TCTGTAACTG ACGCTGAGGA GCGAAAGCGT GGGGAGCGAA CAGGATTAGA
 781    TACCCTGGTA GTCCACGCCG TAAACGATGA GTGCTAAGTG TTAGGGGGTT CCGCCCCTT
 841    AGTGCTGCAG CTAACGCATT AAGCACTCCG CCTGGGGAGT ACGGTCGCAA GACTGAAACT
 901    CAAAGGAATT GACGGGGGCC CGCACAAGCG GTGGAGCATG TGGTTTAATT CGAAGCAACG
 961    CGAAGAACCT TACCAGGTCT TGACATCCTC TGACAATCCT AGAGATAGGA CGTCCCCTTC
1021    GGGGGCAGAG TGACAGGTGG TGCATGGTTG TCGTCAGCTC GTGTCGTGAG ATGTTGGGTT
1081    AAGTCCCGCA ACGAGCGCAA CCCTTGATCT TAGTTGCCAG CATTCAGTTG GGCACTCTAA
1141    GGTGACTGCC GGTGACAAAC CGGAGGAAGG TGGGGATGAC GTCAAATCAT CATGCCCCTT
1201    ATGACCTGGG CTACACACGT GCTACAATGG ACAGAACAAA GGGCAGCGAA ACCGCGAGGT
1261    TAAGCCAATC CCACAAATCT GTTCTCAGTT CGGATCGCAG TCTGCAACTC GACTGCGTGA
1321    AGCTGGAATC GCTAGTAATC GCGGATCAGC ATGCCGCGGT GAATACGTTC CCGGGCCTTG
1381    TACACACCGC CCGTCACACC ACGAGAGTTT GTAACACCCG AAGTCGGTGA GGTAACCTTT
1441    TAGGAGCCAG CCGCCGAAGG TGGGACAGAT GATTGGGGTG AAGTCGTAA
```

（谢志雄）

XXI | 利用多相分类学方法对细菌进行初步鉴定

学习如何对微生物进行鉴定，是微生物分类和实践检测中经常遇到的需求。由于现代测序技术和生物信息学的迅猛发展，使微生物的初步鉴定作为本科生实验成为可能。微生物鉴定试验的开展不仅可以使学生获得鉴定和生物信息学方面的技能和知识，更重要的是可以将普通微生物实验的内容通过鉴定这一目标而串联起来成为一个整体，激发学生的实验热情和主动性，有助于更好地理解和掌握各项实验。

许多学校的第一堂微生物实验课"环境微生物的检测"，很好地激发了学生对无处不在的微生物的兴趣和直观认识，通过引导学生选取这些环境中的未知微生物，以其为实验材料，与已知的实验菌株一起进行革兰氏染色、鞭毛染色、生理生化特性、抗生素抗性等普通微生物学实验，不仅能将这一热情和兴趣延续，还可以了解细菌的初步鉴定方法，并扩展成为课外科研内容。

一、目的要求

1. 学习细菌鉴定的基本检测方法。
2. 了解细菌鉴定涉及的生物信息学方法。
3. 了解多相分类学概念，保藏微生物资源。

二、基本原理

多相分类的概念是 Colwell 于 1970 年提出，主要指应用从分子到生态学指标，包括表型、遗传型和系统发育信息等多方面的信息对细菌进行全面的分类研究。通过多相分类学的方法则可以用尽可能多的数据比较同源菌群而对待测菌株进行鉴定，以使结果可靠。本实验为一综合性实验，通过学生自己选取未知菌株，与已知实验菌株一起，同步完成一学期所开设的微生物学实验中关于微生物显微形态观察、生理生化检测、16SrRNA 基因 PCR 扩增及序列分析等实验而对未知菌株进行初步鉴定。

三、实验器材

除各项已经开展的微生物学表型和生理生化实验所需实验器材外还需准备如下实验器材：

1. 培养基

牛肉膏蛋白胨琼脂平板，固体斜面培养基

2. 溶液及试剂

生理盐水，无菌水，PCR 试剂，琼脂糖，电泳缓冲溶液。

PCR TaqPreMix 溶液 25 μl：

　　Taq 聚合酶　1.25 U

　　两倍浓度的 PCR 缓冲液　4 mM Mg^{2+}

　　两倍浓度的 4 种 dNTP　每种 0.4 mM

16SrRNA 基因扩增引物：

　　27F：5′–AGAGTTTGATCCTGGCTCAG–3′

　　1492R：5′–GGTTACCTTGTTACGACTT–3′

3. 仪器和其他用品

无菌棉签，移液器，管心管，枪头，水浴锅，离心机，PCR 仪，凝胶电泳仪

四、操作步骤

安 全 警 示

　　实验中，学生可以从不同环境中取样分离和富集未知的微生物。但是，避免从可能混杂病原微生物或条件致病菌的样品进行取样，比如医院或动物尸体等可能病源点取样。最佳样品应是实验室空气在培养基平板上的自然沉降样品。相对较安全并且单菌落形成较好。在进行实验和处理废弃物时要特别小心，防止病原微生物感染或污染环境。另外，所有使用过的棉签、压舌板及其他用具须浸泡于消毒液中消毒后再清洗。

（一）环境细菌的分离纯化及保藏

1. 环境微生物的分离纯化

（1）根据实验1（实验室环境和人体表面的微生物检查）的内容通过平板培养获得环境微生物菌落。

（2）根据所学知识分辨细菌菌落，挑选细菌单菌落作为受试菌株，命名菌株号，记录菌落形态、样品来源、培养条件。

注意：必须选择细菌，否则整个鉴定系统将不适用。

（3）挑取单菌落用牛肉膏蛋白胨琼脂平板四区划线法进行纯化。（实验18 微生物的分离和纯化，实验23 平板计数法）

注意：菌株必须纯化，以保证其为单一菌株，否则无法鉴定混合的菌株。

（4）用记号笔在平板上写上姓名、菌落编号、日期和培养基种类。

（5）平板倒置，于28℃培养24～72 h。

2. 受试菌株的保藏

（1）观察四区划线平板上的单菌落是否符合原始菌落的记录特征。

（2）无菌操作挑取四区划线平板上形状良好的单菌落，接种 A、B 两支牛肉膏蛋白胨琼脂斜面。

（3）做好标记，同上。

（4）于28℃培养24～72 h。

（5）观察斜面菌苔，是否与原始菌落特性一致，是否无污染菌落。

（6）将一支斜面 A 放置于冰箱4℃保藏，作为备用菌种。另一支斜面 B 用于后期实验，实验间期置于冰箱4℃保藏。

（二）受试菌株显微形态的观察

1. 受试菌的革兰氏染色

（1）挑取受试菌 B 斜面上菌苔进行革兰氏染色（实验7 革兰氏染色法）。

（2）记录受试菌的革兰氏染色结果，若镜检发现斜面菌株不纯则需要利用平板划线纯化菌落，重复步骤（一）。

2. 受试菌运动性观察

（1）挑取受试菌 B 斜面上菌苔进行鞭毛染色（实验8 细菌芽孢、荚膜和鞭毛染色）。

（2）利用悬滴法对受试菌的运动性进行观察（实验22 显微镜直接计数法）记录受试菌的鞭毛染色结果和运动特征。

（三）受试菌株的16S rRNA 基因序列测定及分析

1. 受试菌的16S rRNA 基因序列测定

（1）挑取2～5环受试菌 B 斜面上菌苔于装有1 mL 无菌水的 EP 管中，至肉眼可见的混浊即可（菌量过多会导致杂质量大，不利于后期实验，量少则无法提供足够的 PCR 模板量）。

（2）将 EP 管12 000 r/min 离心2 min，彻底去除上清液。

（3）加100 μL 无菌水充分悬浮菌沉淀。

（4）将装有菌悬液的 EP 管盖紧后插于浮漂中置沸水浴15 min。

（5）将 EP 管12 000 r/min 离心2 min，取上清液2 μL 作为模板进行 PCR 扩增。

（6）在 PCR 反应管中加入如下 PCR 反应体系：

PCR TaqPreMix 溶液	25 μL
引物27F（20 μM）	1.0 μL
引物1492R（20 μM）	1.0 μL
菌株模板	2.0 μL
无菌去离子水：	21.0 μL

各种溶液加入后将反应管用手指轻弹数次，使加入的各种溶液混合均匀，然后 flash，使离心管内壁上的溶液均在反应系统中。

（7）将 PCR 反应管放入 PCR 仪样品孔内，利用如下程序进行 PCR 扩增：

首先 105℃ 预热 10 min，然后进入以下程序，循环 30 次：

95℃ 1 min；55 ℃ 1 min；72℃ 1 min

循环结束后 72℃ 延伸 10 min。

（8）扩增完成后取出 PCR 反应管，通过琼脂糖凝胶电泳检测 PCR 产物（同实验 42 细菌质粒 DNA 的小量制备）。

（9）具有正确相对分子质量（约 1 400 bp）及单条带的合格样品送测序公司进行 16S rRNA 基因测序。

（10）若不能获得正确的 PCR 产物条带，则按照"实验 44 细菌总 DNA 的制备"的方法或商业化的"细菌 DNA 提取试剂盒"提取细菌基因组进行 PCR 扩增。

2. 受试菌 16S rRNA 基因序列分析

（1）利用 DNASTAR 或 Chromas 等能打开 .abi 文件的软件查看测序文件，若测序峰单一，无杂峰，即可进行序列拼接和比对。

（2）获得的受试菌 16S rRNA 基因序列后，利用 http://www.ezbiocloud.net/eztaxon/ 网站进行序列比对，下载比对结果的 fasta 文件，可以在此文件中加入一条进化关系较远菌种的 16S rRNA 基因序列作为进化树外枝。

（3）利用 MEGA 6.0 软件载入 fasta 文件，对受试菌序列及其同源菌株序列构建进化树。（见附录 X）

（4）根据序列比对结果和进化树构建结果，分析受试菌的可能分类地位。

（四）受试菌株生理生化特征的观察

此节内容可以根据实际开设的微生物学生理生化实验内容进行调整，只需将受试菌作为实验菌株之一即可。

1. 受试菌的抗生素实验

（1）利用滤纸片法对受试菌的抗生素敏感性进行检测［实验 33 生物因素（抗生素）对微生物生长的影响］。

（2）记录受试菌的抗生素敏感性结果。

2. 受试菌的酶活活性观察

（1）挑取受试菌 B 斜面上菌苔进行蛋白酶或淀粉酶酶活的检测（实验 34 大分子物质的水解试验）。

（2）记录受试菌的酶活活性检测结果。

3. 受试菌的碳源利用实验

（1）接种受试菌于葡萄糖和乳糖培养基中，培养观察生长情况（实验 35 糖发酵试验）。

（2）记录受试菌的碳源利用检测结果。

4. 受试菌的快速检测

（1）挑取受试菌 B 斜面上菌苔于牛肉膏蛋白胨平板上进行四区划线。

（2）划线平板置于 28℃ 培养 24～72 h。

（3）挑取单菌落，利用 API 20NE 快速检测卡进行菌种检测（实验 37 快速、简易的检测微生物技术）。

（4）观察并记录受试菌的检测结果。

（五）受试菌株的实验结果分析及初步鉴定

1. 受试菌的实验结果分析

（1）根据受试菌 16S rRNA 基因序列比对结果和进化树判断可能归类的门属分类单元。

（2）通过《伯杰氏系统细菌学手册》（Bergey's manual of systematic bacteriology）或通过 LPSN（List of prokaryotic names with standing in nomenclature）网站查询相关菌株的参考文献，获知相关分类单元的特性。

（3）将受试菌的形态观察和生理生化结果与参考文献进行比较分析。

2. 受试菌的初步鉴定

根据分析结果，初步判断受试菌的分类地位。

（六）受试菌株的保藏

将受试菌的 A 斜面进行接种活化后进行冷冻干燥保藏（见附录 IX 微生物菌种保藏）。

五、实验报告

1. 结果

（1）受试菌检测结果记录表：

原始 编号	拉丁名	中文 名称	收藏 时间	分离 基物	采集地	分离 人	班级	培养 基	培养 温度
显微 形态	运动性， 鞭毛	芽孢， 夹膜	革兰氏 染色	其他形态 特征	菌落 形态	生理生化特性			
API 20NE 阳性结果									
16S rRNA 基因序列	最相似菌种名：					最高 相似度：	%		
贴入序列									

（2）受试菌的 Neighbor-joining 进化树

（3）受试菌初步鉴定结果：

受试菌的拉丁名称（属名 + 种名）：

已有的或翻译获得的中文名称：

2. 思考题

（1）结合受试菌的实验及分析结果阐述为什么要用多相分类学的方法对细菌进行鉴定。

（2）根据实验和分析结果，需要进一步开展哪些实验以便进一步进行鉴定？

（3）鉴定真菌与鉴定细菌有哪些不同？

受试菌与分离生境的关系？

（彭　方）

郑重声明

高等教育出版社依法对本书享有专有出版权。任何未经许可的复制、销售行为均违反《中华人民共和国著作权法》,其行为人将承担相应的民事责任和行政责任;构成犯罪的,将被依法追究刑事责任。为了维护市场秩序,保护读者的合法权益,避免读者误用盗版书造成不良后果,我社将配合行政执法部门和司法机关对违法犯罪的单位和个人进行严厉打击。社会各界人士如发现上述侵权行为,希望及时举报,我社将奖励举报有功人员。

反盗版举报电话　(010)58581999　58582371
反盗版举报邮箱　dd@hep.com.cn
通信地址　北京市西城区德外大街4号　高等教育出版社法律事务部
邮政编码　100120

读者意见反馈

为收集对教材的意见建议,进一步完善教材编写并做好服务工作,读者可将对本教材的意见建议通过如下渠道反馈至我社。

咨询电话　400-810-0598
反馈邮箱　gjdzfwb@pub.hep.cn
通信地址　北京市朝阳区惠新东街4号富盛大厦1座
　　　　　高等教育出版社总编辑办公室
邮政编码　100029

防伪查询说明

用户购书后刮开封底防伪涂层,使用手机微信等软件扫描二维码,会跳转至防伪查询网页,获得所购图书详细信息。

防伪客服电话　(010)58582300